数据采集与处理

主　编　薛　磊　魏　辉　周生强

副主编　王　实　周建平

参　编　刘　曼　戴　微　张　洋　魏思雨

机械工业出版社

在数据信息的时代背景下，本书采用理论与实践相结合的方式，介绍了数据采集与处理的基本理论，并结合操作案例，讲解了利用Excel等数据处理工具进行数据采集与处理的方法。本书旨在培养满足数字化转型升级需求的新型数据采集与处理人才，提升学习者在这一领域的实践能力和专业素养。

本书共七个项目，即数据采集与处理认知、数据采集概述、数据预处理认知、静态数据处理技术认知、动态数据处理技术认知、数据可视化及数据分析报告编写、商务数据分析与应用。

本书可以作为高职院校商务数据分析与应用、电子商务、市场营销、现代物流管理、旅游管理、工商企业管理等专业数据采集与处理课程的教材，也可供企业的管理者和数据分析人员、电商数据分析师，以及对数据分析有兴趣的读者参考。

图书在版编目（CIP）数据

数据采集与处理 / 薛磊, 魏辉, 周生强主编. 北京 : 机械工业出版社, 2024. 8. --ISBN 978-7-111-76526-4

Ⅰ. TP274

中国国家版本馆CIP数据核字第2024AG9220号

机械工业出版社（北京市百万庄大街22号　邮政编码100037）

策划编辑：宋　华　　　　责任编辑：宋　华　张美杰

责任校对：张　薇　李小宝　　封面设计：王　旭

责任印制：常天培

北京科信印刷有限公司印刷

2024 年 10 月第 1 版第 1 次印刷

184mm×260mm · 16 印张 · 383 千字

标准书号：ISBN 978-7-111-76526-4

定价：49.80元

电话服务　　　　　　　　网络服务

客服电话：010-88361066　　机　工　官　网：www.cmpbook.com

　　　　　010-88379833　　机　工　官　博：weibo.com/cmp1952

　　　　　010-68326294　　金　　书　　网：www.golden-book.com

封底无防伪标均为盗版　　机工教育服务网：www.cmpedu.com

Preface 前言

互联网信息化的普及，科学技术的快速发展，使得数据已经快速地应用于各行各业之中，极大地推动了互联网经济的快速发展。

党的二十大报告提出：加快发展数字经济，促进数字经济和实体经济深度融合，打造具有国际竞争力的数字产业集群。数字经济的崛起与繁荣，赋予了经济社会发展的“新领域、新赛道”和“新动能、新优势”，正成为引领中国经济增长和社会发展的重要力量与引擎。数据蕴含信息，信息会带来机遇与财富，这使得大数据的应用越发受到重视。经济主体通过对数据进行有效的收集、整理及剖析，可以为发展决策提供更加精准的数据参考。

本书立足各行业数据分析岗位的胜任能力和素质要求，遵循“理论与实践相结合”的理念来设计教学内容，以数据采集与处理的工作流程为主线，精心安排相关的理论学习和技能训练。通过结合实际工作中的具体工作内容，使学生能了解和掌握数据采集与处理工作的基本流程及应用情境，提升收集数据、处理数据及应用数据的能力。

本书基于数据采集与处理的工作流程进行项目化课程设计，构建项目化任务型课程体系，力求将新理论与新技能融入其中，体现实用性、通用性、新颖性和前瞻性的理念。本书借鉴和吸收了国内外专家学者在数据采集与处理领域的研究成果，旨在培养学生的职业技能与素养。

本书具有以下几个方面的特点：

1. 任务明确，目标精准

本书的每个项目都有明确的学习目标，包括知识目标、技能目标及素质目标三部分。这种明确的目标设定为学生提供了清晰的学习方向，也为学生进行相关知识与技能学习提供了精准的任务指引。

2. 以图直观教学，强化应用

本书采用图解教学模式，系统地讲述了利用相关软件进行数据采集与处理的详细步骤，让学生能够更直观、更清晰地学习和掌握数据采集与处理的相关知识，提高学习效果。

3. 以数据化思维为导向，注重素质培养

数据采集与处理是一项系统工程，本书不仅教授学生如何采集、处理数据，更强调通过分析和处理数据的思路和方法，培养学生的数据分析习惯、思维方式及敏感度，构建数据化的知识架构。

4. 营建数字教学生态，实现“互联网+”线上线下新形态一体化教材

本书立足新形态一体化教材建设标准，配有“纸质教材+数字资源”，充分支持“互联网+”线上交互，打破传统教材的单向传输状态。

前言 Preface

本书由江苏联合职业技术学院徐州财经分院薛磊、魏辉、周生强任主编，江苏联合职业技术学院徐州财经分院王实、江苏省丹阳中等专业学校周建平任副主编，江苏联合职业技术学院徐州财经分院刘曼、张洋、魏思雨以及江苏省高淳中等专业学校戴微参与编写。本书编写过程中借鉴了国内外专家学者的学术观点，参阅了一些书籍、期刊和网络资料，在此谨对各位作者表示感谢。本书还得到江苏联合职业技术学院徐州财经分院各位领导、专家及同仁特别是任晶、汪明洋等老师的大力支持，在此致以衷心的感谢！

由于编者水平有限，书中难免有不足之处，敬请广大读者批评指正，并提出宝贵意见，在此深表谢意！

编　者

Contents 目录

目录 Contents

数据采集与处理认知

项目分析

本项目主要介绍数据、信息的概念，以及数据采集与处理工作流程、数据采集与处理工具等内容。

学习目标

知识目标

- 了解数据、商务数据的概念、类型；
- 掌握数据采集与处理工作流程，了解数据采集与处理的意义；
- 了解目前常用的网络数据采集工具；
- 了解目前常用的数据处理软件。

技能目标

- 能对数据进行适当的分类；
- 能进行数据采集与处理工作；
- 能够使用常用的网络数据采集工具和数据处理软件进行简单的数据采集与处理。

素质目标

- 深化学生对于数据与信息的认知；
- 培养学生的科学精神与求知态度；
- 培养学生利用数据分析解决问题的习惯和能力。

任务一 数据与信息认知

任务导入

2022 年无锡市国民经济和社会发展统计公报（节选）

2022 年，面对疫情冲击影响和各种超预期困难挑战，无锡市委、市政府坚持以习近平新时代中国特色社会主义思想为指导，全面落实“疫情要防住、经济要稳住、发展要安全”的重大要求，坚持稳中求进工作总基调，高效统筹疫情防控和经济社会发展，全市经济社会保持平稳健康运行，改革发展稳定各项工作不断取得新成效，“强富美高”新无锡现代化建设迈出坚实步伐。

经济总量再创新高，综合实力持续增强，初步核算，全年实现地区生产总值 14 850.82 亿元，按可比价格计算，比上年增长 3.0%。按常住人口计算，人均地区生产总值达到 19.84 万元。

分产业看，全市第一产业实现增加值 133.65 亿元，比上年增长 1.1%；第二产业实现增加值 7 177.39 亿元，比上年增长 3.6%；第三产业实现增加值 7 539.78 亿元，比上年增长 2.4%；三次产业比例调整为 0.9:48.3:50.8。

全年城镇新增就业 15.81 万人，其中：各类城镇下岗失业人员实现就业再就业 7.72 万人，援助就业困难人员再就业 3.12 万人。

全年民营经济实现增加值 9 831.24 亿元，比上年增长 3.3%，占经济总量的比重为 66.2%，比上年上升 0.2 个百分点。民营规模以上工业企业实现产值 14 269.28 亿元，比上年增长 12.8%。民间投资完成 2 403.41 亿元，比上年下降 3.6%。

年末全市各级登记机关登记的各类企业 42.33 万户，其中国有及集体控股公司 3.60 万户，外商投资企业 0.70 万户，私营企业 38.04 万户，当年新登记各类企业 5.12 万户。年末个体户 66.09 万户，当年新登记 8.08 万户。

全年市区居民消费价格指数（CPI）上涨 2.1%，比上年提高 0.4 个百分点。其中，服务项目价格上涨 1.0%，消费品价格上涨 2.9%。工业生产价格涨幅平稳，全年工业生产者出厂价格上涨 1.7%，工业生产者购进价格上涨 3.9%。

（资料来源：根据 2022 年无锡市国民经济和社会发展统计公报内容整理）

任务描述

1. 上述资料中哪些是数据？请列出具体的数据。
2. 上述数据资料哪些属于定性数据？哪些属于定量数据？
3. 上述资料能提供哪些方面的信息？这些数据信息对我们有何启示？

相关知识

一、数据概述

（一）数据、商务数据与数据库

在日常生活的各个领域中，我们很多时候都与数据打交道，如天气预报、豆瓣评分、网店销售量等，那么，到底什么是数据？

1. 数据

数据是指对客观事件进行记录并可以鉴别的符号，即对客观事物的性质、状态以及相关关系等进行记载的物理符号及其组合。数据包括数字、文字、符号、图形、图像、音频以及视频等多种表现形式，例如天气状况（阴、雨等）、新生儿身高、学生性别、学生档案记录、货物出货单等都是数据。

数据可以是连续的值，如声音、图像，称为模拟数据；也可以是离散的，如符号、文字，称为数字数据。数据不是单纯地指各种 Excel 表格和数据库，图书、图片、视频、报表、短信等也属于数据的范畴，如通过搜索引擎所做的图片识别、音频识别等都是数据的表现形式。

想一想

数据＝数字？

2. 商务数据

商务数据是指商业组织所在的价值链上各个重要环节记载商业、经济等活动领域的历史信息和即时信息的集合，如在电子商务领域，商务数据可以分为两大类：前端行为数据和后端商业数据。前端行为数据是指访问量、浏览量、点击流及站内搜索等反映用户行为的数据；而后端商业数据更侧重于商业运营和业绩评估，如交易量、投资回报率及全生命周期管理等。

企业对这些商务数据进行分析与应用，可以为自身决策提供全面且精准的数据报告，从而使自身能够规避风险且不断壮大。

3. 数据库

数据库是按照数据结构来组织、存储和管理数据的“仓库”，是一个长期存储在计算机等存储设施上、有组织、可共享、统一管理的大量数据的集合。

（1）数据库是一个实体，它是能够合理保管数据的“仓库”，用户在该“仓库”中存放要管理的事务数据，“数据”和“库”两个概念结合成为数据库。

（2）数据库是数据管理的新方法和技术，它能够更合适地组织数据、更方便地维护数据、更严密地控制数据和更有效地利用数据。

（二）数据的计量尺度

数据采集与处理离不开数据，数据也是数据采集与处理的结果。数据计量是指根据规则，对人或事物的数据特征进行的分类、标示和计算。数据计量一般分为四个层次或四种计量尺度。

1. 定类尺度

定类尺度也称类别尺度，是将数据采集对象分类，标以各种名称确定其类别的方法，实质上是一种分类体系。

定类尺度可以用文字来表示，也可以用数值来表示，但数值本身没有实质性意义，仅是一种符号，目的是区分不同的类别，而且只具有等于（=）或不等于（≠）的数学特性。定类尺度等级最低，只是给不同类别起个名称，一般来说，对人们的国家、户籍、性别、民族、婚姻状况、职业等变量特征的计量，都是常见的定类尺度的计量。

2. 定序尺度

定序尺度也称顺序尺度，是指对计量对象的属性和特征的类别进行鉴别并能比较类别大小的一种计量方法。如描述人们的生活水平时，可以将其分为温饱、小康、富裕等不同的等级，这是一种由低到高的排列顺序；再如城市规模也可以按照特大城市、大城市、中等城市、小城市的顺序进行排列，这是一种由大到小的排列顺序；在教师的职称体系中，讲师、副教授、教授分别被赋予 1、2、3 的数值，这些数值便于进行定量的比较和分析。

3. 定距尺度

定距尺度是一种不仅能将变量（社会现象）区分类别和等级，而且可以确定变量之间的数量差别和间隔距离的方法。如学生某门课程的成绩，可以从高到低分类排序，形成 90 分、80 分、70 分……0 分的序列。它们不仅有明确的高低之分，而且可以计算差距，如 90 分比 80 分高 10 分，比 70 分高 20 分等。

4. 定比尺度

定比尺度是能够计量事物间比例、倍数关系的计量方法，通过对比计算，可以形成新的相对数，用以反映现象的构成、比重、速度、密度等数量关系。定比尺度是计量中的最高层次，含有前三个计量尺度的特征。

定比尺度下的数据可以进行加、减、乘、除运算，运算结果具有实在的意义。对收入、年龄、出生率、性别比、离婚率、城市人口密度等进行的计量都依据定比尺度。

四种计量尺度的比较见表 1-1。

表 1-1　四种计量尺度的比较

类　别	功　能			
	分　类	排　序	间　距	比　值
定类尺度	√			
定序尺度	√	√		
定距尺度	√	√	√	
定比尺度	√	√	√	√

（三）数据的分类

1. 按照来源分类

数据按照来源不同，可分为原始数据与次级数据。

（1）原始数据。原始数据是通过直接数据采集获得的数据，也是未经过处理或简化的数据，又称为一手数据或直接统计数据，如产品的出库资料、数据采集问卷等。为了获得原始数据，可以采用访谈、问卷调查、实地测定等方式。原始数据对于解决特定问题至关重要。

（2）次级数据。次级数据也称二手数据，是已经经过别人的初步数据采集、加工和处理后的数据，有时也称为间接数据，如统计年鉴等。与一手数据相比，二手数据具有取得迅速、成本低、易获取等优点。当然，二手数据也存在相关性差、时效性差和可靠性低的缺点。

2. 按照采用的计量尺度分类

数据按照采用的计量尺度不同，可分为定性数据与定量数据（见表 1-2）。

表 1-2　四种数据类型的比较

<table>
<tr><th colspan="2">数据类型</th><th>测量结果</th><th>测量精度</th><th>计算方法</th><th>信息数量</th></tr>
<tr><td rowspan="2">定性数据</td><td>定类数据</td><td>A、B 公司是国有企业</td><td>是否是国企</td><td>无</td><td>A、B 公司是国有企业</td></tr>
<tr><td>定序数据</td><td>A 公司是大型企业
B 公司是中型企业</td><td>规模的大与小</td><td>无</td><td>A、B 公司是国有企业
A 公司比 B 公司规模大</td></tr>
<tr><td rowspan="2">定量数据</td><td>定距数据</td><td>A 公司创设于 1963 年
B 公司创设于 2003 年</td><td>确定的企业年限</td><td>加、减</td><td>A、B 公司是国有企业
A 公司比 B 公司规模大
A 公司比 B 公司早成立 40 年</td></tr>
<tr><td>定比数据</td><td>A 公司成立 60 年
B 公司成立 20 年</td><td>确定的企业年限</td><td>加、减、乘、除</td><td>A、B 公司是国有企业
A 公司比 B 公司规模大
A 公司比 B 公司早成立 40 年
A 公司的成立年限是 B 公司的 3 倍</td></tr>
</table>

（1）定性数据。定性数据也称为品质数据，分为定类数据和定序数据。

1）定类数据是由定类尺度计量形成的数据，是数据的最低级别，它表示个体在属性上的特征与类别上的不同变量，仅仅是一种标志，没有序次关系。

2）定序数据是由定序尺度计量得到的数据，表现为不同的类别，但这些类别之间具有顺序关系。定序数据处于数据的中间级别，用数字表示个体在某个有序状态中所处的位置，不能做四则运算。

（2）定量数据。定量数据又称数值数据，可分为定距数据和定比数据。

1）定距数据是由定距尺度计量得到的数据，其特点是具有间距特征，对事物能进行准确测度。定距数据表现为“数值”，有单位，可以进行加、减运算，但不能进行乘、除运算。

2）定比数据是由定比尺度计量形成的数据，表现为数值，可以进行加、减、乘、除运算，没有负数。定比数据是数据的最高级别，既有测量单位，也有绝对零点，例如职工人数、身高。一般来说，数据的等级越高，应用范围越广泛；数据等级越低，应用范围越受限。

3. 按照规模分类

数据按照规模可分为传统数据与大数据。

（1）传统数据。传统数据就是一般意义上的数据，是对客观现象的属性、特征进行分类、标示和计算等计量活动的结果。

（2）大数据。大数据或称巨量资料，指的是所涉及的资料量规模巨大到无法通过主流软件工具，在合理时间内进行收集、管理、处理并整合，进而转化成为对企业经营决策具有积极意义的资讯。电子商务企业或个人经营者通过对消费者的海量数据的收集、分析与整合，挖掘出商业价值，促进个性化和精确化营销的开展，还可以发现新的商机，创造新的价值，带来大市场、大利润和大发展。

4. 按照反映时间状态分类

数据按照反映时间状态可分为横截面数据和时间数列数据。

（1）横截面数据。横截面数据是指在同一时间（时期或时点）截面上反映一个数据采集对象的一批（或全部）个体的同一特征变量的观测值，是样本数据中的常见类型之一。例如，工业普查数据、人口普查数据、家庭收入调查数据。

（2）时间数列数据。时间数列数据是指一系列按照时间顺序排列的数据，它反映在时间轴上发生的各种状态、过程、活动或者现象。

二、信息概述

（一）认识信息

1. 信息的含义

信息是指用语言、文字、符号、情景、图像、声音等所表示的具体内容。信息有以下两点内涵。

（1）信息向人们或机器提供了关于现实世界的新发生的事实和知识，是数据、消息中所蕴含的实际意义。

（2）信息是对客观世界各种事物运动状态和变化的反映，是客观事物之间相互联系和相互作用的表征，表现的是客观事物运动状态和变化的实质内容。

2. 信息的载体形式

信息的载体形式包括文字、图像、图形、声音、符号、动画、视频等。

3. 信息的特征

信息的特征包括传递性、共享性、依附性、可处理性、价值相对性、时效性和真伪性。

（二）数据与信息的关系

1. 联系

信息采用数据表示，数据是信息的载体；数据经过加工处理之后，可转换为信息；数据中所包含的意义就是信息，数据和信息都直接反映客观事物，数据是信息的具体表现形式；信息与数据一般是不可分离的，信息由与物理介质有关的数据表达。

2. 区别

数据是原始事实，而信息是数据处理的结果；数据是反映信息的一种形式，但不是唯一形式，不能把任何情况下的数据等同于信息本身；信息是对数据解释、运用与解算，即使是经过处理以后的数据，只有经过解释才有意义，才成为信息。

数据是记录下来的某种可以识别的符号，具有多种多样的形式，也可以加以转换，但其中包含的信息内容不会改变，即不随载体的物理设备形式的改变而改变。

就本质而言，数据是对客观对象的直接表示，而信息则是数据蕴涵的内在意义，只有数据对实体行为产生影响时才成为信息。

即：数据 = 信息 + 数据冗余。数据是在数据采集的过程中直接获得的原始素材，信息是从采集的数据中获取的有用信号。由此可见，信息可以简单地理解为数据中包含的有用的内容。

三、数据的职能

数据一般具有三种职能：信息职能、咨询职能及监督职能。

1. 信息职能

数据的信息职能是指系统地采集、整理和提供大量的以数量描述为基本特征的数据，这些数据不仅能够给我们提供更多的信息反馈，还能在多个方面，如企业了解市场、分析竞争对手等，使问题处理更加客观和准确。

2. 咨询职能

数据的咨询职能是指根据掌握的丰富的数据信息资源，经过数据处理，为科学决策和管理提供咨询意见和对策建议，数据也能使提供的观点或建议更有吸引力。

3. 监督职能

数据的监督职能是指通过数据采集与处理，从总体上对宏观国民经济和社会运行状况及微观数据采集单位进行全面、系统的定量检查、监测和预警，及时揭示经济运行中的问题，促使社会经济及数据采集单位按照客观规律的要求发展。

在数据的三种职能中，信息职能是最基本的职能，是咨询职能和监督职能得以发挥的基础。上述功能决定了数据采集与处理的基本任务。

任务实施

1. 上述资料中哪些是数据？请列出具体的数据。

上述资料中数据很多，如全年实现地区生产总值 14 850.82 亿元，比上年增长 3.0%。按常住人口计算人均地区生产总值达到 19.84 万元；全年城镇新增就业 15.81 万人；全年民营经济实现增加值 9 831.24 亿元；年末全市各级登记机关登记的各类企业 42.33 万户等，都是数据。

2. 上述数据资料哪些属于定性数据？哪些属于定量数据？

上述数据中既有定性数据，也有定量数据。定性数据有无锡市、城镇、产业、民营经济等。定量数据很多，如生产总值 14 850.82 亿元、全年城镇新增就业 15.81 万人等；当然这其中也有定距数据、定比数据等。

3. 上述资料能提供哪些方面的信息？这些数据信息对我们有何启示？

上述材料为我们提供了无锡市 2022 年经济发展情况的信息，如生产总值、增长率、新增就业人口、企业数及物价水平等。这些数据信息给我们的启示是，首先，2022 年无锡市经济发展平稳，就业状况良好，各方面稳中有进；其次，这些信息可以满足各方面使用者的需求，为决策者提供决策依据，为企业提供社会经济发展信息，为老百姓提供物价信息。

能力检测

2023年1～2月我国对“一带一路”沿线国家投资合作情况

2023年1～2月，我国企业在“一带一路”沿线国家非金融类直接投资275.3亿元人民币，同比增长37.1%（折合40.4亿美元，同比增长27.8%），占同期总额的20.2%，较上年同期上升0.2个百分点，主要投向新加坡、印度尼西亚、马来西亚、越南、阿拉伯联合酋长国、塞尔维亚、柬埔寨、哈萨克斯坦、泰国和埃及等国家。

对外承包工程方面，我国企业在“一带一路”沿线国家新签承包工程合同额836.9亿元人民币，同比下降24.1%（折合122.8亿美元，同比下降29.3%），占同期我国对外承包工程新签合同额的49%；完成营业额698.6亿元人民币，同比增长7.6%（折合102.5亿美元，同比增长0.3%），占同期总额的56.2%。

（资料来源：根据中华人民共和国商务部网站2023年3月23日资料内容整理）

思考：

1．上述案例中，哪些是定性数据？哪些是定量数据？哪些是定距数据？哪些是定比数据？

2．上述数据能给我们提供哪些方面的信息？

任务二　数据采集与处理相关概念认知

任务导入

20个省（自治区、直辖市）一季度GDP出炉

据国家统计局初步核算，2023年一季度我国国内生产总值284 997亿元，按不变价格计算，同比增长4.5%，比2022年四季度增长2.2%。

据澎湃新闻记者不完全统计，截至2023年4月24日，至少已有广东、山东、浙江、四川等20个省（自治区、直辖市）公布了2023年一季度经济数据。14个省（自治区、直辖市）增速高于全国，8个省（自治区、直辖市）增速超过或等于5%；分别是吉林（8.2%）、宁夏（7.5%）、海南（6.8%）、内蒙古（5.6%）、天津（5.5%）、湖北（5.1%）、青海（5.1%）、山西（5.0%）。除上述8个省（自治区、直辖市）外，还包括浙江（4.9%）、广西（4.9%）、云南（4.8%）、山东（4.7%）、重庆（4.7%）、辽宁（4.7%）（见表1-3）。

总量上，广东破3万亿元，山东破2万亿元。

从经济总量上看，2022年一季度GDP离3万亿元一步之遥的广东，2023年一季度破3万亿元，达30 178.23亿元。

表1-3　2023年第一季度中国内地部分省（自治区、直辖市）GDP数据

省（自治区、直辖市）	2023年一季度GDP/亿元	2022年一季度GDP/亿元	同比增长
广东	30 178.23	28 498.79	4.0%
江苏	29401.7	27859	4.7%
山东	20 411	19 926.8	4.7%
浙江	18 925	17 886	4.9%
四川	13 374.7	12 739.24	3.8%
湖北	11 899.72	10 804.66	5.1%
湖南	11 659.85	11 058.16	4.1%
上海	10 536.22	10 010.25	3.0%
北京	9 947.7	9 413.4	3.1%
江西	7 320.7	7 320.5	1.2%
重庆	6 932.89	6 398	4.7%
云南	6 852.16	6 466	4.8%
辽宁	6 661.4	6 214.7	4.7%
广西	6 250.83	5 914.78	4.9%
山西	5 824.33	5 513.12	5.0%
内蒙古	5 344	5 078.4	5.6%
天津	3 715.38	3 538.52	5.5%
吉林	2 833.88	2 576.23	8.2%
海南	1 775.96	1 593.94	6.8%
宁夏	1 206.76	1 114.13	7.5%
青海	888.93	833.3	5.1%

值得注意的是，2022年一季度经济总量超过2万亿元的省份只有广东和江苏2省，分别为28 498.79亿元、27 859亿元。山东2022年一季度GDP为19 926.8亿元，距离2万亿元仅差73亿元，2023年一季度山东也成功跨上2万亿元的台阶，为20 411亿元。

根据地区生产总值统一核算结果，一季度，广东实现地区生产总值30 178.23亿元，同比增长4.0%。澎湃新闻记者注意到，2022年广东GDP为129 118.58亿元，同比增长1.9%。2022年前三季度，广东实现地区生产总值91 723.22亿元，同比增长2.3%。相比之下，2023年一季度，广东的经济增速明显提升。而一季度山东全省生产总值20 411亿元，按不变价格计算，同比增长4.7%，增速超过全国平均水平（4.5%）。

从数据上看，广东、山东、浙江、四川、湖北、湖南、上海7个省市2023年一季度GDP超过1万亿元。广东、山东分别处于“3万亿元”档、“2万亿元”档，浙江（18 925亿元）、四川（13 374.7亿元）、湖北（11 899.72亿元）、湖南（11 659.85亿元）、上海（10 536.22亿元）处于1万亿元梯队。

对比2022年一季度，2023年湖北一季度GDP总量超过湖南，重庆（6 932.89亿元）超过云南（6 852.16亿元）。

（资料来源：上观，https://export.shobserver.com/baijiahao/html/606022.html，有删改）

任务描述

1. 本次数据采集的对象是什么？资料中体现了采集对象的哪些特征？
2. 本次数据采集的对象由哪些单位构成？
3. 上述资料中有哪些指标？举例说明。

相关知识

一、数据采集对象与数据采集单位

数据采集对象是指由许多同质的、客观存在的个体构成的整体；构成数据采集对象的个体就是数据采集单位。一般来说，在一个数据采集对象中，数据采集单位在某些方面必须有一个或多个相同的性质。例如要采集一个地区民营经济的相关数据，当地所有的民营经济体就构成了一个数据采集对象，在所有制性质这一点上，所有的民营经济体都是相同的。对于该数据采集对象来说，每一个民营经济体就是数据采集单位。

二、标志、指标与指标体系

（一）标志

标志是数据采集对象各单位所具有的共同特征的名称，从不同的维度来考察，每个数据采集单位可以有许多特征，而且这些特征有不同的表现，这种表现叫作标志的特征值，也是数据采集所需要的结果，如一家电子厂职工的性别、年龄、民族等。

1. 按特征值的表现分类

标志按特征值的表现分为不变标志和变异标志（可变标志）。当一个标志在各个采集单位中展现的特征值都相同时，这个标志称为不变标志；当一个标志在各个采集单位中展现的特征值不同时，该标志称为变异标志。如电子厂的员工，按厂籍来看都一样，这个厂籍就是不变标志；按照性别、年龄、学历等来区分，则有所不同，这些标志就是变异标志。数据采集的标志主要是变异标志。

2. 按性质分类

标志按其性质可分为品质标志和数量标志。品质标志表示事物的质的特征，其特征值不能用数值表示，如员工的民族、性别、工种等。数量标志表示事物的量的特征，其特征值用数值表示，如员工的年龄、工资、工龄等。

（二）指标及指标体系

1. 指标的概念

指标是反映数据采集对象总的数量特征的名称和具体数值。如全国电商企业数、天猫“双十一”商品销售额、人均工资收入等。指标一般由六个要素构成：指标名称、计量单位、计算方法、时间范围、空间范围、具体数值。例如，2022 年我国国内生产总值（GDP）为 1 204 724 亿元，这个指标反映了 2022 年我国 GDP 的总体情况。

2. 指标的种类

在实际工作中，指标按照不同的标志分为不同的类别。

（1）按反映数据采集对象内容的不同分类。指标按反映数据采集对象内容的不同，分为数量指标和质量指标。

1）数量指标即总量指标，是说明数据采集对象总规模、总水平的指标。例如，员工总数、企业固定资产总额、工资总额、进出口总额等。数量指标所反映的是数据采集对象的绝对数量，有计量单位，其数值的大小随着数据采集对象范围的变化而变化，它是认识数据采集对象的基础。

2）质量指标是说明数据采集对象内部数量关系或数据采集单位水平的指标。例如，各省经济总量占全国经济总量的比重，某电子厂员工的性别比例、年龄构成、平均年龄，农业、轻工业、重工业比例等。质量指标的表现形式有相对数和平均数，其数值的大小与范围的变化没有直接关系。

（2）按表现形式和作用的不同分类。指标按表现形式和作用的不同，分为总量指标、相对指标和均值。

1）总量指标按计量单位不同又分为实物指标、劳动指标和价值指标三种。

2）相对指标也称相对数，是通过将两个有联系的指标进行对比，以揭示数据采集对象之间数量关系的指标，如频率、结构、发展程度、强度、普遍程度等。

3）均值是反映数据采集对象内部某一数量标志在一定时间、地点所达到的一般水平的指标，如平均身高、平均寿命、平均亩产量等。

（3）按管理功能的不同分类。指标按管理功能的不同，分为描述指标、评价指标和预警指标。

1）描述指标用来反映数据采集对象的状况、过程和结果，帮助我们获得对数据采集对象现象的基本认识，是数据信息的主体。例如，网络店铺粉丝数量指标、年销售额指标；再如，某地区劳动资源指标、国内生产总值指标、财政收入指标、投资指标等。

2）评价指标包括宏观国民经济评价指标和数据采集对象经济活动评价指标，用于对社会经济运行的结果进行比较、评估和考核，以检查工作质量或与其他定额指标结合使用。如产品合格率、就业率、计划完成程度等指标。

3）预警指标主要用于对数据采集对象的运行进行监测，对数据采集对象运行中即将发生的失衡、失控等进行预报、警示。通常选择数据采集对象运行中的敏感性、关键性经济现象，构建相应的监测指标体系。如针对经济增长、经济周期波动、失业、通货膨胀等，可以建立 GDP 与国民收入增长率、CPI、汇率、利率、社会积累率、消费率、失业率等预警指标。

3. 指标体系

（1）指标体系的概念。指标体系就是各种相互联系的指标所构成的一个有机整体，用来说明所研究现象各个方面相互依存和相互制约的关系。由于现象具有复杂性和多样性，以及各种现象之间存在千丝万缕的联系，只用个别指标来反映是不全面的，这样就需要采用指标体系来进行综述。

（2）指标体系的分类。

1）根据所研究问题的范围大小分类。指标体系根据所研究问题的范围大小，可以建立宏观指标体系、微观指标体系和中观指标体系。宏观指标体系是反映整个经济系统或社会现象较大范围的指标体系，如反映整个国民经济和社会发展的指标体系。微观指标体系是反映经济系统或社会现象较小范围的指标体系，如反映企业或事业单位运营状况的指标体系。介于两者之间的可以称为中观指标体系，如反映各地区或各部门经济发展状况的指标体系。

2）根据所反映现象的内容不同分类。指标体系根据所反映现象的内容不同，可分为综合性指标体系和专题性指标体系。综合性指标体系能较全面地反映总系统及其各个子系统的综合情况，如国民经济和社会发展指标体系。专题性指标体系则更聚焦于某个特定的方面或问题，如经济效益指标体系。

三、变异、变量和变量值

（一）变异

统计中的标志和指标都是可变的，如人的性别有男女之分，各时期、各地区、各部门的工业总产值各有不同等，这种差别叫作变异。变异就是有差别的意思，包括质的差别和量的差别。变异是数据采集与处理的前提条件。

（二）变量

1. 变量的概念

变量就是可以取不同数值的量，这是数学上的一个名词。而在数据分析中，变量则是数量标志的名称或指标的名称。变量包括各种数量标志和全部指标，都用数值来表示，不包括品质标志。例如，职工人数是一个变量，因为各个工厂的职工人数不同。

2. 变量的分类

变量按其数值是否连续可分为连续变量与离散变量两种。

（1）连续变量。连续变量是指在一定区间内可任意取值的变量，其数值是连续不断的，相邻两个数值之间可作无限分割，即可取无限个数值。例如，生产零件的规格尺寸，人的身高、体重、胸围等为连续变量，这类变量的数值只能用测量或计量的方法取得。

（2）离散变量。离散变量是指可按一定顺序一一列举其数值的变量，其数值是断开的。例如，企业个数、职工人数、设备台数、学校数、医院数等为离散变量，这种变量的数值一般用计数方法取得。

（三）变量值

变量的具体数值表现称为变量值。如某工厂有 852 人，另一工厂有 1 686 人，第三个工厂有 964 人等，都是职工人数这个变量的具体数值，也就是变量值。这里要注意区分变量和变量值，如上例，852 人、1 686 人、964 人三个变量值的平均数，不能说是三个“变量”的平均数，因为这里只有“职工人数”这一个变量，并没有三个变量。

任务实施

1. 本次数据采集的对象是什么？资料中体现了采集对象的哪些特征？

本次数据采集对象是全国各个省、自治区及直辖市，目的是采集各省自治区及直辖市的 GDP 情况。上述资料体现出采集对象的区域特征、经济情况特征。

2. 本次数据采集的对象由哪些单位构成？

本次数据采集对象主要由各个省、自治区或直辖市构成。

3. 上述资料中有哪些指标？举例说明。

上述资料中，全国的 GDP 及各省、自治区及直辖市的 GDP 及其增长率等都是指标，如2023年一季度我国国内生产总值284 997亿元，同比增长4.5%，比2022年四季度增长2.2%，这些都是指标。

能力检测

2022 年江苏省国民经济和社会发展统计公报（节选）

经济总量再上新台阶。初步核算，全年地区生产总值 122 875.6 亿元，迈上 12 万亿元新台阶，比上年增长 2.8%。其中，第一产业增加值 4 959.4 亿元，增长 3.1%；第二产业增加值 55 888.7 亿元，增长 3.7%；第三产业增加值 62 027.5 亿元，增长 1.9%。全年三次产业结构比例为 4:45.5:50.5。全省人均地区生产总值 144 390 元，比上年增长 2.5%。

经济活力持续增强。全年非公有制经济增加值 92 402.5 亿元，占 GDP 比重为 75.2%；民营经济增加值占 GDP 比重为 57.7%，私营个体经济增加值占 GDP 比重为 54.7%。年末工商部门登记的私营企业 372.0 万户，全年新登记私营企业 51.0 万户；年末个体经营户 988.8 万户，全年新登记个体经营户 115.2 万户。扬子江城市群、沿海经济带对全省经济增长的贡献率分别为 72.0%、18.4%。

新兴动能支撑有力。全年工业战略性新兴产业、高新技术产业产值占规模以上工业比重分别为 40.8%、48.5%，均比上年提高 1.0 个百分点。规模以上高技术服务业营业收入比上年增长 10.1%，对规模以上服务业增长贡献率达 62.2%，其中互联网和相关服务增长 14.2%。全年数字经济核心产业增加值占 GDP 比重达 11%。

就业创业形势稳定。全年城镇新增就业 131.6 万人。重点群体就业保障有力，帮扶 26.7 万名困难人员实现就业。累计开展政府补贴性技能培训 183.1 万人次。发放富民创业担保贷款、创业补贴 135.3 亿元，支持成功自主创业 42.8 万人。

……

在看到经济社会发展取得显著成绩的同时，还应清醒地认识到，全省经济社会发展面临的困难和挑战仍然较多，经济恢复的基础尚不牢固，需求收缩、供给冲击、预期转弱三重压力持续显现，一些重点领域“卡脖子”问题亟待解决，部分行业企业特别是中小微企业发展仍有不少困难，就业、教育、医疗、养老、托育、住房等民生领域还有一些短板。

（资料来源：江苏省统计局网站）

思考：

1. 上述资料中，数据采集对象是什么？数据采集单位是什么？

2. 针对上述资料中的数据，举例说明有哪些指标。

任务三　数据采集与处理过程认知

任务导入

天猫“双十一”历年成交额（2015—2021年）

2018年“双十一”开场2分5秒天猫成交额突破100亿元人民币。开场35分17秒，天猫成交总额突破571亿元人民币，超过2014年天猫“双十一”成交总额。开场1小时47分26秒，天猫成交额超过1 000亿元人民币。2018年，天猫“双十一”的参与品牌达到了18万家，涵盖零食、服装、家电、数码、医疗、美容等领域。2018年天猫“双十一”成交额为2 135亿元。

2019年天猫“双十一”开场1分36秒，天猫“双十一”成交额突破100亿元，比2018年用时快29秒。这个速度再次刷新天猫“双十一”成交总额破100亿元的纪录：2016年用了6分58秒，2017年用了3分1秒，2018年用了2分5秒。1时1分32秒，天猫“双十一”成交额达912亿元，超过2015年全天成交额。10时4分49秒，天猫“双十一”成交额突破1 682亿元，超过2017年全天成交额。16时31分12秒，天猫“双十一”成交额突破2 135亿元，超越2018年全天成交额。24时，天猫“双十一”成交额定格在2 684亿元。

2020年天猫开展全球“双十一”狂欢季，销售额再创新高，根据天猫公布的数据显示，天猫“双十一”全球狂欢季期间（11月1日—11月11日）近8亿消费者参与，累计下单金额突破4 982亿元，为过去3年以来的最高增速。

2021年11月12日零点，天猫“双十一”总交易额定格在5 403亿元，2020年这一数字为4 982亿元。数据显示，2021年天猫“双十一”开售第一小时，超过2 600个品牌成交额超过2022年首日全天；截至11月11日23时，698个中小品牌的成交额实现从百万级到千万级的跨越；78个2020年“双十一”成交额千万级的品牌，2021年“双十一”成交额突破了1亿元大关。

2015—2021年天猫“双十一”销售数据如下：

2015年：交易额912亿元。

2016年：交易额1 207亿元。

2017年：交易额1 682亿元。

2018年：交易额2 135亿元。

2019年：交易额2 684亿元。

2020年：交易额4 982亿元。

2021年：交易额5 403亿元。

任务描述

1. 根据上述资料，自己设计一个数据采集表，填写2015—2021年天猫“双十一”的销售额。

2．仔细观察采集到的数据，从中能了解到什么信息？

3．你认为数据采集涉及哪些工作过程？

相关知识

一、数据采集与处理的概念和意义

（一）数据采集与处理的概念

数据采集与处理是指利用科学的方法，根据要求对数据采集对象中各采集单位的数据信息资料进行采集、处理，通过作图、制表和各种形式的拟合来计算某些特征值，分析数据采集对象规律性的活动。

数据采集与处理有极广泛的应用范围，如在某产品的整个生命周期内，从产品的市场调研到售后服务以及最终处置都需要适当运用数据分析。企业会通过采集市场数据、分析所得数据，以判定市场动向，从而制订合适的生产及销售计划。在京东、天猫、淘宝等店铺运营过程中，数据分析起着积极的信息参考作用。

（二）数据采集与处理的意义

无论是企业还是其他主体，在管理和运行的各个环节都不可避免地需要与各种数据打交道，而数据的采集与处理的意义主要体现在事前预判、事中监控和事后优化等几个方面。

1．事前预判

通过数据采集与处理，能从整体上反映和分析事物的数量特征，能观察出事物的本质和发展规律，从而可以做到事前预判，并做出正确的决策。例如，企业通过分析市场整体数据，可以了解市场与行业的现状，预测市场和行业的未来发展走向，从而为企业调整运营策略提供有效的数据支持。

2．事中监控

在数据化运营过程中，市场主体可以通过数据分析来监控各个指标，这样能够及时发现异常，并尽快解决问题，保证正常的运营。

（1）从宏观上看，数据采集与处理是国家宏观调控和管理的重要工具。要管理好国家，必须了解这个国家的情况，掌握国情、国力的相关数据。建立一套适合我国国情的经济管理体制与政治管理体制，以及具体的运作机制，都离不开数据采集与处理活动和翔实的数据资料支持。

（2）从微观上看，数据采集与处理是企业管理与决策的依据。要搞好企业的生产经营，必须充分掌握企业内外的信息，这就要借助数据采集研究，从各个方面采集各种与企业相关的数据资料与信息，使企业生产经营和管理具有可靠的依据。

3．事后优化

根据数据分析的结果，对于企业而言，就可以定期进行优化调整，不断提升运营工作的质量，持续提高竞争力。在这方面，数据采集与处理的价值包含 3 个方面，一是帮助领导做出决策；二是预防风险；三是把握市场动向。通过数据分析，可以帮助企业发现做得好的方向、需要改进的地方，以及企业存在的问题。

为使观点与结论具有事实依据和说服力，必须根据数据采集或实验取得的数据来说明问题。这些数据能够揭示事物在特定时间维度的数量特征，以便对事物进行定量乃至定性分析，从而做出正确的决策。同时，数据信息越来越多地和其他信息结合在一起，如情报信息、商品信息等。而诸如此类信息，正是以数据资料为依据，可利用程度大为提高。

二、数据采集与处理工作流程

数据采集与处理工作的主要目的是采集数据并进行数据分析：一是对现有数据进行深入的分析，提供现阶段事物整体状况及构成情况，包括各项业务的发展以及变动情况，即事前预判；二是进行原因分析，发现存在问题的原因，并依据原因制订相应的解决方案，即事中监控；三是预测分析，依据采集和处理的数据对事物未来的发展趋势做预测，以便制订相应的计划，即事后优化。

一般来说，数据采集与处理工作过程大致分为以下几个阶段，即数据分析需求识别、数据采集与处理设计、采集数据及存储数据、数据处理以及数据呈现，具体如下。

（一）数据分析需求识别

识别数据分析需求可以为采集数据、处理数据提供清晰的方向和目标，是确保数据处理过程有效性的首要条件。因此，在开始数据分析之前，首先要对数据采集与处理的目标进行剖析，深入思考在数据分析过程中想要获得什么，识别数据采集与处理的需求，这样才能为数据采集工作指明方向。

只有先明确数据分析需求，才能制定出数据分析目标，才能进行后续的数据采集工作。

（二）数据采集与处理设计

数据采集与处理设计，是数据采集与处理工作实践之前的准备工作，根据数据采集与处理的目的，对数据采集与处理工作的各个环节、各项工作进行统筹安排，明确数据采集与处理的任务及工作流程，也是在数据采集与处理具体工作之前必须进行的一个周密工作布置。

数据采集与处理设计工作是在广泛查阅文献、全面了解现状、充分征询意见的基础上，对将要进行的数据采集与处理工作所做的全面规划。其内容包括：明确数据采集与处理需求，确定数据采集对象、采集单位、数据采集对象范围及数据采集方法，拟定数据处理方案、预期数据分析指标、误差控制措施、进度与费用等。数据采集与处理设计是整个数据采集与处理工作中关键的一环，也是指导后续工作的依据。

本阶段重点是设计好数据分析指标，如商务数据分析指标通常可以分为市场数据指标、运营指标和产品数据指标几个大类。

（三）采集数据及存储数据

1. 采集数据

明确了数据采集与处理工作的目的与任务之后，接下来需要确定应该收集的数据有哪些，采集数据是将数据记录下来的环节。采集数据是根据数据采集与处理工作的目的和任务，运用科学的方法，有计划、有组织、有步骤地采集数据资料的工作过程。

数据采集得到的资料有两种：一种是未经任何加工处理的原始资料，又称初级资料；另一种是次级资料，是已经经过一些部门或地区加工处理的、能初步说明某些部门地区综合情况的数据资料。

2. 存储数据

采集数据之后，接下来就需要利用一定的载体，如 Excel 软件、数据库、数据仓库等存储工具对数据信息进行导入与存储。存储数据是后续的数据预处理、数据分析及可视化等数据处理工作的基础。

（四）数据处理

数据处理一般包括数据预处理及数据分析两个工作过程。

1. 数据预处理

数据预处理是指对数据采集、观察、实验等研究活动中所搜集到的资料进行检验、归类编码和数字编码的过程。

数据采集得到的资料在处理之前称为原始资料或次级资料，原始资料通常是一堆杂乱无章的数据资料，而次级资料虽然经过了一定的加工处理，但仍然存在着数据不规范的问题。数据预处理主要是对采集得到的数据进行抽取，从中提取出关系和实体，经过关联和聚合之后采用统一定义的结构来存储这些数据，其目的就是通过科学的分组和归纳，使原始资料或次级资料系统化、条理化，便于进一步计算数据特征值和进行分析。

数据预处理的过程是：首先对原始资料或次级资料进行准确性审查（逻辑审查与技术审查）和完整性审查；然后对已经采集到的数据进行适当的处理、清洗去噪以及进一步的集成存储；再拟定数据处理表，按照“同质者合并，非同质者分开”的原则对资料进行数据分组，并在同质基础上根据数值大小进行数量分组；最后汇总归纳。

在数据抽取时，需要对数据进行清洗和整理，保证数据质量及可信性。常用的数据清洗和整理方法有三种：去重、排序和分组。

2. 数据分析

数据分析是指根据数据采集与处理的目的与任务，采用适当的科学分析方法对采集来的大量数据进行分析，以提取有用的信息并形成结论，进而对数据加以详细研究和概括总结的过程。

数据分析通过计算特征值来反映数据的综合特征，阐明事物的内在联系和规律，以便达到认识数据采集对象的本质特征及其发展变化规律的目的。

数据分析包括数据描述与数据推断，前者是指用数据指标与可视化图（表）等方法对样本数据资料的数量特征及其分布规律进行描述；后者关注如何对数据采集对象进行抽样，以及如何用样本信息推断数据采集对象特征。进行数据分析时，需根据研究目的、设计类型和资料类型选择恰当的描述性指标和推断方法。

（五）数据呈现

数据呈现包括数据分析结果的呈现和整个分析过程的呈现，即数据的可视化和数据分析报告。

数据的可视化即针对数据分析提取的信息，使用数字、表格、图形、图像、视频、音频等一系列手段将信息加以展示，传递给使用者的过程。数据分析报告是指记录数据采集、预处理、分析、可视化全过程并给出结论，提出相应解决策略的分析应用文本。

以上五个阶段构成了完整的数据采集与处理的工作过程，五个阶段有着各自的工作内容，在数据采集与处理中发挥着不同的作用，它们是相互联系的一个整体，任何一个阶段工作发生失误，都会影响到最终阶段的工作质量。

任务实施

1. 根据上述资料，自己设计一个数据采集表，填写2015—2021年天猫“双十一”的销售额（见表1-4）。

表1-4　2015—2021年天猫“双十一”的销售额

年　份	2015	2016	2017	2018	2019	2020	2021
“双十一”天猫交易额/亿元	912	1 207	1 682	2 135	2 684	4 982	5 403

2. 仔细观察采集到的数据，从中能了解到什么信息？

通过观察采集到的数据，可以了解到2015—2021年通过天猫购买商品的人越来越多，天猫“双十一”的交易额越来越大。

3. 你认为数据采集涉及哪些工作过程？

数据的取得涉及采集、整理、数据呈现及分析等工作过程。

能力检测

广交会展示中国制造创新实力

一、广交会的意义

（1）促进国际贸易。广交会是中国规模最大、商品种类最全的国际贸易展览会，有助于拓展和加强中国与海外国家和地区的贸易关系。

（2）推进企业国际化。广交会为国内外企业提供了广泛的交流和合作平台，促进了企业之间的互动和学习，有助于企业的国际化发展。

（3）推广中国品牌。广交会多年来一直致力于推广“中国品牌”，通过展示中国企业的创新能力、质量控制、设计和研发能力等方面，提高了“中国制造”在国际市场的影响力和美誉度。

（4）扩大消费者市场。广交会吸引了来自全球各地的买家、经纪人和中间商，这有助于企业扩大自己的消费者市场。

（5）加强技术和产品创新。作为国际贸易展览会，广交会为企业提供了展示新技术和新产品的机会，促进了技术和产品的创新和进步。

二、第 133 届广交会相关数据

第 133 届广交会展览面积、参展企业数量均创下新高，共吸引 220 多个国家和地区的数十万采购商报名参会，展览总面积达到 150 万平方米，展位数量 7 万个。线下参展企业达到 3.5 万家，其中新参展企业超过 9 000 家。

截至 2023 年 4 月 15 日 18 时闭馆，第 133 届广交会全天进场人次 37 万，其中外国人 6.7 万；线上 41 万，其中外国人 28 万。2023 年 4 月 15、16 日两天进馆客流量累计已超 66 万人次。

截至 2023 年 4 月 18 日，广交会展馆进馆累计客流量 1 113 911 人次。

2023 年 4 月 19 日，第 133 届广交会第一期结束，5 天展期内，共设家用电器、建材卫浴、五金工具等 20 个展区，12 911 家企业线下参展，其中新参展企业 3 856 家。第一期到会境外采购商 6.6 万人，出口成交 128 亿美元。累计进馆人流量超过 126 万人次。其间验放出入境人员超过 10 万人次，口岸日均出入境国际航班接近 180 架次，日均查验出入境人员超 2.1 万人次。

思考：

1. 简述数据采集与处理的工作过程。
2. 上述资料中哪些属于采集到的数据？请举例说明。

任务四　数据采集与处理工具认知

任务导入

小王想做日常生活用品生意，在进货的时候遇到了问题，他需要知道哪些材质、造型、价格的梳子有较好的销售量。小王在几个电商平台上进行搜索，发现种类繁多，信息量庞杂。

任务描述

你有办法帮助小王解决问题吗？

相关知识

随着计算机软硬件的飞速发展，人们对数据的处理与分析逐渐倾向于采用统计分析软件。目前常用的统计分析软件有：SAS、SPSS、STATISTICA、MATLAB 等。近年来，电子表格成为数据组织形式的主流，其中著名的数据分析工具如 Excel、SPSS 等，在各个领域都发挥着重要作用。

一、常用数据采集工具

在现代社会，数据已经成为企业和个人获取信息、做出决策的重要途径。然而，获取数据并不是一件容易的事情，需要使用各种工具帮助完成。数据采集工具很多，下面主要介绍几种常用的数据采集工具。

1. Scrapy

Scrapy是一个由Python编写的开源网络爬虫框架，它具备抓取网站数据、检查网站链接、获取数据并存储到数据库等功能。Scrapy 功能强大，具有支持多线程、异步操作以及分布式部署等特点。

2. Apache Nutch

Apache Nutch 是一个开源的网络爬虫系统，它可以自动抓取网站内容，并将其存储到本地文件系统或 Hadoop 分布式文件系统中。Apache Nutch 还支持插件机制，可以方便地进行功能扩展。

3. Import.io

Import.io 是一款收费制网络爬虫工具。作为十大爬虫软件之一，Import.io 提供了从数据爬取、清洗、加工到应用的一套完整解决方案，涉及零售与制造业、数据爬取与加工、机器学习算法、风控等领域。Magic、Extractor、Crawler 和 Connector 是其四大特色功能。

4. 集搜客

集搜客（GooSeeker）始于 2007 年，是国内最早的网络爬虫工具之一。近年来，集搜客已把互联网内容结构化和语义化技术成功推广到金融、保险、电信运营、电信设备制造、电子制造、零售、电商、旅游、教育等行业。集搜客通用于国内外网站，免编程，可大批量抓取网站数据，并将采集到的数据一键输出至 Excel 表格；该软件还集成了自动分词和情感分析、报表摘录和笔记等功能。集搜客现提供免费版、专业版、旗舰版和 VIP 版。

5. 神箭手

神箭手也是使用人数最多的网络爬虫软件之一，它封装了复杂的算法和分布式逻辑，可提供灵活简单的开发接口；应用自动分布式部署和运行，可视化简单操作，弹性扩展计算和存储资源；统一可视化管理不同来源的数据，restful 接口、webhook 推送、graphql 访问等高级功能让用户无缝对接现有系统。这款软件现提供企业标准版和高级版。此外，神箭手支持私有云部署，可为企业、学校、政府机关等提供高效的一站式大数据中心解决方案。

6. 八爪鱼采集器

八爪鱼是一个整合了网页数据采集、移动互联网数据收集及 API 接口服务的数据服务平台。它最大的特色就是用户无须懂得网络爬虫技术，就能轻松完成采集，能够满足多种业务场景，适合产品开发人员、运营专家、销售人员、数据分析师、政府机关工作人员、学者等各类用户进行智能采集、不间断云采集、自定义采集等操作。

7. 火车头采集器

火车头作为使用人数最多的互联网数据抓取、处理、分析、挖掘软件之一，它凭借着灵活的配置和强大的性能领先国内数据采集类产品，并赢得众多用户的一致认可。火车头采集器历经十多年的软件升级更新，积累了大量的用户和口碑，且该软件优点多，在采集时不限网页、不限内容，几乎可以采集所有网页；支持多种拓展，打破操作局限；分布式高速采集，稳定性强，支持多个大型服务器同时运作，最大限度提升效率。

8. Content Grabber

Content Grabber 是一款功能强大的网络数据采集工具，旨在帮助用户快速、准确地从各种网站上抓取所需要的信息。Content Grabber 界面友好、操作简单；支持批量处理；支持多种数据处理和导出格式，如 Excel、XML、CSV 等；软件基于网页抓取，支持自动化操作。

二、常用数据处理软件

1. SAS

SAS，全称 Statistics Analysis System，最早由北卡罗来纳州立大学的两位生物统计学研究生研发。1976 年，他们成立了 SAS 软件研究所，正式推出 SAS 软件。SAS 是用于决策支持的大型集成信息系统，但该软件系统最早的功能限于统计分析，至今，统计分析功能仍是其重要组成部分和核心功能。

SAS 系统是一个组合软件系统，由多个功能模块组合而成，其基本部分是 BASESAS 模块。BASESAS 模块不仅是 SAS 系统的核心，还承担着主要的数据管理任务，包括管理用户使用环境和进行用户语言的处理。此外，它还能调用其他 SAS 模块和产品。也就是说，SAS 系统的运行，首先必须启动 BASESAS 模块，它具备数据管理、程序设计及描述统计计算功能，不仅如此，它还是 SAS 系统的中央调度室。它不但可以单独存在，也可与其他产品或模块共同构成一个完整的系统。各模块的安装及更新都可通过其安装程序非常方便地进行。

SAS 系统具有灵活的功能扩展接口和强大的功能模块，在 BASESAS 的基础上，还可以增加如下不同的模块而增加不同的功能：SAS/STAT（统计分析模块）、SAS/GRAPH（绘图模块）、SAS/QC（质量控制模块）、SAS/ETS（经济计量学和时间序列分析模块）、SAS/OR（运筹学模块）、SAS/IML（交互式矩阵程序设计语言模块）、SAS/FSP（快速数据处理的交互式菜单系统模块）、SAS/AF（交互式全屏幕软件应用系统模块）等。

SAS 有一个智能型绘图系统，不仅能绘制各种统计图，还能绘制地图。SAS 提供多个统计过程，每个过程均含有丰富的任选项。用户还可以通过对数据集的一连串加工，实现更为复杂的统计分析。此外，SAS 还提供了各类概率分布函数、分位数函数、样本统计函数和随机数生成函数，使用户能方便地实现特殊统计要求。

2. R 语言

R 语言来自 S 语言，是 S 语言的一个变种。S 语言由里克 • 贝克（Rick Becker）、约翰 • 钱伯斯（John Chambers）等人在贝尔实验室开发，用于数据探索、统计分析和作图。

R 语言是一种自由软件编程语言与操作环境，主要用于统计分析、绘图、数据挖掘，现在由“R 开发核心团队”负责开发。R 语言的源代码可自由下载使用，亦有已编译的可执行文件版本可以下载，可在多种平台下运行，包括 UNIX（也包括 FreeBSD 和 Linux）、

Windows 和 MacOS。R 语言主要是以命令行操作，同时有人开发了几种图形用户界面。

R 语言广泛应用于统计、应用数学、计量经济、金融、生物、数据可视化以及人工智能等领域，应用前景越来越广阔。

3. MATLAB

MATLAB 是 matrix&laboratory 两个词的组合，意为矩阵工厂（矩阵实验室），软件主要面对科学计算、可视化以及交互式程序设计的高科技计算环境。它将数值分析、矩阵计算、科学数据可视化以及非线性动态系统的建模和仿真等诸多强大功能集成在一个易于使用的视窗环境中，为科学研究、工程设计以及必须进行有效数值计算的众多科学领域提供了一种全面的解决方案，并在很大程度上摆脱了传统非交互式程序设计语言（如 C、Fortran）的编辑模式。MATLAB 与 Mathematica、Maple 并称为三大数学软件。

在数学类科技应用软件中，MATLAB 在数值计算方面首屈一指。它擅长处理行矩阵运算、绘制函数和数据图形、实现算法、创建用户界面、连接其他编程语言的程序等。MATLAB 的基本数据单位是矩阵，它的指令表达式与数学、工程领域中常用的形式十分相似，故用 MATLAB 来解算问题要比使用 C、Fortran 等语言简洁得多，并且 MATLAB 也吸收了 Maple 等其他软件的优点，进一步巩固了其在数学软件领域的领先地位。MATLAB 在新的版本中也加入了对 C、Fortran，C++、Java 等语言的支持。

4. SPSS

SPSS 软件诞生于 1968 年，是一款用于统计学分析运算、数据挖掘、预测分析和决策支持任务的专业统计软件产品。SPSS 最初称为“社会科学统计软件包”（Statistical Package for Social Science），2002 年 SPSS 公司将其名称改为“统计产品与解决服务方案”（Statistical Product and Service Solutions，SPSS）。自问世以来，SPSS 软件在医疗、商业、市场研究、教育、保险、银行等多个领域和行业得到了广泛应用，是当今最权威的统计学软件之一，有 Windows 和 Mac OS 等多个操作系统版本。SPSS 有如下一些优势。

（1）功能强大。SPSS 囊括了各种成熟的统计方法和模型，为统计分析用户提供了全方位的统计学算法。

（2）兼容性好。在数据方面，不仅可以在 SPSS 中直接进行数据录入工作，还可以将日常工作中常用到的 Excel 表格数据、文本格式数据导入 SPSS 中进行分析，从而节省了相当大的工作量。

（3）易用性强。SPSS 之所以有广大的用户群，不仅因为它是一种权威的统计学工具，提供了强大的统计功能，也因为它是一种非常简单易用的软件。

（4）扩展性高。SPSS 直接和 R 语言进行对接，通过直接调用 R 语言的各种统计模块，直接实现了对统计方法的调用（新版本已经增加对 Python 的支持）。

5. Excel

Excel 是微软公司出品的 Office 系列办公软件中的一个组件，确切地说，它是一个电子表格软件，提供了各种各样的功能，使得用户可以轻松构建、修改和管理各种数据表格，完成许多复杂的数据运算，进行数据的分析和预测，并且具有强大的制作图表功能。Excel 广泛应用于金融、财税、审计、行政等领域，有助于提高工作效率，实现办公自动化，是目前应用最为广泛的数据处理软件之一。

Excel 功能强大，可以执行各种计算任务，从简单的加减乘除运算到复杂的统计分析、图形展示和数据处理。其功能主要有 6 个部分。

（1）表格操作。Excel 支持用户对表格中的数据进行增加、删除、修改、查找、排序、筛选等操作。

（2）公式操作。Excel 支持用户编写公式，并通过输入文本框中的数据来计算表格中的数据。

（3）图表操作。Excel 支持用户对表格中的数据进行数据可视化展示，包括折线图、柱状图、饼图等多种类型的图表，帮助用户更直观地分析数据。

（4）数据分析。Excel 支持用户利用函数和数学公式对表格中的数据进行计算、分析和汇总，包括求和、平均值、最大值、最小值、方差等多种类型的数据分析。

（5）页面设置。Excel 支持用户对工作表的页面进行设置，包括设置页边距、设置工作表标签等。

（6）宏操作。Excel 支持用户编写宏，并通过运行宏来自动执行一系列的操作。

总的来说，Excel 是一款功能强大的电子表格处理软件，可以用于数据处理、数据分析、图表展示等多种场景。

任务实施

你有办法帮助小王解决问题吗？

要想了解哪种材质、造型、价格的梳子有较好的销售量，可以利用一些数据采集工具进行数据采集，特别是在淘宝、京东、拼多多等网站上利用数据采集工具采集相关数据，再进行对比分析，就可以了解梳子的流行款式了。

能力检测

除了文中介绍的几种网络数据采集工具之外，你还能介绍几种其他的数据采集工具吗？他们各有哪些特点？

数据采集概述

项目分析

本项目主要介绍采集的概念、意义、种类，数据采集的方法，数据采集方案，网络数据采集及商务数据采集等内容。

学习目标

知识目标

- 了解数据采集的概念、意义及种类；
- 了解数据采集的原则；
- 掌握数据采集方案的内容；
- 掌握数据采集的方法；
- 熟悉网络数据采集常用工具的操作，了解数据采集的流程；
- 了解商务数据的来源及类型。

技能目标

- 会设计简单的数据采集方案；
- 能规范地设计简单的数据采集问卷；
- 熟悉数据采集工具的使用，并能利用数据采集工具进行简单的数据采集。

素质目标

- 深化学生对于数据采集的认知；
- 培养学生对于数据采集方法的求知态度；
- 培养学生良好的数据采集习惯，尊重事实，重视实践和应用。

任务一　数据采集认知

任务导入

大学生对于微信的满意度数据采集

您好，我是一名电子商务专业的大三学生，正在进行一项关于大学生微信使用情况的数据采集，想邀请您花几分钟时间帮忙填答这份问卷。本问卷实行匿名制，所有数据只用于数据采集与处理，请您放心填写。题目选项无对错之分，请您按自己的实际情况填写。谢谢您的帮助。

1. 您的年级？（　　）

A. 大一　　B. 大二　　C. 大三

2. 您认为微信的主要用途是什么？（　　）

A. 网上购物　　B. 同学吃饭等娱乐活动后转账

C. 社交　　D. 其他

3. 微信的出现对您的生活是否有帮助？（　　）

A. 很有帮助，平时很依赖　　B. 有帮助，方便付钱

C. 一般，可有可无　　D. 没有帮助

4. 您认为微信存在的最大问题是什么？（　　）

A. 账户安全问题　　B. 收取手续费

C. 广告太多　　D. 其他

5. 您最常使用微信的哪个功能？（　　）

A. 转账　　B. 聊天　　C. 缴费业务　　D. 网络支付

……

10. 您认为微信需要在哪些方面改进？（可多选）（　　）

A. 安全性　　B. 网页页面　　C. 快速检索　　D. 其他

11. 您使用微信遇到过哪些问题？（可多选）（　　）

A. 操作复杂　　B. 虚假信息　　C. 交易纠纷　　D. 其他

12. 您一般在什么情况下使用微信？（可多选）（　　）

A. 购物　　B. 餐后付款

C. 影院购票　　D. 打车付费

E. 自动售货机购物　　F. 其他

13. 如果购物网站不支持微信支付，你会怎样？（　　）

A. 拒绝继续在该网站购物

B. 减少在该网站购买的次数

C. 购物情绪会受到影响，只买一些低价的东西

D. 使用其他的支付方式，不影响继续购物

14. 您对于网上支付方式有何新期待？（可多选）（　　）

A. 更加规范、统一　　B. 安全性进一步提高

C. 更加便捷的支付体验　　D. 适用范围更广泛

15. 您对微信还有哪些建议？________________________

非常感谢您的参与数据采集，祝您天天生活愉快。

任务描述

1. 本次数据采集采用了什么方法?
2. 数据采集有何意义?
3. 在数据采集中，你认为怎样才能让被采集者乐于提供真实的数据?

相关知识

一、数据采集的概念和意义

1. 数据采集的概念

数据采集，就是按照数据分析研究的目的和任务，运用科学的数据采集组织形式和方法，有组织、有计划地采集数据资料的工作过程。

数据采集所搜集的数据资料有两种：①原始数据，即直接向数据采集单位搜集的尚待汇总整理的、需要由个体过渡到数据采集对象的资料；②次级数据，即已经过加工整理，由个体过渡到数据采集对象、能够在一定程度上说明数据采集对象特征的数据资料。由于无论何种形式的次级数据都由原始数据资料过渡而来，所以数据采集所要搜集的资料主要是指原始数据资料。

2. 数据采集的意义

数据采集是整个研究分析工作的基础环节，通过数据采集，取得有关被采集对象的具体数据资料，为数据处理提供基础依据。而且，数据采集工作的质量影响到整个数据采集与处理工作的质量，数据采集做得好，就能准确、及时、全面地反映被研究对象的本质及规律性。反之，如果数据采集做不好，所得资料不准确、不真实或者不及时，即使经过科学整理和分析，也得不到正确的判断，这将影响整个数据采集与处理工作的成果。所以，数据采集阶段是保证研究工作顺利完成、提高数据采集与处理工作质量的首要环节，是整个数据采集与处理工作的前提与基础。

二、数据采集的种类

（一）按照数据采集对象包括的范围划分

数据采集按照数据采集对象包括的范围可分为全面数据采集和非全面数据采集。

1. 全面数据采集

全面数据采集是对数据采集对象中的所有单位进行无一遗漏的观察登记。例如，要了解全国的汽车产量，就要对全国所有汽车厂家进行数据采集；要了解我国的人口结构和素质，就要对全国的所有人口进行数据采集。

这种数据采集方式能掌握所有总体单位的资料，但是耗时长、花费高。这种数据采集方式仅适用于有限总体，且应限于反映国情国力的重要指标。

2. 非全面数据采集

非全面数据采集仅对数据采集对象中的部分单位进行观察登记。例如，对中小企业融资方式进行数据采集，不必将所有中小企业都纳入数据采集范围，选择一部分即可。

这种数据采集方式工作量小、耗时相对较短、花费也相对较低，数据采集结果可以反映某地区的情况或在一定程度上可以反映总体的一般情况。但由于非全面数据采集未包括所有的个体，因此统计分析结果应与全面数据采集结合使用。

（二）按照数据采集的组织方式划分

数据采集按照数据采集的组织方式可以分为报表数据采集和专门数据采集。

1. 报表数据采集

报表数据采集是指按照统一规定的表式要求，自上而下地统一布置、自下而上地逐级汇总上报的一种数据采集方式。我国建立了报表制度，所有的企业、事业单位都有责任按照规定的表式、项目、日期和程序向上级领导机关提交报表。

2. 专门数据采集

专门数据采集是指为研究某些专门问题，由采集单位专门组织进行的一种调查方式，包括全面数据采集、重点数据采集、典型数据采集、抽样数据采集等。

（三）按数据采集登记时间上的连续性划分

数据采集按数据采集登记时间上的连续性分为经常性采集和一次性采集。

1. 经常性数据采集

经常性数据采集指在一定时期内对客观事物的发展变化情况连续不断地进行登记的采集方式，其目的是取得某事物在一定时期的发展变化过程中所累积的总量。例如，工业产品产量、销售量等。

2. 一次性数据采集

一次性数据采集是指间隔一段时间，对社会经济现象在某一时点上的数量特征进行一次性的登记和观察，分为定期数据采集和不定期数据采集。

（四）按采集资料的方法不同划分

数据采集按采集资料的方法不同可分为直接观察法、报告法、采访法和问卷数据采集法等。

1. 直接观察法

直接观察法是指数据采集人员到现场对数据采集对象亲自进行观察和计量。

2. 报告法

报告法是指由报告单位根据已有的原始资料和核算资料，按规定的统一表格和要求，通过特定的呈报程序提供所需的数据和信息。

3. 采访法

采访法主要是指与数据采集对象进行面谈、电话交流或网络交流，从而获取数据的方法。

4. 问卷数据采集法

问卷数据采集法是通过设计问卷，向数据采集对象发放并回收问卷，从而获取数据的方法。

三、数据采集的原则

1. 可靠性原则

可靠性原则也称准确性原则，是指数据必须是真实对象或环境所产生的，必须保证采集的数据能反映真实的状况，保证数据来源是可靠的。数据信息的准确性至关重要，只有基于正确的信息和数据，才能通过整理和分析得到正确的结论。数据信息的准确性要求我们利用各种渠道获取信息并进行比对。

可靠性关注的是数据记录中存在的错误，如字符型数据的乱码现象就存在着准确性的问题；以及异常的数值，如异常大或者异常小的数值、不符合有效性要求的数值等。

2. 完整性原则

完整性原则是指数据采集必须按照一定的标准要求，采集反映事物全貌的信息。完整性原则是数据处理的基础。完整性关注的是数据信息是否存在缺失的状况，数据缺失的情况可能是整个数据记录缺失，也可能是数据中某个字段信息的记录缺失。

3. 及时性原则

及时性原则是指数据自发生到被采集的时间间隔，要符合当前的时间需求，间隔越短就越及时，最及时的情况是数据采集与数据发生同步。比如要求采集当日的数据，结果第二天甚至第三天才采集完，这种数据就不符合数据及时性原则。

4. 相关性原则

相关性原则是指采集的数据与数据分析处理的目标要紧密相关，即在确定数据采集的范围时，要非常清晰地体现出目标导向，确保所采集的数据与所反映的信息主体状况高度相关。数据的采集、处理结果与数据处理的目标具有比较直接的因果关系。

例如，在准备自己企业的年度会计报告内容时，其他企业的年度会计报告内容与你要准备的内容不相关，因为会计信息使用者需要的是自己企业的数据，其他企业的数据不能满足会计信息使用者的需求，对会计信息使用者的决策影响不大，不具有相关性。

5. 经济性原则

经济性原则，也称为成本效益原则是指数据分析人员在选择要分析的指标、确定数据采集方法以及数据采集过程中，要充分考虑所涉及的人力、物力、财力及时间等成本与其所能产生的收益之间的平衡。这意味着要制定出既经济又可行的数据采集设计方案。

经济性原则要坚持“最少、必要”准则，不采集不相关数据，也不采集不必要数据或过多的冗余数据。

任务实施

1．本次数据采集采用了什么方法？

本次数据采集采用的是问卷数据采集法。

2．数据采集有何意义？

数据采集是整个数据采集与处理的基础环节，其质量的好坏直接影响后续工作的质量与开展，影响整个数据采集与处理工作成果。

3．在数据采集中，你认为怎样才能让被采集者乐于提供真实的数据？

（1）问卷的语言要尽量口语化，符合交谈习惯。

（2）问题要提得清楚、具体、明确。

（3）尽量设计一些标准化、选择性问题，手写式理论问题尽可能少。

（4）避免隐私性问题。

能力检测

请设计一份调查问卷，了解刚踏入职场的年轻人遇到的主要职场问题，以及他们是如何面对这些问题的。

任务二　数据采集方案认知

任务导入

某淘宝店铺长期经营零食坚果类商品，市场采购部门决定增加产品种类，现需要在“葡萄干”“巴旦木”“碧根果”三类商品中选择一种，选择依据是商品近一年的用户关注度高、目标用户群体基数大等。

任务描述

请针对该需求撰写一份数据采集方案。

相关知识

数据采集可以帮助我们了解某个数据采集对象的特征、态度、行为等方面的情况。为了确保数据采集结果的准确性和可靠性，在数据采集之前一般都需要制定一份完整的数据采集方案。一份完整的、有指导意义的数据采集方案应该包括以下几方面的内容。

一、确定数据采集与处理的目的及任务

只有明确了数据采集与处理的目的及任务，才能确定数据采集范围，即向谁采集和采集什么，以及采集所采用的方式方法。

在确定数据采集与处理的目的时，要适当地进行背景介绍，让项目参与人员了解该数据项目的来龙去脉，明确分析的环境和所处情况。数据采集与处理的目的应尽可能具体，要抓住主要矛盾，突出中心问题，切忌轻重不分，只有这样才能提高数据采集的质量。

数据采集的目的和任务是根据数据使用者的实际需要并结合数据采集对象的特点来确定的，一般来讲应满足下列基本要求。

（1）从分析研究工作需要出发，抓住实际工作中最重要、最迫切的具体问题。

（2）从采集对象的实际出发，把需要和可能结合起来。

二、确定数据采集对象和采集单位

数据采集与处理的目的和任务确定后，就需要确定数据采集对象和采集单位。

数据采集对象指需要进行数据采集的总体，它是由许多性质相同的单位组成的。确定数据采集对象，首先需要根据数据采集与处理的目的对所研究的现象进行认真分析，掌握其主要特征，科学地确定数据采集对象的含义；其次需要明确规定数据采集对象的范围，划清与其他社会现象的界限，这样才能避免资料的重复或遗漏，保证采集到的数据资料的准确性。

数据采集单位是指数据采集中所要登记的具体单位，是数据资料的承担者，也是构成数据采集对象的基本单位，数据采集单位取决于数据采集与处理的目的和对象。数据采集与处理的目的和对象如发生改变，则数据采集单位也就不同。

三、拟定数据采集提纲，设计数据采集表

（一）拟定数据采集提纲

根据数据采集与处理的目的确定数据采集对象和采集单位后，应拟定数据采集提纲。数据采集提纲是在数据采集前所确定的数据采集项目，包括需要向数据采集单位了解的有关的标志和其他情况。数据采集项目直接关系到数据资料的数量和质量。因此，数据采集项目的繁简和选择标志的多少，应该根据数据采集与处理目的和对象的特点，贯彻少而精的原则妥善处理。

（二）设计数据采集表

有了数据采集提纲，就可以设计数据采集表。数据采集表是搜集原始资料的基本工具，把数据采集提纲中的各个数据采集项目按照一定的顺序排列在一定表格内，就构成了数据采集表。利用数据采集表，既便于清晰地登记数据资料，又便于日后的数据处理。商务数据采集表有如下几种形式。

1. 店铺流量类数据采集表

店铺流量类数据采集表主要是为了了解店铺的流量来源情况及流量结构，常用的数据采集报表有店铺 UV 数据采集表（见表 2-1）、PV 数据采集表、IP 数据采集表等。

2. 店铺日常运营类数据采集表

店铺运营类数据采集表类型多样，最常见的就是店铺运营日报表（见表 2-2），包含的数据指标通常有流量类、订单类、转化类、交易类等。

表 2-1　店铺 UV 数据采集表

日　期			6月1日	6月2日	6月3日	6月4日	6月5日	6月6日	6月7日	6月8日	6月9日	6月10日
流量来源	PC 端来源	天猫搜索										
		淘宝搜索										
		直通车										
		购物车										
		已买到商品										
		PC 端总计										
	无线端来源	手机淘宝首页										
		天猫搜索										
		淘宝搜索										
		购物车										
		已买到商品										
		无线端总计										
综合	总 UV											
	销量											
	转化率											

表 2-2　店铺运营日报表

日　期		流　量	转　化　率							销　售　额				
		访客数 UV	全店转化率	访问深度	平均停留时间	询单转化率	收藏量	成交回头率	客单价	拍下总金额	支付宝成交金额	支付宝使用率	当日拍下未付款金额	退款金额

3. 营销推广类数据采集表

营销推广工作直接关系到整店的成交转化情况，因此营销推广类数据采集表在日常运营过程中使用也非常广泛。营销推广类数据采集表通常包含通过各营销推广渠道的成交类指标、流量类指标、费用类指标等（见表 2-3）。

表 2-3　营销推广基础数据登记表

日　期	成交笔数	成交金额	成交总累计金额	佣　金	累计佣金	平均佣金比例	淘宝客流量	投入产出比	备　注

四、确定数据采集来源、渠道及工具

数据分析人员分析出合理的结果离不开数据来源渠道及数据采集工具为其提供的数据，因此在数据采集方案中注明数据来源及采集工具不仅可以为后续的工作提供工作方向，也可以为后期效果评估及复盘提供理论依据。

（一）数据采集来源

常见的数据采集来源大致可以分为三类。

（1）日常数据。日常数据主要包括平台运营数据、网站数据库数据以及企业管理系统数据等。

（2）专题数据。专题数据包括专项调研数据和实验实测数据。

（3）外部环境数据。外部环境数据包括行业发展数据及竞争对手数据。

（二）常用的数据采集渠道与采集工具（见表 2-4）

表 2-4　数据采集渠道与采集工具一览表

采集渠道	采集工具	适用范围
政府部门、行业协会、媒体	八爪鱼采集器、Excel 等	行业数据等
数据平台	百度指数、360 指数等	行业数据的关注热度等
商家后台	生意参谋、京东商智、店侦探、自有系统等	市场数据、客户数据、产品数据等
咨询公司数据平台	八爪鱼采集器、Excel 等	行业数据、产品数据等
问卷调研	问卷星、腾讯在线表单等	目标客户分析、产品体验等

五、确定数据采集时间和采集方法

数据采集时间包括三个方面的含义：首先是指数据资料所属的时间，如果所采集的是时期现象，就要明确规定反映的数据是从何年何月何日起到何年何月何日止的资料；如果所要采集的是时点现象，就要明确规定统一的标准时点。其次是对采集单位的标志进行登记的时间。最后是指采集数据期限，即整个数据采集工作的时限。

数据采集的方法在数据采集方案中也要拟定。采集方法包括数据采集的方式和采集数据资料的具体方法。数据采集的方式有普查、重点数据采集、典型数据采集、抽样数据采集、报表制度等。采集数据资料的具体方法有访问法、观察法、报告法等。

六、制订数据采集工作的组织实施计划

数据采集的成功实施必须要有严密细致的组织工作，因此，必须在数据采集方案中拟定一个周密的组织实施计划。其主要内容包括：确定数据采集工作的领导机构和办事机构；数据采集人员的组织与分工；采集前的准备工作，如人员培训、文件资料的印发、方案的传达布置以及公布数据的时间等。

任务实施

请针对该需求撰写一份数据采集方案。

根据要求可拟定如下数据采集方案。

1. 任务目标分析

根据任务导入可知，通过分析三类商品的用户关注度及目标用户群体基数两类数据指标，可以确定需要上架的商品品类。

2. 数据指标确定

先按照大方向确定数据采集的基本大类为用户关注度及目标用户群体基数，具体的数据指标需等确定了数据采集渠道之后再进行制定。因为店铺设在淘宝平台，所以数据的采集渠道还是需要围绕淘宝平台来确定，其余的需要通过生意参谋采集。

3. 数据采集渠道确定

（1）淘宝平台提供的商品 30 天的销售数据虽然有一定的分析价值，但采集具备一定难度。

（2）生意参谋市场行情板块提供了丰富且全面的数据资源，采集时只需制作相应的数据表格进行摘录即可，采集难度相对较低操作过程非常简单。

4. 数据采集工具选择

由于此任务是从生意参谋中直接摘录数据，因此，这里不需要使用采集工具。

5. 分析总结

综上所述，我们可以确定数据指标为三类商品的搜索人气、搜索热度和访客数。而采集渠道可以从数据的相关度及操作可行性两个角度考虑，最后选择通过生意参谋平台进行采集。

能力检测

小张是一名电子商务专业毕业的大学生，目前在一家经营小零食的天猫店铺做运营工作。随着行业竞争压力不断加大，小张希望通过网店数据分析进行更加精准的营销。

要完成网店数据分析工作，小张要明确网店流量来源的渠道、网店流量数据分析的步骤、网店经营数据的分类，以及如何分析网店的经营数据。

面对以上问题，小张认为，盲目开展工作不仅杂乱无章，而且工作效率低下，必须要有一个完整的方案来指导后期工作的推进和实施。于是，小张在部门领导和同事的指导下，首先进行数据采集方案的撰写，具体包括：数据采集目标制定、数据指标制定、数据采集渠道及工具选择。接下来，小张在此基础上对整体方案进行细化和完善，以便于后期工作的展开。

思考：

1. 撰写数据采集方案对网店的营销开展有何积极意义？
2. 数据采集方案应该包含哪些内容？

任务三　数据采集方法认知

任务导入

小王是 ×× 宠物食品有限公司的市场部人员。为了更好地满足市场需要，提高市场占有率，公司决定由小王组织市场部人员进行市场调查，采集相关数据并进行处理、分析，为公司进行产品改进提供依据。

任务描述

数据采集方法有哪些？

相关知识

一、数据的常见种类

按照获取途径的不同，数据一般可分为初级数据和次级数据。

1. 初级数据

初级数据也称原始数据或一手数据，是指反映被调查对象原始状况的数据，是直接从被研究对象处取得的资料，如原始记录、统计台账、调查问卷答案、实验结果等。

初级数据的优点是及时、可信度高，可以解决二手数据不能解决的问题；但也存在主观性强、收集成本高、难以收集的问题。

2. 次级数据

次级数据又称二手数据，是指已经存在的经他人整理分析过的数据，如期刊、报纸、广播、电视以及互联网上的资料，各级政府机构公布的资料，企业内部记录和报告等。

次级数据的优点是客观、易于获取、取得迅速、成本低；缺点是相关性、时效性、可靠性较差。

二、初级数据的采集方法

初级数据的采集方法主要包括实地调查法和网络直接调查法两种。

1. 实地调查法

（1）访问法。访问法是通过有目的、有计划、有方向的口头交谈向被调查者了解问题和情况，获取原始资料的一种方法。

该方法的优点是：被调查对象的回答率大大高于问卷法，适应性强，调查内容机动性大，调查人员对资料采集过程可进行有效控制；缺点是：访谈成本高、匿名性差，访谈结果与调查人员的素质、能力及其现场表现直接相关。根据调查人员与被调查者接触方式的不同，访问法又分为人员访问、电话访问、邮寄访问和网上访问等。

（2）观察法。观察法，又称为直接观察法，是指观察者带有明确目的到观察现场，凭借自己的眼睛或摄像录音器材，在调查现场进行实地考察，记录正在发生的市场行为或状况，以获取各种原始资料的一种非介入性调查方法。观察法一般用于对被调查者客观状况进行调查，这种方法的主要特点是：调查者与被调查者不发生直接接触，而是由调查者从侧面直接或间接地借助仪器把被调查者的实际活动情况记录下来，避免让被调查者感觉正在被调查，从而提高调查结果的真实性和可靠性，使取得的资料更加贴近实际。

观察法的优点是可以获得更加真实、客观的原始资料，但它也有一些缺点：①观察法仅是取得表面性资料，只能观察到正在发生的动作和现象；②调查者必须具备较高的业务能力、敏锐的洞察能力和良好的记忆力；③观察法要求较高的调研费用和较长的观察时间。因此，观察法最好同其他调查方法结合起来使用。

观察法按照不同的分类标准可分为以下几类：①按观察时间周期，可以分为连续性观察和非连续性观察；②按观察所采取的方式，可以分为隐蔽性观察和非隐蔽性观察；③按调查者扮演的角色，可以分为参与性观察和非参与性观察；④按调查者对观察环境施加影响的程度，可以分为结构性观察和非结构性观察。

（3）实验法。实验法是指在实验中控制一个或多个变量来观测并记录结果的一种调查方法。实验法要求研究人员要控制某一情形的所有相关方面，操纵少数感兴趣的变量，然后观察实验的结果，获得的实验数据就是在实验中控制实验对象而搜集到的变量数据。

（4）报告法。报告法亦称通信法，是指由被调查者填写有关报告表格，向调查人员报告自身情况的资料采集方法。这种方法是被调查者根据统计报表的格式要求，按照隶属关系，逐级向有关部门上报统计资料的一种调查方法。其特点是：具有统一项目、统一表式、统一要求和统一上报程序；能够进行大量调查。现行统计报表制度采用的就是这种方法。

（5）问卷调查法。问卷调查法就是根据调查目的，由调查者运用统一设计的问卷向被选取的调查对象了解情况或征询意见的调查方法。问卷调查法是以书面提出问题的方式搜集资料的一种研究方法。问卷调查法是目前最常用的调查方法之一，其优点在于利用问卷限定了调查人员的询问方式和被调查者的回答方式，从而有助于获得符合分析要求的定量数据。问卷调查法不需要调查人员进行自由联想和发挥，从而降低了对调查人员自身素质的要求，更适用于大规模的民意调查和商业调查活动。

2. 网络直接调查法

网络直接调查法，即利用互联网直接进行问卷调查、电子邮件调查、网络论坛调查、网络在线座谈会调查等。

三、次级数据的采集方法

次级数据包括内部数据和外部数据两种。

（一）内部数据采集

内部数据来自组织内部。内部数据的采集来源为业务资料、统计资料、数据库等，采集方法包括报表采集、数据库采集、系统日志数据采集等。

（1）报表采集。企业可以通过相关业务部门每日、每周、每月的工作报表，如销售明细、出入库清单、客服记录等进行数据采集。

（2）数据库采集。企业将数据库采集系统直接对接到业务后台的服务器。业务后台每时每刻都会产生大量业务记录，并可直接被数据库采集系统采集，最后由特定的处理系统进行数据分析。

（3）系统日志数据采集。系统日志数据采集主要针对互联网上的商务活动。例如，网站日志会记录访客 IP 地址、访问时间、访问次数、停留时间、访客来源等数据。通过对这些日志信息进行采集、分析，可以挖掘数据中的潜在价值。

（二）外部数据采集

外部数据是指来自组织外部的数据。外部数据的采集来源为公开出版的资料、计算机数据库、互联网资料等，采集方法包括文献资料采集、情报联络网采集、专业数据库采集、互联网采集等。

1. 文献资料采集

文献资料采集主要是通过政府部门、行业协会、新闻媒体、出版社等发布的统计数据、行业调查报告、新闻报道、出版物采集数据。

2. 情报联络网采集

情报联络网采集，是指企业在全国范围或国外特定地区内设立情报联络网，使情报资料采集工作的触角延伸到四面八方，实现全方位、多角度的信息搜集。情报联络网的建立是企业进行外部数据采集的有效方法。

3. 专业数据库采集

专业数据库是指专门用于存储和管理特定领域、行业或学科的数据的集合体。例如，中国知网、万方数据等。

（1）中国知网。中国知网是全球领先的中文学术资源库。用户覆盖海内外各级各类高等院校、公共图书馆、政府机构、情报机构、智库机构、大型企业、医院、军事机构、银行、中小学、学会等，覆盖1.5亿多高知人群，使用场景丰富且使用频次高，超高流量驱动广告转化，为品牌提供增量引擎，实现品效协同。

（2）万方数据。万方数据以客户需求为导向，依托强大的数据采集能力，应用先进的信息处理技术和检索技术，为决策主体、科研主体、创新主体提供高质量的信息资源产品。在精心打造万方数据知识服务平台的基础上，万方数据还基于"数据＋工具＋专业智慧"的情报工程思路，为用户提供专业化的数据定制、分析管理工具和情报方法，并陆续推出万方医学网、万方数据企业知识服务平台、中小学数字图书馆等一系列信息增值产品，以满足用户对深层次信息和分析的需求，为用户确定技术创新和投资方向提供决策支持。

4. 互联网采集

在计算机与网络技术飞速发展的今天，互联网成为获取统计数据的重要途径。目前可获取反映中国经济社会发展状况数据的网站如下。

（1）中国国家统计局官网（https://www.stats.gov.cn）由中国国家统计局主办。该网站提供的主要内容有统计公报、统计数据、统计分析、统计法规、统计管理和数据直报等。在该网站也可搜寻有关统计年鉴的数据资料。

（2）国研网（http://www.drcnet.com.cn）是国务院发展研究中心信息网的简称，由国务院发展研究中心主管，国务院发展研究中心信息中心主办，北京国研网信息有限公司承办。该网站提供的主要信息有宏观经济、区域经济、金融市场、行业经济及企业经济相关数据资料。

（3）中国经济信息网（http://www.cei.cn）是国家信息中心组建的，以提供经济信息为主要业务的专业性信息服务网络。从该网站可搜寻全国各地区经济发展的数据资料。

（4）中经数据（https://ceidata.cei.cn）是中经网推出的一款将经济社会各领域的统计数据整合为一体的强大数据资源门户网站，内容包括经济统计库、产业数据库、世界经济库、"一带一路"库、重点区域数据库、专题数据库、微观数据库七大数据库群，用户可以根据不同主题快速进入所需数据库。同时以统计知识、行政区划平台等模块作为辅助，帮助用户更好地理解指标口径范围与计算方法，为提升科研工作质量提供强有力的支撑。

1）产业数据库（https://ceidata.cei.cn/cyk/）以产业经济学理论为基础，结合研究人员的使用习惯组织数据内容，构建数据层次。对各产业的发展以及运行态势进行立体、连续、深度的展示，帮助行业分析人员快速掌握行业信息，跟踪行业发展轨迹。涵盖了宏观、农业、煤炭、石油、电力、石化、钢铁、有色、机械、汽车、车船、电子、家电、建材、造纸、食品、纺织、医药、房地产、金融、保险、交通、旅游、商贸24个产业。

2）经济统计库（https://ceidata.cei.cn/db/）是一个综合型数据资源库，旨在帮助宏观经济研究人员整体把握全国宏观形势，且在地区及各国经济的比较分析等方面提供全面、完备、有效的数据支持。经济统计库包含了全国宏观月度库、全国宏观年度库、分省宏观月度库、分省宏观年度库、海关月度库、城市年度库、县域年度库、OECD月度库、OECD年度库九大子库。

任务实施

数据采集方法有哪些？

（1）初级数据的采集方法。

1）实地调查法。①访问法；②观察法；③实验法；④报告法；⑤问卷调查法。

2）网络直接调查法。

（2）次级数据的采集方法。

1）内部数据采集。①报表采集；②数据库采集；③系统日志数据采集。

2）外部数据采集。①文献资料采集；②情报联络网采集；③专业数据库采集；④互联网采集。

能力检测

采集我国 2010—2022 年人均国民收入、人均国民可支配收入、恩格尔系数等数据。

任务四 网络数据采集

任务导入

华为京东自营官方旗舰店要对销量较好的笔记本电脑 MateBook D 14 进行顾客评价反馈，要求客服统计近期已经购买这款产品的顾客的评价。客服小张接到任务以后一条一条进行客户评价复制，一整天才整理出 200 多条客户评价，但是该商品的评价有 50 多万条，如果按此进度进行下去，小张根本完成不了该项任务。

任务描述

你有办法帮助小张快速搜集顾客评价吗？

相关知识

信息时代网络平台数据是数据的重要来源之一，采集网络平台中的数据也是目前采集数据的一种主要方式。根据网络数据是否可下载、可复制，网络数据的采集方法可以分为常规网络数据采集和利用采集工具采集两种。

一、常规网络数据采集

常规网络数据采集方法主要是指针对网络平台可下载或可复制的数据所采用的数据采集方法。

当在网络上浏览到需要采集的数据时，如果该平台允许下载（或导出）页面中的数据，一般会在该页面显示与下载（或导出）相关的超链接或按钮，用户只要单击该超链接或按钮，设置数据文件的名称和保存位置，然后单击“保存”即可。

如果网络平台没有提供与下载（或导出）相关的超链接或按钮，但允许选择并复制数据内容，用户可以用鼠标将需要采集的数据全部选中，在所选区域单击鼠标右键，在弹出的快捷菜单中选择“复制”命令。启动 Excel，选择要粘贴数据的表格目标区域，单击鼠标右键，在弹出的快捷菜单中选择“粘贴”命令，或按〈Ctrl+V〉组合键即可将剪贴板中的数据粘贴到 Excel 工作表。

二、利用采集工具采集

（一）利用 Excel 进行网络数据采集

对于网络数据，也可以利用 Excel 进行采集。下面以东方财富网股票行情中心数据为例，介绍利用 Excel 进行网络数据采集。图 2-1 为东方财富网行情中心部分股票数据。

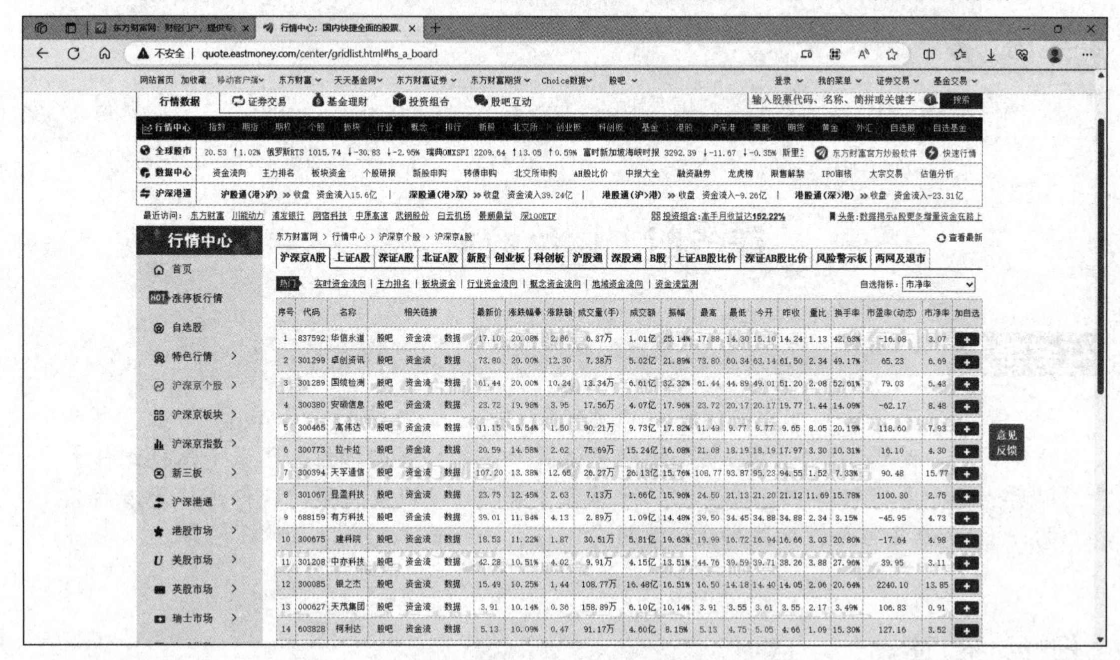

序号	代码	名称	相关链接	最新价	涨跌幅	涨跌额	成交量(手)	成交额	振幅	最高	最低	今开	昨收	量比	换手率	市盈率(动态)	市净率	加自选
1	837592	华信永道	股吧 资金流 数据	17.10	20.08%	2.86	6.37万	1.01亿	25.14%	17.88	14.30	15.10	14.24	1.13	42.63%	-16.08	3.07	+
2	301299	卓创资讯	股吧 资金流 数据	73.80	20.00%	12.30	7.38万	5.02亿	21.89%	73.80	60.34	63.14	61.50	2.34	49.17%	65.23	6.69	+
3	301289	国缆检测	股吧 资金流 数据	61.44	20.00%	10.24	13.34万	6.61亿	32.32%	61.44	44.89	49.01	51.20	2.08	52.61%	79.03	5.43	+
4	300380	安硕信息	股吧 资金流 数据	23.72	19.98%	3.95	17.56万	4.07亿	17.96%	23.72	20.17	20.17	19.77	1.44	14.09%	-62.17	8.48	+
5	300465	高伟达	股吧 资金流 数据	11.15	15.54%	1.50	90.21万	9.73亿	17.82%	11.49	9.77	9.77	9.65	8.05	20.19%	118.60	7.93	+
6	300773	拉卡拉	股吧 资金流 数据	20.59	14.58%	2.62	75.69万	15.24亿	16.08%	21.08	18.19	18.19	17.97	3.30	10.31%	16.10	4.30	+
7	300394	天孚通信	股吧 资金流 数据	107.20	13.38%	12.65	26.27万	26.13亿	15.76%	108.77	93.87	95.23	94.55	1.52	7.33%	90.48	15.77	+
8	301067	显盈科技	股吧 资金流 数据	23.75	12.45%	2.63	7.13万	1.66亿	15.96%	24.50	21.13	21.20	21.12	11.69	15.78%	1100.30	2.75	+
9	688159	有方科技	股吧 资金流 数据	39.01	11.84%	4.13	2.89万	1.09亿	14.48%	39.50	34.45	34.88	34.88	2.34	3.15%	-45.95	4.73	+
10	300675	建科院	股吧 资金流 数据	18.53	11.22%	1.87	30.51万	5.81亿	19.63%	19.99	16.72	16.94	16.66	3.03	20.80%	-17.64	4.98	+
11	301208	中亦科技	股吧 资金流 数据	42.28	10.51%	4.02	9.91万	4.15亿	13.51%	44.76	39.59	39.71	38.26	3.88	27.96%	39.95	3.11	+
12	300085	银之杰	股吧 资金流 数据	15.49	10.25%	1.44	108.77万	16.48亿	16.51%	16.50	14.18	14.40	14.05	2.06	20.64%	2240.10	13.85	+
13	000627	天茂集团	股吧 资金流 数据	3.91	10.14%	0.36	158.89万	6.10亿	10.14%	3.91	3.55	3.61	3.55	2.17	3.49%	106.83	0.91	+
14	603828	柯利达	股吧 资金流 数据	5.13	10.09%	0.47	91.17万	4.60亿	8.15%	5.13	4.75	5.05	4.66	1.09	15.30%	127.16	3.52	+

图 2-1　东方财富网行情中心部分股票数据截图

第一步，启动 Excel 工作簿，单击编辑页面的“数据”选项卡，在出现的页面中单击功能区中的“自网站”选项，会弹出“从 Web”的对话框，如图 2-2 所示。

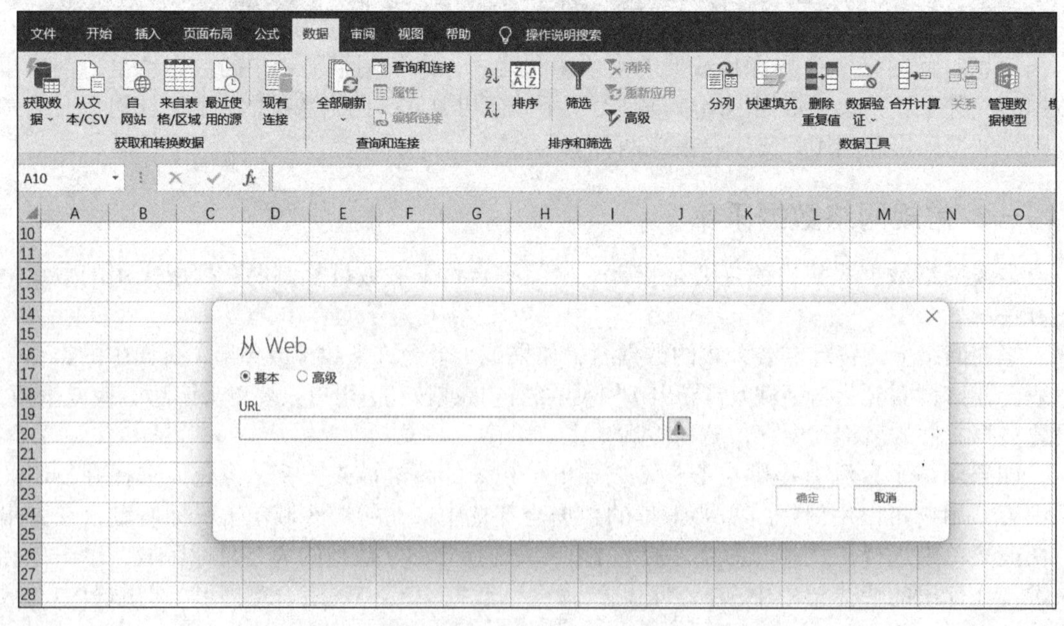

图 2-2　Excel 采集数据——“从 Web”对话框

第二步，将网址 http://quote.eastmoney.com/center/gridlist.html#hs_a_board 复制粘贴在 URL 框中，单击“确定”按钮，如图 2-3 所示。

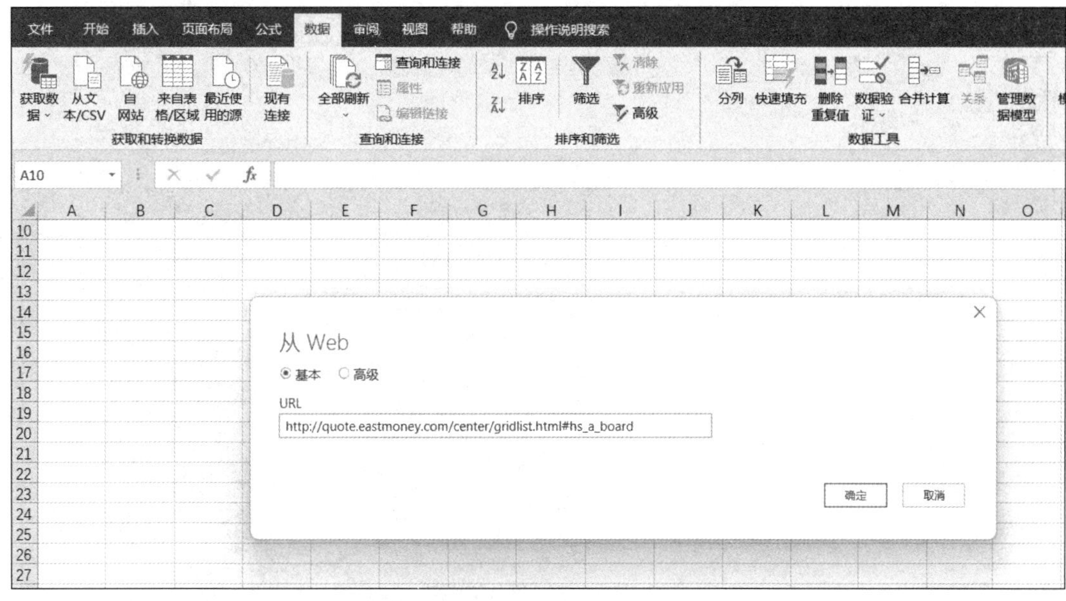

图 2-3　Excel 采集数据——录入网址

第三步，在完成上述步骤之后，会出现“导航器”对话框，如图 2-4 所示。

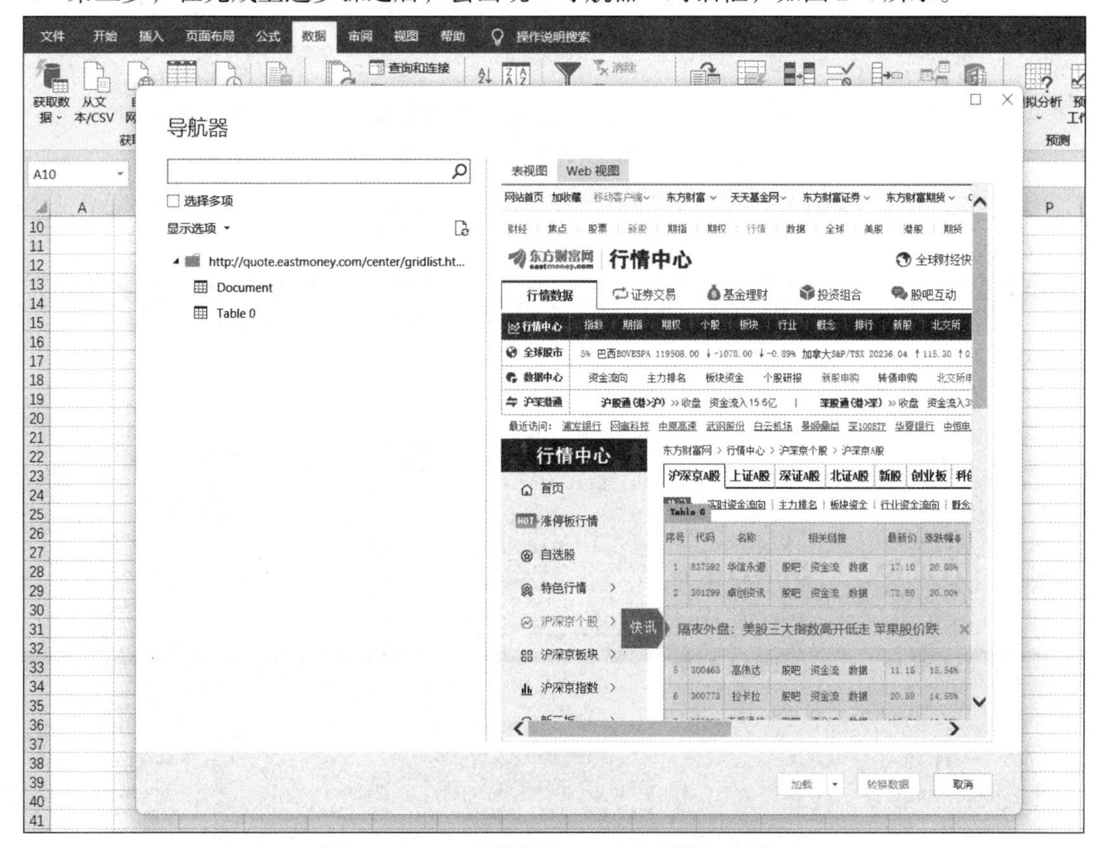

图 2-4　Excel 采集数据——“导航器”对话框

第四步，在导航器对话框中，单击“显示选项”中的“Table0”选项，在右侧选择“Web 视图”，即可得到如图 2-5 所示页面。

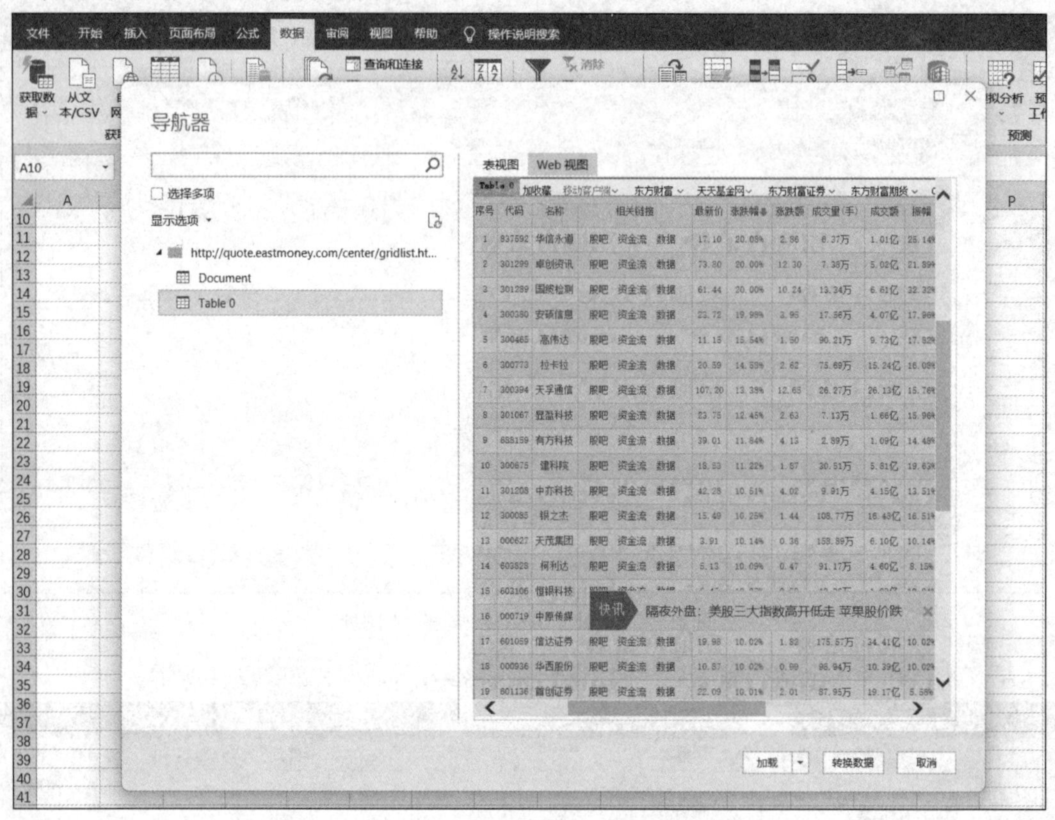

图 2-5　Excel 采集数据——Web 视图界面

第五步，单击“加载”按钮，就可以将有关资料采集下来，并进入“Power Query 编辑器”界面，如图 2-6 所示。

序号	代码	名称	相关链接	最新	涨跌幅	涨跌	成交量	成交额	振幅	最高	最低	今开	昨收	量比	换手率	市盈率	市净
1	837592	华信永道	股吧 资金流 数据	17.1	0.2008	2.86	6.37万	1.01亿	0.2514	17.88	14.3	15.1	14.24	1.13	0.4263	-16.08	3.07
2	301299	卓创资讯	股吧 资金流 数据	73.8	0.2	12.3	7.38万	5.02亿	0.2189	73.8	60.34	63.14	61.5	2.34	0.4917	65.23	6.69
3	301289	国缆检测	股吧 资金流 数据	61.44	0.2	10.24	13.34万	6.61亿	0.3232	61.44	44.89	49.01	51.2	2.08	0.5261	79.03	5.43
4	300380	安硕信息	股吧 资金流 数据	23.72	0.1998	3.95	17.56万	4.07亿	0.1796	23.72	20.17	20.17	19.77	1.44	0.1409	-62.17	8.48
5	300465	高伟达	股吧 资金流 数据	11.15	0.1554	1.5	90.21万	9.73亿	0.1782	11.49	9.77	9.77	9.65	8.05	0.2019	118.6	7.93
6	300773	拉卡拉	股吧 资金流 数据	20.59	0.1458	2.62	75.69万	15.24亿	0.1608	21.08	18.19	18.19	17.97	3.3	0.1031	16.1	4.3
7	300394	天孚通信	股吧 资金流 数据	107.2	0.1338	12.65	26.27万	26.13亿	0.1576	108.77	93.87	95.23	94.55	1.52	0.0733	90.48	15.77
8	301067	显盈科技	股吧 资金流 数据	23.75	0.1245	2.63	7.13万	1.66亿	0.1596	24.5	21.13	21.2	21.12	11.69	0.1578	1100.3	2.75
9	688159	有方科技	股吧 资金流 数据	39.01	0.1184	4.13	2.89万	1.09亿	0.1448	39.5	34.45	34.88	34.88	2.34	0.0315	-45.95	4.73
10	300675	建科院	股吧 资金流 数据	18.53	0.1122	1.87	30.51万	5.81亿	0.1963	19.99	16.72	16.94	16.66	3.03	0.208	-17.64	4.98
11	301208	中亦科技	股吧 资金流 数据	42.28	0.1051	4.02	9.91万	4.15亿	0.1351	44.76	39.59	39.71	38.26	3.88	0.2796	39.95	3.11
12	300085	银之杰	股吧 资金流 数据	15.49	0.1025	1.44	108.77万	16.48亿	0.1651	16.5	14.18	14.4	14.05	2.06	0.2064	2240.1	13.85
13	627	天茂集团	股吧 资金流 数据	3.91	0.1014	0.36	158.89万	6.10亿	0.1014	3.91	3.55	3.61	3.55	2.17	0.0349	106.83	0.91
14	603828	柯利达	股吧 资金流 数据	5.13	0.1009	0.47	91.17万	4.60亿	0.0815	5.13	4.75	5.05	4.66	1.09	0.153	127.16	3.52
15	603106	恒银科技	股吧 资金流 数据	6.45	0.1007	0.59	19.36万	1.23亿	0.1024	6.45	5.85	5.86	5.86	2.3	0.0372	-28.28	2.33
16	719	中原传媒	股吧 资金流 数据	11.18	0.1004	1.02	45.29万	4.96亿	0.0974	11.18	10.19	10.2	10.16	1.77	0.0679	12.13	1.15
17	601059	信达证券	股吧 资金流 数据	19.98	0.1002	1.82	175.57万	34.41亿	0.1002	19.98	18.16	18.71	18.16	1.46	0.5414	75.03	3.9
18	936	华西股份	股吧 资金流 数据	10.87	0.1002	0.99	98.94万	10.39亿	0.1002	10.87	9.88	9.88	9.88	1.97	0.1117	108.59	1.9
19	601136	首创证券	股吧 资金流 数据	22.09	0.1001	2.01	87.95万	19.17亿	0.0558	22.09	20.97	21.08	20.08	0.8	0.3218	85.81	5.12
20	2095	生 意 宝	股吧 资金流 数据	22.65	0.1	2.06	18.02万	3.98亿	0.1039	22.65	20.51	20.65	20.59	3.09	0.0716	338.01	6.21

图 2-6　Excel 采集数据——“Power Query 编辑器”界面

通过以上操作将数据加载到“Power Query 编辑器”中后，可以进行后续的数据整理工作，如数据转换、数据组合和数据存储等。

（二）利用集搜客抓取网页数据

集搜客（GooSeeker）网络爬虫软件是一款功能齐全并且免编程的批量爬虫软件，该软件提供自定义采集和快捷采集两种主要采集方式，自定义采集适用于非常规网站和个性化采集，快捷采集适用于主流网站数据采集，如知乎、京东、淘宝、安居客、前程无忧、微博等网站，爬取方式简单易用。下面以集搜客为例进行网页数据抓取演示。

1. 数据抓取前的准备工作

（1）下载 GooSeeker 数据管家。首先下载 GooSeeker 数据管家，软件下载地址：https://www.gooseeker.com/pro/gooseeker.html。该软件提供免费版和高级版本，初学阶段建议使用免费版。单击“win 版免费下载”，将安装程序保存在电脑中，如图 2-7 所示。

图 2-7　GooSeeker 下载页面

（2）安装软件并激活。双击下载的安装程序，开始运行安装向导。安装完成后双击桌面上的快捷图标打开软件。第一次运行 GS 爬虫浏览器，要登录才能激活网络爬虫功能。注意：没有账号的请先在官网注册一个账号，并且要通过邮箱验证才能正常使用。如果是 Mac 版软件，需要购买专业版才能激活。本任务以 Windows 免费版为例进行讲解。

2. 使用 GooSeeker 抓取网页数据具体操作（以采集天猫商品评价为例）

第一步，打开 GooSeeker 数据管家，如图 2-8 所示。

图 2-8 GooSeeker 数据管家首页

第二步，在 GooSeeker 数据管家中打开天猫并登录账号，在搜索框中输入“儿童超轻黏土”，单击“搜索”，在搜索结果中选择“晨光官方旗舰店”商品页，商品链接为 https://detail.tmall.com/item.htm?abbucket=19&id=611173192126&ns=1&spm=a230r.1.14.21.253f6800M0iCRN，如图 2-9 所示。

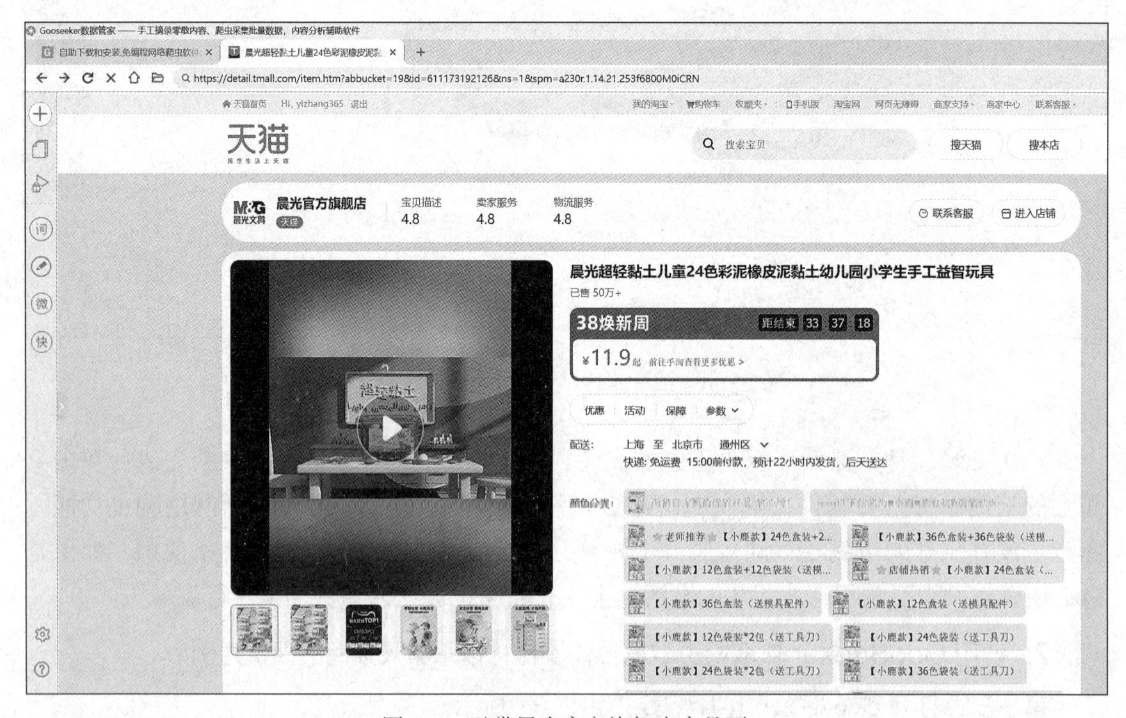

图 2-9 天猫晨光官方旗舰店商品页

第三步，返回 GooSeeker 首页，单击“快捷采集”，在快捷采集页面设置关键词。此处设置“类别”为电商、“网站”为天猫、“页面”为天猫商品评论采集，并且在链接栏输入商品链接，“页数”可以按需求输入，此处以 5 页为例，如图 2-10 所示。

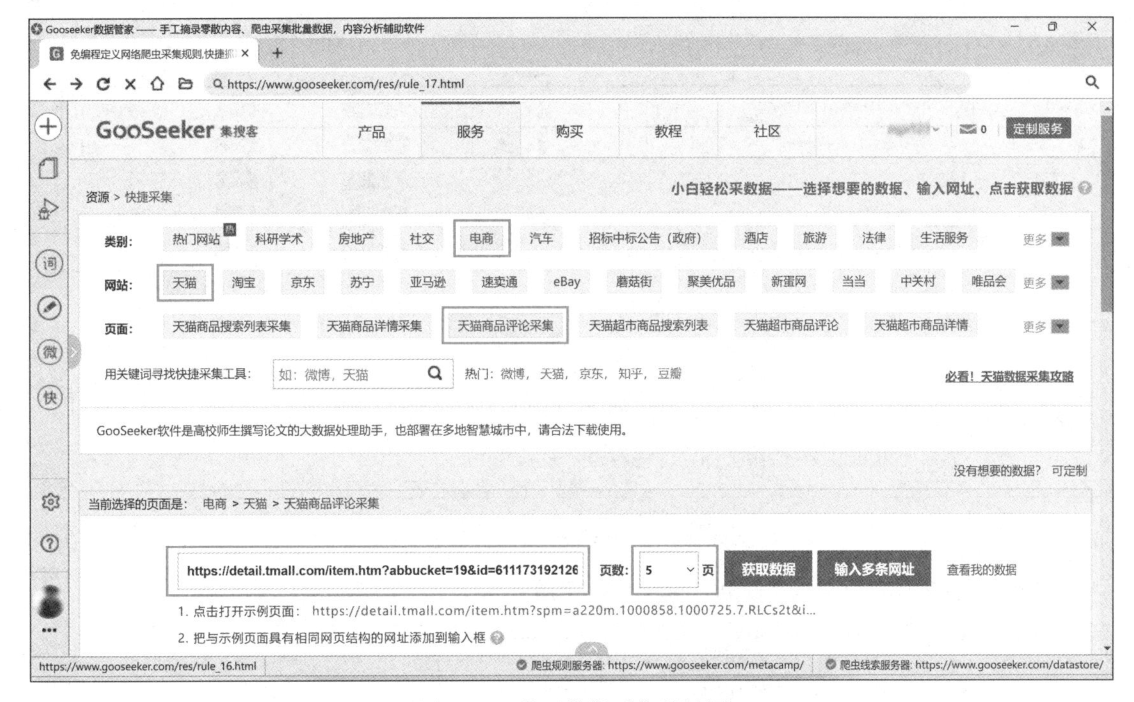

图 2-10　设置数据采集关键词

第四步，设置完成以后，单击“获取数据”，弹出“温馨提示”页面，选择“点击此处”，如图 2-11 所示。此时可以进入快捷采集界面，观察是否采集完成，如图 2-12 所示。

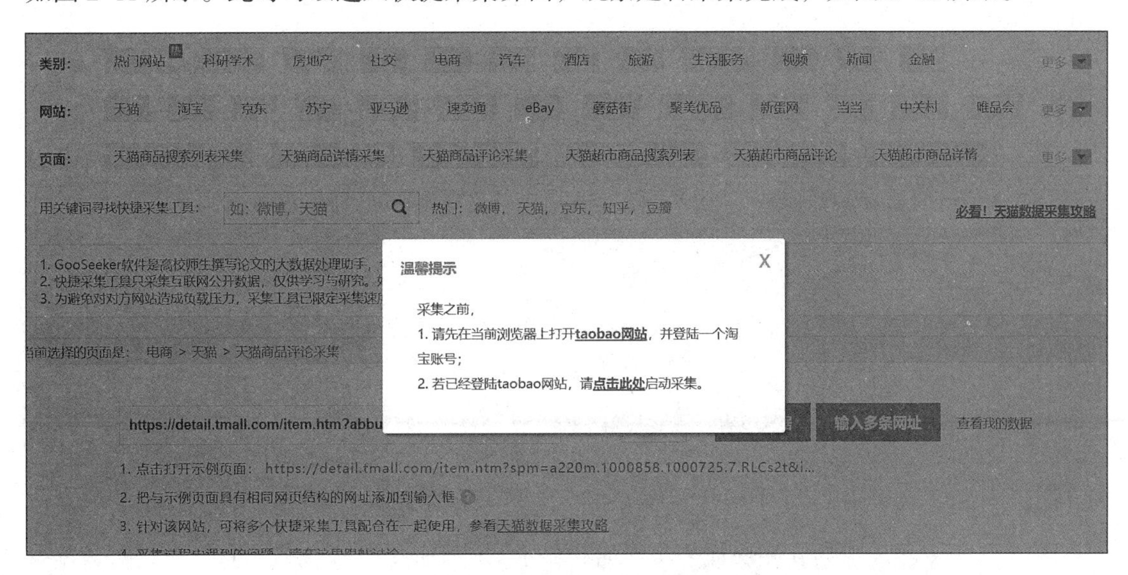

图 2-11　“温馨提示”页面

图 2-12　GooSeeker 快捷采集界面

采集过程中可以观察采集进度，如图 2-13 所示。

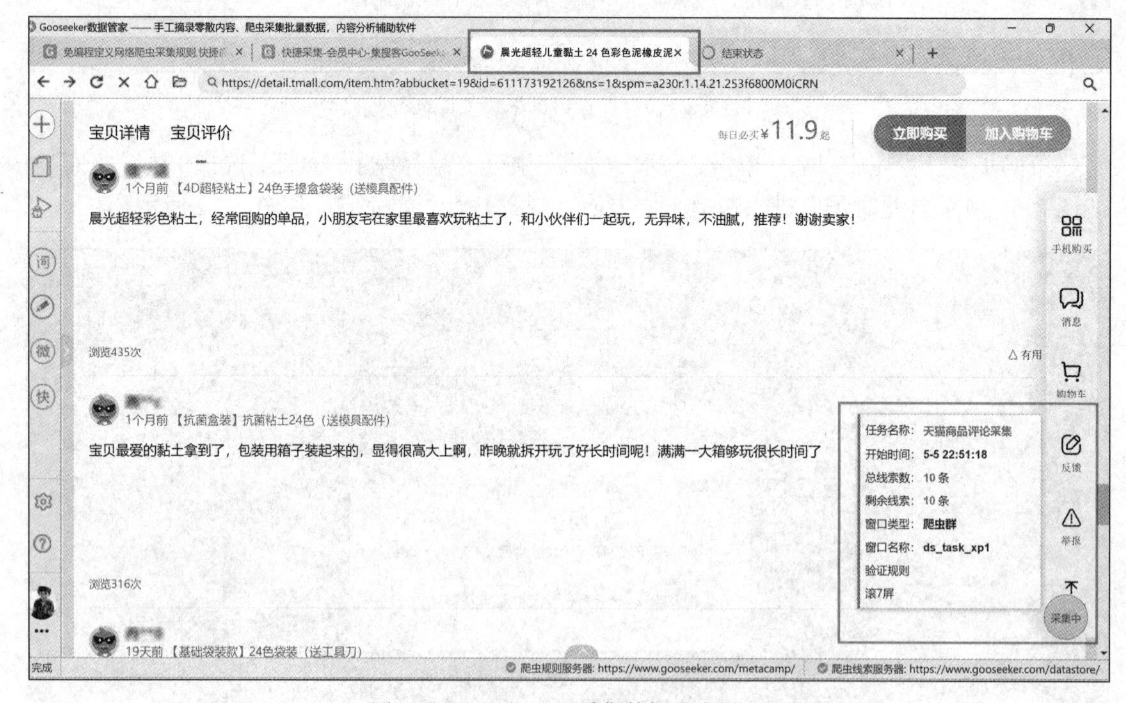

图 2-13　GooSeeker 采集数据进度界面

第五步，采集完成后，在快捷采集界面会显示“已采集”，单击“打包”，进行数据打包，打包完成后就可以进行数据下载，如图 2-14 所示。

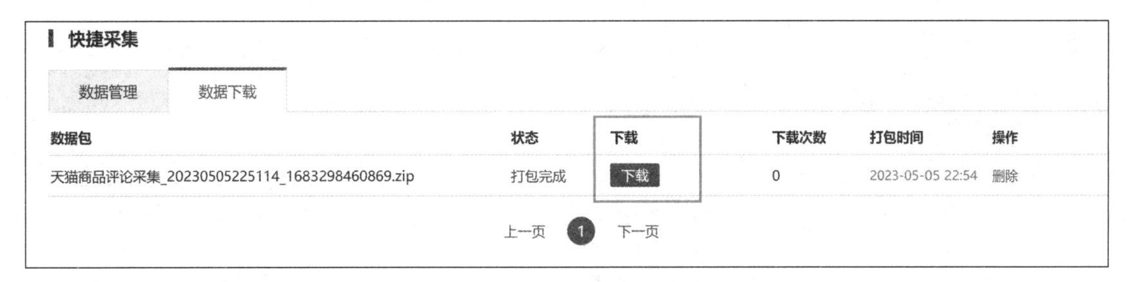

图 2-14 下载数据

第六步，打开网络采集的数据压缩包文件，即可显示该商品的评价情况，如图 2-15 所示。

	A	B	C	D	E	F	G	H	I	J	K	L	M	N	O	P	Q	R
1	recordid	<fullpath>	<realpath	<pageno>	<createda	商品名称	价格	促销	店铺名称	店铺链接	与描述相	评价数	标签	追评	图片	评论内容	评论日期	追评内容
2	1	https://det	https://det	0	2023-05-0	晨光文具	11.9		晨光官方	https://shc	宝贝描述4					很满意的一次购物，客服热情，物流	14天前	
3	2	https://det	https://det	0	2023-05-0	晨光文具	11.9		晨光官方	https://shc	宝贝描述4					wl防止被刮伤！客服服务挺好，盒子	24天前	
4	3	https://det	https://det	0	2023-05-0	晨光文具	11.9		晨光官方	https://shc	宝贝描述4					真没想到我都快三十的人了也有用超	1个月前	
5	4	https://det	https://det	0	2023-05-0	晨光文具	11.9		晨光官方	https://shc	宝贝描述4					适用年龄：5-10岁 整理容易度：很	21天前	
6	5	https://det	https://det	0	2023-05-0	晨光文具	11.9		晨光官方	https://shc	宝贝描述4					太空泥不错哦！没有什么异味！我	18天前	
7	6	https://det	https://det	0	2023-05-0	晨光文具	11.9		晨光官方	https://shc	宝贝描述4					适用年龄：小宝宝都喜欢，有 3c 认	18天前	
8	7	https://det	https://det	0	2023-05-0	晨光文具	11.9		晨光官方	https://shc	宝贝描述4					宝贝特点：无异味！很好 ~ ? ,这样小	1个月前	
9	8	https://det	https://det	0	2023-05-0	晨光文具	11.9		晨光官方	https://shc	宝贝描述4					挺好的，晨光牌超轻黏土，比我们小	1个月前	
10	9	https://det	https://det	0	2023-05-0	晨光文具	11.9		晨光官方	https://shc	宝贝描述4					颜色鲜艳，宝宝喜欢捏的，大品牌质	17天前	
11	10	https://det	https://det	0	2023-05-0	晨光文具	11.9		晨光官方	https://shc	宝贝描述4					适用年龄：6岁 整理容易度：好用 宝	19天前	
12	11	https://det	https://det	0	2023-05-0	晨光文具	11.9		晨光官方	https://shc	宝贝描述4					蛮不错的一款黏土，没什么味道，小	1个月前	
13	12	https://det	https://det	0	2023-05-0	晨光文具	11.9		晨光官方	https://shc	宝贝描述4					不得不说从里到外都挑不出毛病 盒	1个月前	
14	13	https://det	https://det	0	2023-05-0	晨光文具	11.9		晨光官方	https://shc	宝贝描述4					黏土质量很好，小孩很喜欢，下次还	1个月前	
15	14	https://det	https://det	0	2023-05-0	晨光文具	11.9		晨光官方	https://shc	宝贝描述4					小孩子很喜欢玩橡皮泥，再加上这家	1个月前	
16	15	https://det	https://det	0	2023-05-0	晨光文具	11.9		晨光官方	https://shc	宝贝描述4					ry客服服务挺好！我们小时候都是橡	28天前	
17	16	https://det	https://det	0	2023-05-0	晨光文具	11.9		晨光官方	https://shc	宝贝描述4					适用年龄：2岁+以上都可以玩 整理	1个月前	
18	17	https://det	https://det	0	2023-05-0	晨光文具	11.9		晨光官方	https://shc	宝贝描述4					挺好，买了几次了，小孩子乱玩，扔	24天前	
19	18	https://det	https://det	0	2023-05-0	晨光文具	11.9		晨光官方	https://shc	宝贝描述4					小孩七八岁了还是很喜欢玩这个，质	1个月前	
20	19	https://det	https://det	0	2023-05-0	晨光文具	11.9		晨光官方	https://shc	宝贝描述4					超轻黏土，确实很轻，在医院生个娃	25天前	
21	20	https://det	https://det	0	2023-05-0	晨光文具	11.9		晨光官方	https://shc	宝贝描述4					买彩泥还是要认准牌子，无异味，孩	1个月前	
22	21	https://det	https://det	1	2023-05-0	晨光文具	11.9		晨光官方	https://shc	宝贝描述4					整理容易度：包装用心，不够湿软，	25天前	
23	22	https://det	https://det	1	2023-05-0	晨光文具	11.9		晨光官方	https://shc	宝贝描述4					除了价格贵点，其他没毛病，宝宝很	1个月前	
24	23	https://det	https://det	1	2023-05-0	晨光文具	11.9		晨光官方	https://shc	宝贝描述4					无毒无味环保好操作清爽物美价廉好	27天前	
25	24	https://det	https://det	1	2023-05-0	晨光文具	11.9		晨光官方	https://shc	宝贝描述4					小朋友很爱玩黏土，这次买的包装很	1个月前	

sheet1

图 2-15 GooSeeker 采集数据结果列表

（三）利用八爪鱼数据采集器采集网络数据

八爪鱼数据采集器应用非常广泛，具有使用简单、功能强大等诸多优点。它能够模拟人类浏览网页的行为，通过简单的页面点选，生成自动化的采集流程，从而将网页数据转化为结构化数据，并存储于 Excel 或数据库中。八爪鱼数据采集器还提供基于云计算的大数据云采集解决方案，实现便捷的数据采集，是一个高效的数据一键采集平台。

现在以抓取新浪数据中心股票数据为例，介绍利用八爪鱼数据采集器采集网络数据的方法。摘取的新浪数据中心股票数据（http://stock.finance.sina.com.cn/stock/go.php/vIR_RatingNewest/index.phtml），表格结构非常整齐，每条股票信息各占表格的一行，一行股票中包含多个字段信息：股票代码、股票名称、目标价、最新评级、评级机构等，具体数据如图 2-16 所示。

第一步，下载并安装八爪鱼采集器。

第二步，打开八爪鱼采集器，注册并登录。单击页面左上角的“新建”按钮，在列表中单击“自定义任务”选项，如图 2-17 所示。

第三步，在打开的“任务：新建任务”页面设置“任务组”名称，“采集网址”选择“手动输入”，将新浪数据中心股票的网址复制并粘贴到“网址”栏中，单击“保存设置”按钮，如图 2-18 所示。

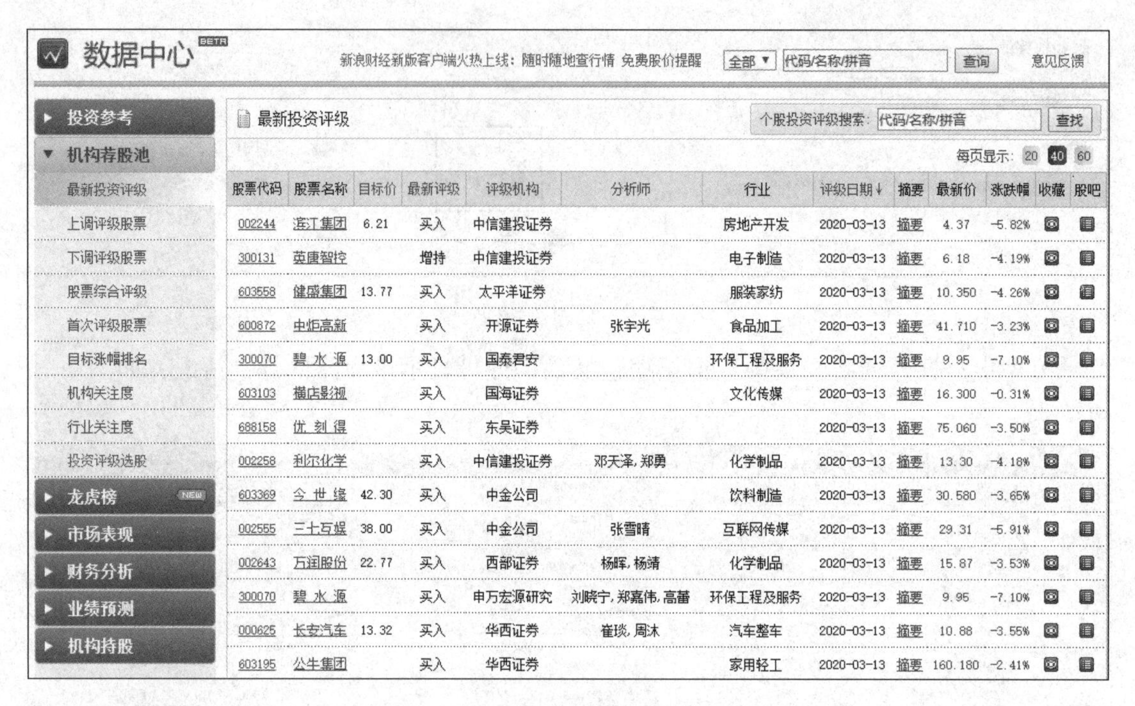

股票代码	股票名称	目标价	最新评级	评级机构	分析师	行业	评级日期↓	摘要	最新价	涨跌幅	收藏	股吧
002244	滨江集团	6.21	买入	中信建投证券		房地产开发	2020-03-13	摘要	4.37	-5.82%		
300131	英唐智控		增持	中信建投证券		电子制造	2020-03-13	摘要	6.18	-4.19%		
603558	健盛集团	13.77	买入	太平洋证券		服装家纺	2020-03-13	摘要	10.350	-4.26%		
600872	中炬高新		买入	开源证券	张宇光	食品加工	2020-03-13	摘要	41.710	-3.23%		
300070	碧 水 源	13.00	买入	国泰君安		环保工程及服务	2020-03-13	摘要	9.95	-7.10%		
603103	横店影视		买入	国海证券		文化传媒	2020-03-13	摘要	16.300	-0.31%		
688158	优 刻 得		买入	东吴证券			2020-03-13	摘要	75.060	-3.50%		
002258	利尔化学		买入	中信建投证券	邓天泽，郑勇	化学制品	2020-03-13	摘要	13.30	-4.18%		
603369	今 世 缘	42.30	买入	中金公司		饮料制造	2020-03-13	摘要	30.580	-3.65%		
002555	三七互娱	38.00	买入	中金公司	张雪晴	互联网传媒	2020-03-13	摘要	29.31	-5.91%		
002643	万润股份	22.77	买入	西部证券	杨晖，杨靖	化学制品	2020-03-13	摘要	15.87	-3.53%		
300070	碧 水 源		买入	申万宏源研究	刘晓宁，郑嘉伟，高蕾	环保工程及服务	2020-03-13	摘要	9.95	-7.10%		
000625	长安汽车	13.32	买入	华西证券	崔琰，周沐	汽车整车	2020-03-13	摘要	10.88	-3.55%		
603195	公牛集团		买入	华西证券		家用轻工	2020-03-13	摘要	160.180	-2.41%		

图 2-16　新浪数据中心股票数据

图 2-17　选择新建“自定义任务”

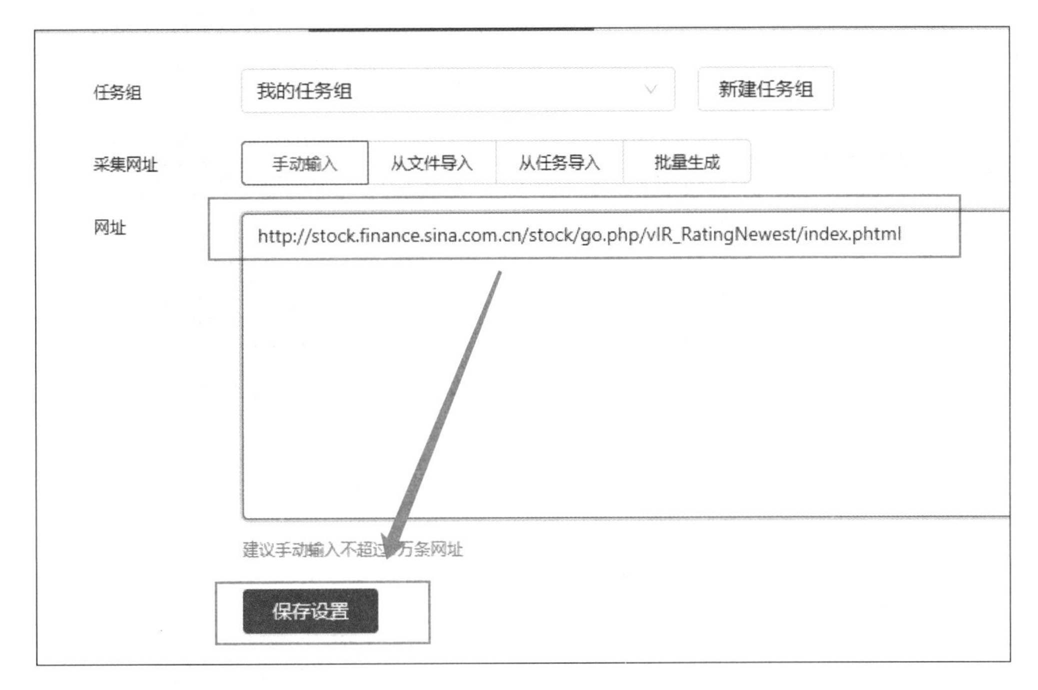

图 2-18 任务：新建任务

第四步，在出现的页面中先选中列表的第一个单元格，再单击“操作提示”框右下角的“扩大选区”按钮（注：该按钮的作用是扩大选中的范围），选中至一整行，如图 2-19 所示。

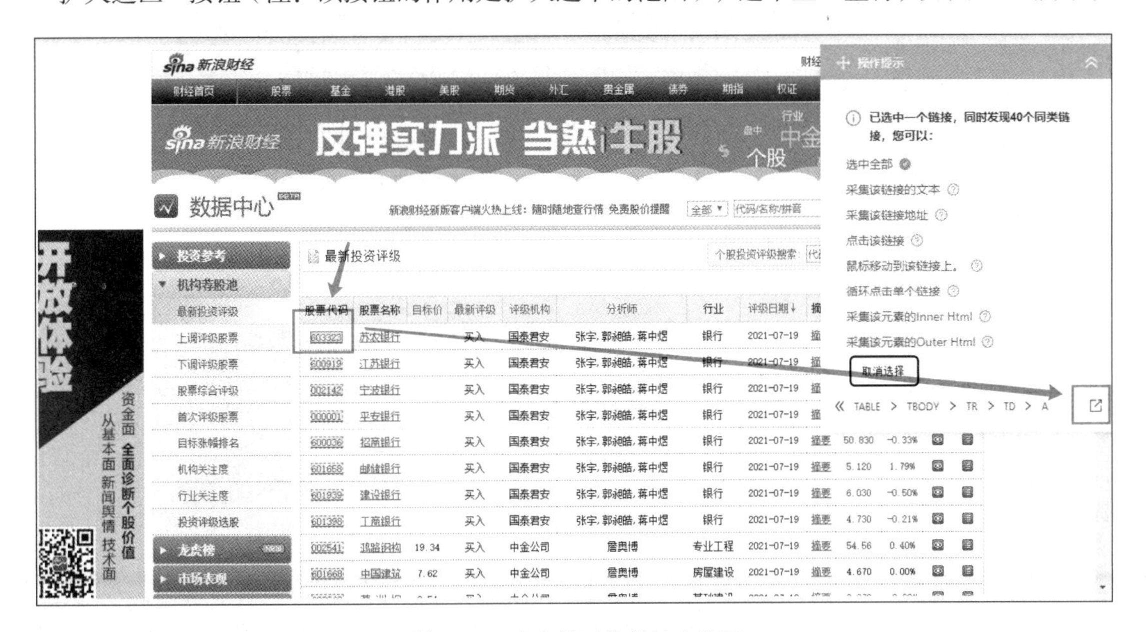

图 2-19 选定单元格并扩大选区

操作结束后，提示框会提示发现了“子元素”，“子元素”即八爪鱼自动识别到的每一行的具体字段，提示是否要定位这些子元素，如图 2-20 所示。

最新投资评级　　子元素　　个股投资评级搜索：代码/名称/拼音　查找

每页显示：20 40 60

股票代码	股票名称	目标价	最新评级	评级机构	分析师	行业	评级日期↓	摘要	最新价	涨跌幅	收藏	股吧
002244	滨江集团	6.21	买入	中信建投证券		房地产开发	2020-03-13	摘要	4.35	-6.25%		
300131	英唐智控		增持	中信建投证券		电子制造	2020-03-13	摘要	6.19	-4.03%		
603558	健盛集团	13.77	买入	太平洋证券		服装家纺	2020-03-13	摘要	10.210	-5.55%		
600872	中炬高新		买入	开源证券	张宇光	食品加工	2020-03-13	摘要	42.240	-2.00%		
300070	碧 水 源	13.00	买入	国泰君安		环保工程及服务	2020-03-13	摘要	9.96	-7.00%		
603103	横店影视		买入	国海证券		文化传媒	2020-03-13	摘要	16.660	1.90%		

图 2-20　选定子元素

特别说明：

1）单击“扩大选区”按钮时，如果单击 1 次没有选中一行，可单击多次，直至选中一行。

2）单击列表的第一个单元格后，也可以在“操作提示”框下面查看是否有一个 TR 标签。如果有的话，直接单击 TR 标签，八爪鱼会直接选中一行，如图 2-21 所示。

第五步，在“操作提示”框中选择“选中子元素”。第 1 个股票中的具体字段就被选中了，这时八爪鱼又自动识别到页面中其他股票列表具有相同的“子元素”，如图 2-22 所示。

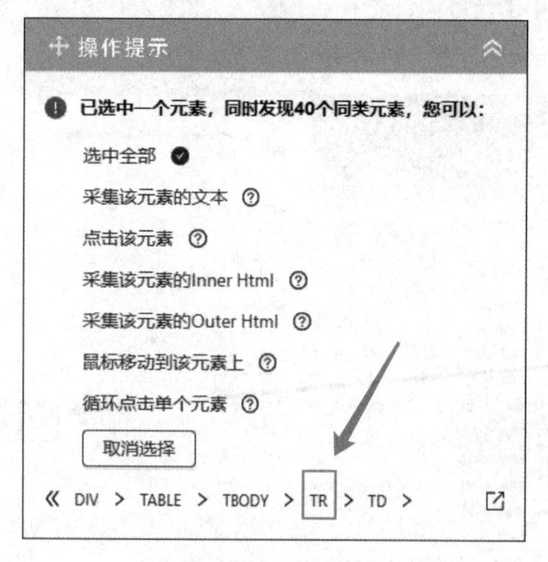

图 2-21　TR 标签

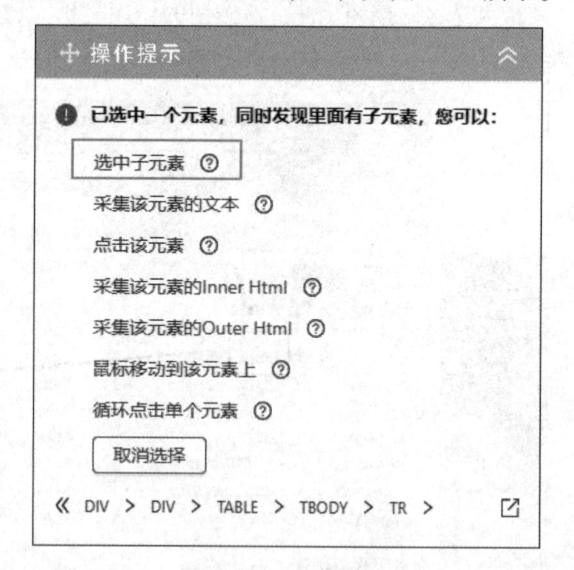

图 2-22　选中子元素

第六步，在“操作提示”框中选择“选中全部”。可以看到页面股票列表中的子元素也都被选中了，如图 2-23 所示。

第七步，在“操作提示”框中选择“采集数据”。这时候八爪鱼就将表格中的字段都提取下来了，如图 2-24 所示。

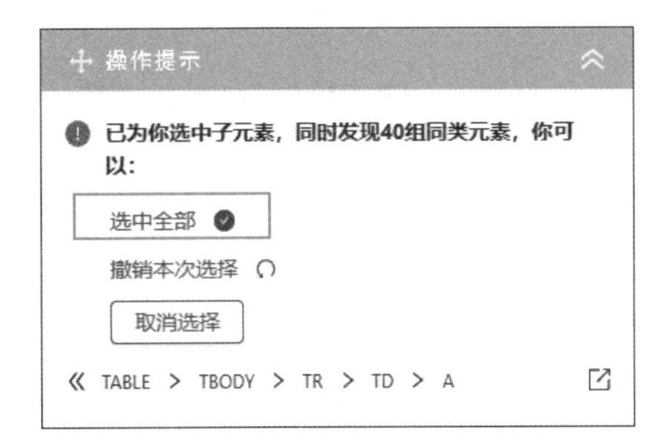

图 2-23　选中全部

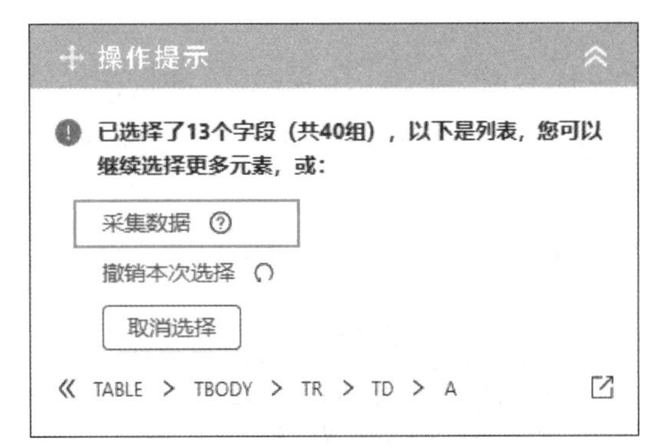

图 2-24　采集数据

第八步，编辑字段。八爪鱼自动提取了列表中的所有字段，我们可以对这些字段进行删除、修改字段名称等操作。将鼠标移到“钢笔”按钮上，可修改字段名称。鼠标移动到“…”按钮上，可对字段进行更多操作，如删除、复制、格式化等，如图 2-25 所示。

共[30]条数据，预览只显示前[30]条

#	邮编_文本	邮编_链接	股票名	最新评级	评级机构	分析师	行业	评级日期↓	字段2_文本	字段2_链接	字段3	字段4
1	603323	http://biz.fin...	苏农银行	买入	国泰君安	张宇,郭昶皓,...	银行	2021-07-19	摘要	http://stock.f...	4.690	0.64%
2	600919	http://biz.fin...	江苏银行	买入	国泰君安	张宇,郭昶皓,...	银行	2021-07-19	摘要	http://stock.f...	6.960	1.90%
3	002142	http://biz.fin...	宁波银行	买入	国泰君安	张宇,郭昶皓,...	银行	2021-07-19	摘要	http://stock.f...	37.47	1.13%
4	000001	http://biz.fin...	平安银行	买入	国泰君安	张宇,郭昶皓,...	银行	2021-07-19	摘要	http://stock.f...	21.21	-0.61%

图 2-25　编辑字段

第九步，启动采集。单击“保存”→“采集”，选择“启动本地采集”，如图 2-26 所示。

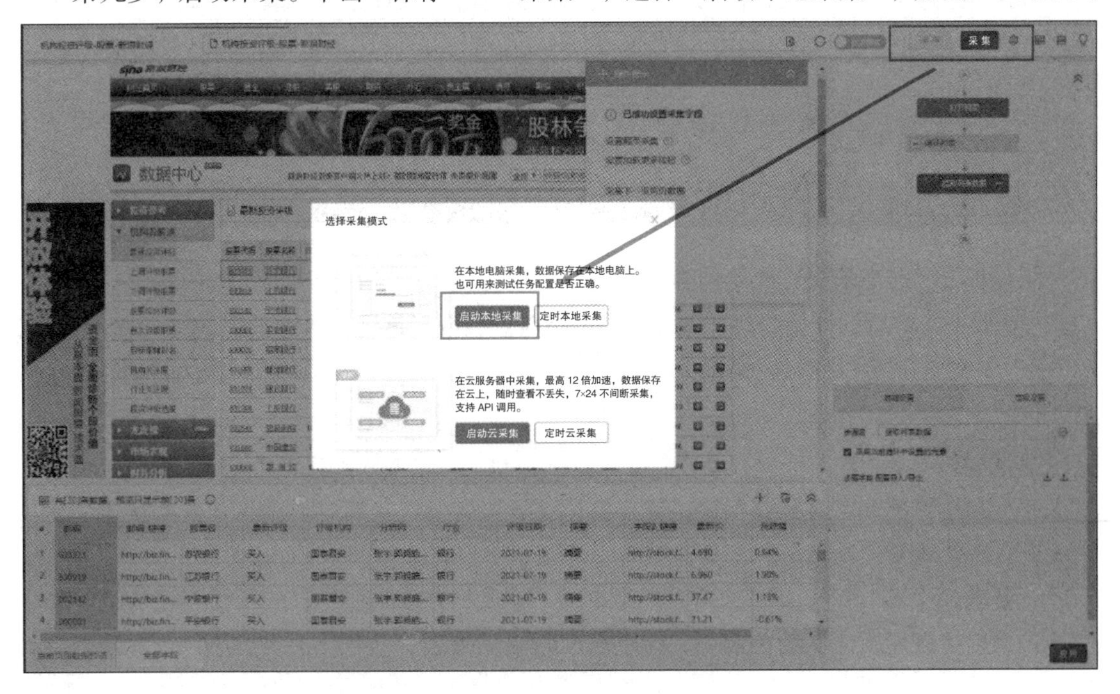

图 2-26　保存并采集数据

第十步，采集完成后，选择合适的导出方式导出数据。支持导出为 Excel、CSV、HTML。这里导出为 Excel 数据，如图 2-27 所示。

1	链接	股票代码	股票名称	最新评级	评级机构	行业	评级日期	摘要	最新价	站跌幅
2	http://biz.finance.sin	002244	滨江集团	买入	中信建投证	房地产开发	2020-03-13	摘要	4.36	-6.03%
3	http://biz.finance.sin	300131	英唐智控	增持	中信建投证	电子制造	2020-03-13	摘要	6.42	-0.47%
4	http://biz.finance.sin	603558	健盛集团	买入	太平洋证券	服装家纺	2020-03-13	摘要	10.430	-3.52%
5	http://biz.finance.sin	600872	中炬高新	买入	开源证券	食品加工	2020-03-13	摘要	42.380	-1.67%
6	http://biz.finance.sin	300070	碧 水 源	买入	国泰君安	环保工程及服	2020-03-13	摘要	10.35	-3.36%
7	http://biz.finance.sin	603103	横店影视	买入	国海证券	文化传媒	2020-03-13	摘要	16.720	2.26%
8	http://biz.finance.sin	688158	优 刻 得	买入	东吴证券		2020-03-13	摘要	80.580	3.60%
9	http://biz.finance.sin	002258	利尔化学	买入	中信建投证	化学制品	2020-03-13	摘要	13.41	-3.39%
10	http://biz.finance.sin	603369	今 世 缘	买入	中金公司	饮料制造	2020-03-13	摘要	30.950	-2.49%
11	http://biz.finance.sin	002555	三七互娱	买入	中金公司	互联网传媒	2020-03-13	摘要	30.97	-0.58%
12	http://biz.finance.sin	002643	万润股份	买入	西部证券	化学制品	2020-03-13	摘要	15.81	-3.89%
13	http://biz.finance.sin	300070	碧 水 源	买入	申万宏源研	环保工程及服	2020-03-13	摘要	10.35	-3.36%
14	http://biz.finance.sin	000625	长安汽车	买入	华西证券	汽车整车	2020-03-13	摘要	11.59	2.75%
15	http://biz.finance.sin	603195	公牛集团	买入	华西证券	家用轻工	2020-03-13	摘要	160.480	-2.22%
16	http://biz.finance.sin	002258	利尔化学	增持	华西证券	化学制品	2020-03-13	摘要	13.41	-3.39%
17	http://biz.finance.sin	600378	昊华科技	增持	华西证券	化学制品	2020-03-13	摘要	20.100	-5.14%
18	http://biz.finance.sin	603719	良品铺子	买入	华泰证券	食品加工	2020-03-13	摘要	65.090	10.01%
19	http://biz.finance.sin	000002	万 科A	买入	华泰证券	房地产开发	2020-03-13	摘要	29.09	-2.87%
20	http://biz.finance.sin	601003	柳钢股份	买入	华创证券	钢铁	2020-03-13	摘要	5.110	-3.04%
21	http://biz.finance.sin	600466	蓝光发展	买入	广发证券	房地产开发	2020-03-13	摘要	6.310	-3.37%
22	http://biz.finance.sin	002600	领益智造	买入	光大证券	电子制造	2020-03-13	摘要	10.15	-3.15%
23	http://biz.finance.sin	603558	健盛集团	买入	东兴证券	服装家纺	2020-03-13	摘要	10.430	-3.52%
24	http://biz.finance.sin	600760	中航沈飞	买入	安信证券	航空装备	2020-03-13	摘要	30.850	0.39%
25	http://biz.finance.sin	002027	分众传媒	买入	中金公司	营销传播	2020-03-12	摘要	4.93	-3.14%

图 2-27　数据导出

任务实施

你有办法帮助小张快速搜集顾客评价吗？

小张要搜集顾客的评价资料，可以利用网络数据抓取工具进行数据采集，如 GooSeeker、八爪鱼等，这样就可以比较轻松地完成任务了。

能力检测

小明打算进入电商行业销售健康食品，需要先进行市场调研。他访问京东网站，发现商品琳琅满目，一点一点收集资料非常麻烦，你有好办法吗？

要求：

请以“健康食品”为关键词，在京东搜索商品列表。

任务五 商务数据采集

任务导入

2023年天猫护肤品类数据分析：高端化趋势明显，抗衰修护类高速增长

1．行业趋势分析

随着爱美人士的增多，护肤品的市场需求与日俱增。护肤品作为皮肤日常护理类产品，面向的年龄层更广，潜在消费群体基数更大。总体上看，我国护肤品行业正在蓬勃发展。

鲸参谋电商数据显示，2023年1—4月，天猫平台护肤品的销量突破3亿件，销售额超过400亿元。

2．类目排行分析

我国护肤品品类多样且分散，面霜、乳液、精华、洁面、面膜、身体乳、防晒、护手霜等为常用产品，其中，面部护理套装以及精华等类目的市场体量较大。截至2023年4月，天猫平台面部护理套装的销量近3 500万件，销售额近74亿元；精华的销量超过2 000万件，销售额近55亿元。

3．品牌排行分析

从品牌角度来看，护肤品市场品牌众多，整体的市场格局也比较分散。鲸参谋数据显示，2023年1—4月，护肤品市场中销售额前10位品牌的市场占有率（下文称“市占率”）仅约为25%，包括可丽金、海蓝之谜、兰蔻、欧莱雅、雅诗兰黛、珀莱雅、SKII、Olay、娇韵诗和资生堂等品牌。

在众多品牌中，可丽金和海蓝之谜这两个品牌的市占率及销售额都比较领先。数据显示，截至4月份，天猫平台上可丽金品牌的销售额超过26亿元，市占率将近7%；海蓝之谜品牌的销售额将近18亿元，市占率超过4%。

4．价格段分析

从护肤品各价格段的交易额可以看出，价格在0～19元以及20～49元的低价产品的交易额较少，分别占比约1%和6%。而价格在319元及以上这一区间的产品交易额较高，截至4月份，这一高价区间的交易额超过172亿元，交易额占比约43%。从护肤品行业的价格段分析来看，护肤品行业产品的高端化趋势明显。

5．热销商品分析

随着人们生活水平的提升，消费者的保养抗衰等护肤需求增加，对护肤品的要求也更加精细化，推动护肤品行业往不同的细分领域持续创新发展，产品愈发多元化和功能化。从热销商品榜单中可以看出，淡化细纹眼霜、抗氧化抗糖精华液、紧致抗皱面霜等修护保养、抗衰抗纹类护肤产品的销售表现较好。

如珀莱雅的热销单品“珀莱雅红宝石面霜”主打紧致、抗皱、淡纹等卖点，截至4月份，在天猫的销量超过26万件，销售额超过9 500万元；雅诗兰黛的“淡化细纹小棕瓶眼霜”销量近14万件，销售额超过7 500万元。

任务描述

1. 商务数据的来源有哪些？
2. 商务数据的功能有哪些？
3. 如果要采集 2023 年 4—5 月的乡村社会消费品零售总额，我们应该如何进行？

相关知识

一、商务数据的概念和价值

（一）商务数据的概念

商务数据是指利用互联网技术和其他技术采集到的与商务运营和应用相关的大数据集合，这些数据集合反映一个产业价值链上各个重要环节的历史信息和即时信息，其内容包括企业内部数据、分销渠道数据、消费市场数据等。在日常经营过程中，商务数据涵盖了企业产生的各种商业数据，包括销售额、客户数量、库存周转率、产品利润率、成本等。

在电子商务领域，商务数据可以分为两大类：前端行为数据和后端商业数据。前端行为数据是指访问量、浏览量、点击流及站内搜索等反映用户行为的数据；而后端商业数据更侧重商业数据，如交易量、投资回报率及全生命周期管理等。

（二）商务数据的价值

对于企业而言，商务数据是十分重要的信息资源，它在企业的各个运营环节都有举足轻重的作用。企业通过对这些数据进行分析与应用，可以为自身决策提供全面且精准的数据报告，从而不断改善自身的运营。商务数据的价值主要体现在以下几个方面。

1. 及时了解市场和竞争对手状况，为企业管理层制定合适的决策方案提供数据参考

企业通过对市场整体数据的分析，能够准确掌握企业实际的内外部情况，清楚地了解市场和行业的现状，以及行业发展的未来走向，从而能够及时地为企业制定正确的经营决策提供有效的数据支持，更好地分配企业资源。

2. 能够帮助企业提高经营效率

企业通过对相关数据进行分析，可以精准掌握市场信息，了解客户需求及行为习惯，并有针对性地调整销售策略，进行精准推广。同时，也可减少无效投资、降低推广成本、避免资源浪费，最大限度地提升企业运转效率和市场竞争力。

3. 有利于管理供应、优化产品与增加销量，增强企业盈利能力

企业分析商务数据有助于制定合适的产品价格和费用，再通过市场调查及销售额预测等方法评估业务发展的前景，并针对性地进行改进、优化，从而实现盈利最大化。商务数据分析在提高企业经营效率、资源配置能力等方面具有重要价值。企业通过科学采集、加工、解读商务数据，可挖掘潜在商机、发现潜在风险，从而为企业管理决策提供更精准、高效的依据。

二、常见的商务数据类型

商务数据大致可以分为以下几种类型。

（一）销售数据

销售数据是指企业在销售过程中产生的数据，包括销售额、销售数量、销售渠道、销售地区等信息。这些数据能够帮助企业了解产品销售情况、市场需求和消费者行为。

（二）客户数据

客户数据包括企业与客户之间的交互和关系数据，包括客户信息、购买历史、客户分类、客户反馈等。这些数据有助于企业了解客户需求，优化客户体验，进行客户关系管理和个性化营销。

（三）运营数据

运营数据反映企业日常运营的各个方面，包括供应链数据、库存数据、生产数据、物流数据等。通过分析这些数据，企业可以优化运营效率、降低成本、提高产品质量和交付效果。

（四）市场数据

市场数据是指市场调研、竞争分析和市场趋势等方面的数据，包括市场规模、市场份额、竞争对手数据、消费者调研数据等。这些数据可以帮助企业了解市场情况、制定市场策略和预测市场趋势。

（五）财务数据

财务数据是企业财务状况和经营绩效的数据，包括财务报表、利润表、资产负债表、现金流量表等。通过分析财务数据，企业可以评估经营状况、盈利能力和财务风险。

（六）社交媒体数据

随着社交媒体的普及，企业可以从社交媒体平台获取大量的用户生成内容数据，如社交媒体评论、客户行为、客户偏好等。这些数据可以用于洞察消费者观点、品牌声誉管理和市场反馈。

（七）流量数据

随着电子商务的发展，大多数企业都有自己的网站或网店，特别是电子商务企业，流量数据越来越得到企业的重视。企业通过分析流量数据，可以挖掘潜在客户，发现商机，并可以进行精准营销。常用的流量数据有以下一些指标。

1. PV

PV，即 Page View，是指网站的页面浏览量。用户在访问网站时，每打开一个页面就算一次 PV。例如，用户在浏览网站时，先打开首页，然后又打开文章页面，这时 PV 就会增加两次。而在浏览某网站的网页时，刷新一次，PV 数量也会增加 1。

PV 是衡量网站流量的重要指标之一，通常用来衡量网站或应用程序的受欢迎程度和用户参与度。通过统计 PV，可以了解网站的流量情况，进而分析用户的访客行为和兴趣爱好，为网站的优化提供数据支持。同时，PV 也是广告主考核网站广告效果的重要指标之一，因为 PV 的增加意味着广告曝光量的增加，从而提高广告的点击率和转化率。

2. UV

UV，即 Unique Visitor，是指网站的独立访客数。它是指在一段时间内，访问网站的独立访客数量。例如，同一个用户在一天内多次访问网站，只计算一次 UV。在计算 UV 时，每个用户的唯一标识符 (例如 IP 地址、浏览器指纹等) 被用来确认该用户是否是独立的访客。如果一个用户从同一台设备、同一台浏览器或同一网络位置多次访问网络或应用程序，那么该用户仍被视为同一个访客。

UV 是衡量网站用户数量的重要指标之一。通过统计 UV，可以了解网站的用户数量和用户活跃度，进而分析用户的行为和需求，为网站的优化提供数据支持。同时，UV 也是广告主考核网站广告效果的重要指标之一，因为 UV 的增加意味着广告曝光量的增加，从而提高广告的点击率和转化率。

3. 访问深度

访问深度（DV），就是用户在一次浏览网站的过程中浏览了网站的具体页数。如果用户一次浏览网站的页数较多，那么就基本上可以认定网站有用户感兴趣的内容。用户访问网站的深度用数据可以理解为网站平均访问的页面数，就是 PV（页面浏览量）和 UV（独立访客数）的比值，这个比值越大，用户体验度越好，网站的黏性也越高。

4. 跳出率

跳出率是指访客进入网站后只浏览一个页面便离开的访问次数占该网站总访问次数的比值。跳出率是衡量一个网站用户黏度的重要指标。一般来说，网站跳出率保持在 50% 左右被认为是正常且适宜的。跳出率越低说明网站越有价值、用户体验越强，跳出率越高则说明该网站对访问者的吸引力越小。当跳出率达到一定水平时，就说明网站需要做些优化或者页面更新，以提升其吸引力。

三、商务数据的网络来源

（一）政府部门网站

政府部门网站主要是指国家商务部网站、国家统计局网站、各级政府商务厅（局）及统计局网站。

国家商务部（http://www.mofcom.gov.cn/）网站，在“政务公开”板块下的“统计数据”页面，用户可以进行数据浏览。

国家统计局（http://www.stats.gov.cn/）网站对国家宏观数据的披露是按照时间和地区两个维度进行的。时间维度主要包括月度、季度和年度三种类型的数据。地区维度涵盖了省、市和港澳台三种类型。

通过各级政府商务厅（局）、统计局网站，可以进一步采集到各区域的相关信息。

（二）网络平台

1. 电子商务平台

电子商务平台可以为企业或个人线上交易提供平台支持。企业可以依托平台提供的支付系统、管理系统等更加高效、低成本地开展商务活动，根据平台提供的数据进行选品、竞价策略制定等关键决策。电子商务平台按照交易对象，又可进一步细分为B2B平台、B2C平台和C2C平台。这些平台不仅有助于企业降低各种成本，还能提升经营效益。

（1）B2B（即Business to Business）平台是电子商务领域的一种重要模式，专门服务于企业与企业间的产品、服务及信息的在线交换。其核心在于利用专用网络或互联网实现企业间数据信息的快速交换和传递，从而推动交易活动的顺利进行。B2B平台不仅将企业内部网络与外部客户紧密相连，更凭借网络的即时响应能力，为客户提供更优质、更个性化的服务，进而推动企业的业务持续增长。常见的B2B平台见表2-5。

表2-5　常见的B2B平台

序　号	平台名称	平台简介
1	阿里巴巴	全球最大的B2B电子商务之一
2	慧聪网	目前国内行业资讯最全、最大的行业门户平台之一
3	百纳网	致力于建立采购商与供应商之间的互动信息交流平台
4	环球资源网	深受国际认可，致力于促成全球贸易的多渠道B2B贸易平台

（2）B2C（即Business to Consumer）平台也是电子商务领域的一种重要模式，这种模式允许企业通过互联网直接向消费者销售产品和服务。B2C平台通常包括一个为消费者提供在线购物场所的网站、负责商品配送的配送系统，以及用于客户身份确认和货款结算的银行和认证系统。B2C模式节省了客户和企业的时间和空间，提高了交易效率，尤其适用于忙碌的上班族。B2C平台上的商品种类繁多，包括图书、音像制品、数码产品、鲜花、玩具等。

商家利用B2C平台开展个人服务，例如提供线上咨询、商品交易、资金借贷等服务。商家通过B2C平台开展商务服务无须实际场地和实际开展营销活动，可以极大地减少运营成本。同时，平台可以实时收集消费者的各种行为信息（如商品点击率、复购率）和个人信息。企业根据这些信息，可以随时调整商品的进货计划，有效减少库存积压，实现更高效的运营。常见的B2C平台见表2-6。

表2-6　常见的B2C平台

序　号	平台名称	平台简介
1	京东	大型综合性网上购物商场，主要经营数码产品、家电、服饰、厨卫、婴幼儿用品等
2	天猫	综合性购物网站，整合数千家品牌商、生产商，提供商家和消费者之间的一站式解决方案、7天无理由退换货的售后服务和购物积分返现等优质服务
3	唯品会	主营业务是通过互联网平台销售各类品牌折扣商品，其商品种类丰富，涵盖了名品服饰、鞋包、美妆产品、母婴用品、居家生活等各大品类
4	苏宁易购	综合性网上购物平台，商品种类繁多，涵盖家电、手机、电脑等电子产品，以及母婴用品、服装、百货等品类
5	拼多多	通过社交化的购物模式，让消费者享受更低的价格和更好的购物体验，该平台涵盖了服装、家居、美妆等多个品类

（3）C2C（即 Consumer to Consumer）平台指的是个人与个人之间的电子商务平台。这类平台不仅限于实物商品的交易，还可能包括服务、数字商品等。C2C 模式允许消费者之间直接进行交易，这种模式通过互联网或移动客户端等在线平台实现，用户可以在这些平台上发布商品信息，进行买卖。这种模式充分利用了互联网技术的优势，满足了消费者多样化的需求。

随着社会的持续进步，人们的需求日益多样化、个性化，企业在满足这些日益增长的需求方面逐渐力不从心。与此同时，个人通过网络平台直接向其他个人提供服务、满足其需求的现象愈发普遍。C2C 平台主要通过多种盈利模式实现盈利，包括收取会员费、交易提成、广告费，以及排名竞价和支付服务收费等。这些板块共同构成了 C2C 平台的主要收入来源，推动了平台的稳健发展。常见的 C2C 平台见表 2-7。

表 2-7 常见的 C2C 平台

序　号	平台名称	平台简介
1	淘宝	国内大型综合性网购零售平台，销售的商品涵盖领域广泛
2	D 客商城	一家集个性定制和民族手工品的 C2C 平台，两大特色“定制街”与“手工街”，包罗了数以万计的个性商品与全球国家的民族手工品，完善、庞大的商交平台

2. 社交电商平台

社交电商三大主流模式为社交内容电商、社交分享电商和社交零售电商。

（1）社交内容电商。在这个模式中，用户通过发布相关内容，将具有共同兴趣的人聚合一起，形成粉丝团体。通过引导，平台促使用户通过社交平台进行客户裂变，迅速增加客户数量。在这种模式下，消费者可以通过网络达成交易，有效解决了消费者购物前选择成本高、决策困难等相关痛点。

社交内容电商有两点优势：一是社交内容电商所面向的用户群体通常都有共同的兴趣和爱好，可以精准投放内容，激发大家互相传播；二是由于用户爱好相同、痛点集中，且观念相近，他们的忠诚度较高，不仅增加了成交的可能性，也为后续的复购行为奠定了基础。

从运营主体来看，社交内容电商分为平台型和个人型两类，各自领域的典型代表有小红书、抖音等。

1）小红书。小红书是年轻人的生活方式平台，于 2013 年在上海创立。小红书以“Inspire Lives 分享和发现世界的精彩”为使命，用户可以通过短视频、图文等形式记录生活点滴，分享生活方式，并基于兴趣形成互动。

2）抖音。抖音是一款集短视频拍摄、分享与社交于一体的社交软件。用户可以通过这款软件选择歌曲，拍摄短视频，分享自己的作品，形成自己的粉丝团体。

（2）社交分享电商。社交分享电商主要依赖于用户的主动分享，基于微信等社交媒介进行商品信息的传播。这种模式抓住并且充分利用用户爱热闹、喜欢分享等心理特质，通过物质或者精神激励措施，激励个人在自己的社交平台推广商品，实现裂变销售，进而吸引更多客户加入。

社交分享电商经常采用拼团模式进行裂变销售。用户通过拼团砍价，借助社交力量扩大商品的影响力。这种低门槛的促销活动很好地迎合了用户的心理，有助于达成销售裂变的目标。

社交分享电商可以在短时间内低成本地覆盖三四线城市的人群，这类人群对价格敏感、易受熟人圈子影响。

例如，拼多多以其独特的拼团模式迅速崛起。用户可以通过拼团的方式享受更低的价格，而平台则通过社交分享的方式快速扩大用户规模和销售量。此外，拼多多还利用微信的社交属性，通过用户分享和邀请好友注册等方式，实现用户裂变和增长。

淘宝特价版和京东拼购也是社交分享电商的重要参与者。它们通过提供优质的商品和优惠的价格，吸引用户参与拼团或分享活动。用户在享受购物乐趣的同时，还可以通过分享赚取佣金或获得其他形式的奖励。

这些社交分享电商平台充分利用了社交媒体的传播力量，通过用户之间的社交互动，实现了商品的快速传播和销售。它们不仅提供了便捷的购物体验，还通过激励措施鼓励用户积极参与，推动了电商行业的创新和发展。

（3）社交零售电商。社交零售电商是以自然人为单位，通过社交工具及场景来进行零售品销售或者提供服务的零售模式。这类模式一般整合供应链多元品类及品牌，开发线上分销商城，招募大量个人店主，实行一件代发。

社交零售电商具有去中心化的特点且渠道特殊，以自然人为发起人。利用互联网技术升级渠道运营系统，提升渠道运营效率。社交零售电商运营方式灵活、轻便，消费场景封闭，顾客黏性高，渠道自带流量，商品流通成本低，渠道准入门槛低，但稳定性也相对弱。

社交零售电商的优势包括社交链接、内容精准、支付场景化、运营高效、运营轻便等。

社交零售电商主要分为直销和分销两种模式。其中，直销是自营 / 开放型社交零售平台，一些线下实体店利用微店、有赞、万米等相关工具搭建商城将商品直接推向消费者，由平台负责选品、品控、物流、仓储以及售后等服务；而分销模式则直接面向个人店主等分销商，通过分销商接触消费者。分销商主要负责流量获取和分销工作，商品供应链以及售后服务等由平台来承担。

3. O2O 电商平台

O2O 电商，即线上（Online）到线下（Offline）的电商模式，商家通过线上平台将商家信息、商品信息等提供给消费者，消费者线上进行筛选服务并支付，线下进行消费体验。

这种模式可以满足消费者的个性化需求，节省消费成本。对于商家而言，O2O 电商使网店信息传播得更快、更远、更广，可以瞬间聚集强大的消费能力。

O2O 电商平台特点如下。

1）O2O 电商平台重服务性消费，其他电商模式重购物和标准化的线上快捷体验。

2）O2O 电商平台服务往往与特定时间和地点紧密相关。其他电商平台的消费和体验往往是在线上完成的，用户主要是在办公室或者家里，其中需要涉及一个物流的因素。

3）O2O 电商平台中的“库存”是指线下的真实服务，而其他电商平台的库存是商品。

O2O 平台本身就是一个数据宝库。平台可以记录用户的浏览行为、购买行为、搜索行为等，这些都是宝贵的商务数据。通过对这些数据的分析，可以了解用户的消费习惯、兴趣偏好，从而进行精准营销。

用户在使用 O2O 服务的过程中，可能会通过评价、评论、反馈等方式表达他们的意见和建议。这些反馈数据可以直接反映出用户对服务的满意度和期待，是改进服务和制定营销策略的重要依据。

总的来说，通过 O2O 模式获取商务数据是一个复杂但必要的过程。只有掌握了准确、及时的数据，企业才能在激烈的市场竞争中立于不败之地。

任务实施

1．商务数据的来源有哪些？

（1）政府部门网站：国家商务部网站、国家统计局网站、各级政府商务厅（局）及统计局网站。

（2）网络平台：电子商务平台、社交电商平台、O2O 电商平台。

2．商务数据的功能有哪些？

（1）及时了解市场和竞争对手状况，为企业管理层制定合适的决策方案提供数据参考。

（2）能够帮助企业提高经营效率。

（3）有利于管理供应、优化产品与增加销量，增强企业盈利能力。

3．如果要采集 2023 年 4—5 月的乡村社会消费品零售总额，我们应该如何进行？

（1）登录中华人民共和国商务部商务数据中心官网（http://data.mofcom.gov.cn），进入商务数据中心首页。单击“国内贸易”，进入国内贸易查询页面。如图 2-28 所示。

图 2-28　国内贸易查询页面

（2）在页面左侧单击“乡村社会消费品零售总额”，在右侧的起始日期中选择 202304，结束日期选择 202305，单击“搜索”，将相关数据采集下来即可，如图 2-29 所示。

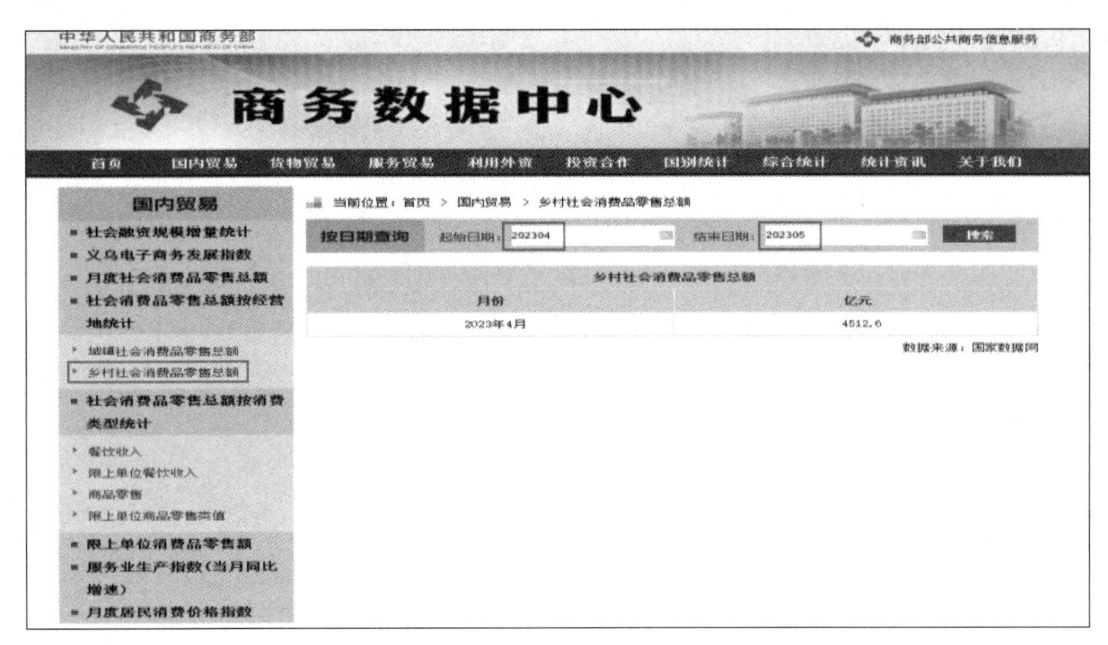

图 2-29　乡村社会消费品零售总额查询页面

能力检测

请采集淘宝网上产品的类别数据。

数据预处理认知

项目分析

本项目主要介绍数据整理的概念、意义、步骤，数据清洗与筛选，数据分组的概念、方法，数据汇总的概念、技术，频数分布的概念及频数分布的类型，以及频数分布的Excel处理。

学习目标

知识目标

- 了解数据整理的概念和步骤；
- 掌握数据清洗、筛选的方法；
- 掌握数据分组的概念和方法，了解数据分组的意义；
- 掌握数据汇总的概念、技术；
- 掌握频数分布的概念及种类。

技能目标

- 能利用Excel进行数据清洗、筛选；
- 能对数据进行适当的分组；
- 能进行数据汇总，并能够利用Excel进行计算机汇总；
- 能利用Excel进行频数分布处理。

素质目标

- 深化学生对数据预处理重要性的理解，提升其在数据处理中的认知层次；
- 引导学生认识到数据整理在数据分析中的关键作用，培养其对数据整理意义的深刻认识；
- 帮助学生养成良好的数据整理习惯，为其未来的数据处理和分析工作奠定坚实的基础。

任务一　数据整理认知

任务导入

某电商平台60个服装店铺2024年3月份销售额数据见表3-1。

表3-1　某电商平台60个服装店铺2024年3月份销售额数据　（单位：千元）

17.48	25.05	23.40	25.29	15.42	15.56	13.22	17.93	26.51	22.28
24.26	17.57	21.66	25.53	23.94	17.07	21.19	22.65	18.69	17.97
9.64	17.57	18.73	12.37	15.48	17.14	17.16	18.02	15.43	15.88
11.05	15.64	26.74	8.81	16.98	21.25	13.85	32.40	17.57	21.31
21.81	17.61	25.64	14.26	17.79	15.13	15.88	14.87	18.96	15.84
17.25	15.71	13.25	31.16	17.16	17.41	21.88	18.51	17.43	24.20

任务描述

请对上述数据进行整理，并说出该电商平台60个服装店铺2024年3月销售额数据特征。

相关知识

一、数据整理的概念和意义

（一）数据整理的概念

数据整理是指根据数据采集与处理的目的和任务，对数据采集、观察、实验等研究活动中所采集到的资料进行检验、归类编码和数字编码，使之条理化、系统化，从而以集中、简明的方式反映所研究数据采集对象特征的工作过程。

数据采集所取得的原始资料或二手资料是反映数据采集对象各个单位的资料，这些资料往往是不系统的、分散的，可能有一定的局限性，因此，必须进行相应的整理。

例加，从某网店平台上采集到的购买者资料，只能说明每个人的个别情况，诸如每个人的姓名、性别、文化程度、职业、爱好等，难以构建职业、性别等与购买商品之间的关系。因此，必须通过对大量购买者的资料进行整理、分组、汇总等加工处理，才能得到数据采集对象的综合特征资料，从而了解数据采集对象的职业、性别、年龄等对购买行为的影响，实现对购买者全面系统的认识。

此外，数据分析所需要的是反映数据采集对象特征的指标，许多都是以数字表示的，因此需要进行数据整理。对已经整理过的资料（包括历史资料）进行再加工也属于数据整理。

（二）数据整理的意义

数据整理是进行数据分析的基础，其意义主要表现在以下两个方面。

1. 能够挖掘数据的特征，提高数据信息的质量，实现数据系统化、有序化

数据整理能从大量、杂乱无章、难以理解的数据中抽取并推导出有价值、有意义的数据，实现由个别现象、表象认识过渡到整体现象、本质及相互联系的全面深刻认识，进而由感性认识上升到理性认识的转变。

2. 数据整理是检验数据质量的关键环节，也为后续的数据分析提供必要的数据形式

数据整理介于数据采集与数据分析之间，在数据采集与处理中起到承上启下的作用，它是数据分析的基础和前提，其工作质量会影响到整个数据采集与处理工作，是数据处理过程中的重要环节。

二、数据整理的步骤

数据整理工作的目的是通过对数据采集得到的大量原始资料或次级资料进行加工整理，得到说明数据采集对象特征的综合数据资料，通过对事物个性的处理达到对事物共性的认识，以便能够揭示数据采集对象的发展规律。数据整理工作严密细致、科学性很强，需要有计划、有组织地进行，其基本步骤如下。

1. 设计数据整理方案

数据整理方案是数据采集与处理设计在数据整理阶段的具体化，是根据数据采集与处理的目的和要求，预先对整个数据整理工作做出全面的统筹和安排，也是保证数据整理工作顺利进行的基础，因此，数据整理方案应务求具体、详尽。

数据整理方案的主要内容一般包括：确定汇总的核心指标与综合数据处理表，确定数据分组方案，选择资料汇总形式，确定资料审查的内容与方法，以及对整理各工作环节做出时间安排和先后顺序安排等。

2. 对原始资料或次级资料进行审核

资料的审核是数据处理工作的第一步，为了保证数据资料的质量，在对原始资料或次级资料进行汇总之前，必须对其进行审核，以便发现问题及时纠正，只有经过认真审核后的资料才能进行汇总。

3. 对原始资料进行分组和汇总

根据数据整理的要求，采用科学的方法对原始资料进行数据分组，在此基础上进行汇总，计算出各组的数据采集对象单位数和合计数，汇总出各组的指标数值和综合指标数值。数据分组是深化认识事物的前提。例如，要对某产品网店营销情况进行分析，仅仅了解购买者人数是不够的，还需要通过分组了解购买者的年龄构成、文化程度构成、职业构成、地区分布等，这些分组处理方法对于制定营销策略、网店规划、消费者研究等具有重要的参考价值。

4. 编制数据分组表或绘制数据透视图

数据整理的结果必须用一定的方式呈现出来。数据分组表和数据透视图是表现数据的两种主要方式。通过数据分组表或数据透视图表现数据，能够简洁、清晰地反映数据特征，便于数据运用。

三、数据的审核

数据的审核是保证数据整理质量的重要手段，可以为进一步的处理与分析打下基础。

（一）数据审核的内容

审核的内容主要包括数据的真实性、准确性、及时性和完整性。

1. 数据的真实性审核

数据的真实性审核主要是审核数据来源的客观性问题，数据来源必须是客观的。审核资料本身的真实性问题，主要是要辨别出资料的真伪。

2. 数据的准确性审核

数据审核过程中要着重检查那些含糊不清、笼统以及互相矛盾的资料。

数据准确性审核的方法主要是逻辑审核和计算审核。在逻辑审核中，主要剔除违背常理的、前后矛盾的数据；而在计算审核中，侧重于验证数据的数学关系是否正确。对于发现的不准确或有疑问的数据，要仔细核对，并加以纠正。

3. 数据的及时性审核

对数据及时性的审核，关键在于验证数据是否满足时效性的要求。这意味着我们需要确保所收集和处理的数据能够反映当前的实际情况，而非过时或滞后的信息。通过这一审核过程，我们能够确保数据的实时性和有效性，为决策提供即时、准确的信息支持。

4. 数据的完整性审核

对数据完整性的审核，主要是看被采集单位有无遗漏、各项数值的填写是否齐全、项目是否完备等。对于漏报的项目应补齐，否则会影响整个数据整理工作的进行。

（二）数据审核应注意的问题

在审核中，如果发现问题可以分不同的情况予以处理。

（1）对于在数据采集中已发现并经过认真核实后确认的错误，可以由采集者代为更正。

（2）对于资料中存在的可疑之处或明显的错误与出入，应进行补充调查。

（3）无法进行补充采集的，应坚决剔除那些存疑或有错误的资料，以保证资料的真实性和准确性。

（三）原始数据存在的问题

通过各种渠道采集来的数据，常常存在缺失、异常、冗余和不一致的现象，并不能直接为数据分析所用。此外，一些成熟的数据分析模型对处理的数据有要求，比如特定的数据类型、统一的数据量纲以及数据冗余性要求、属性的相关性要求等。因此，必须先对原始数据进行处理才能进行分析。具体来说，原始数据主要存在以下几个问题。

1. 数据重复

数据重复指的是在数据集中存在相同或极其相似的数据。这种现象如果在数据处理过程中没有被正确识别和处理，可能会导致数据分析结果的准确性降低。因此，在进行数据分析前通常需要进行去重操作，以确保得出的结论是基于独特而非重复的数据。重复值是指数据中存在多个相同的值，这可能会导致数据分析结果错误。

2. 数据缺失

数据缺失是指在数据获取过程中因没有能够获取观测对象的相关信息而导致数据不完整。例如，在抽样数据采集中，被采集对象拒绝提供相关信息；又如，在某些实验中，因各种原因没能获取完整的实验数据，或者数据录入、存储过程中的人为失误和系统软硬件问题，都有可能造成数据缺失。数据缺失会影响分析结果的可信度，甚至使分析结果出现严重偏差。缺失值是指数据中存在未知值或未定义的值，这可能会导致数据分析结果不准确。

3. 数据异常

数据异常是指所获得的数据不符合预期或不符合常识的情况。例如，录入数据时误将90录入为900，那么当数据均为100左右的数据时，900就会被识别为异常值。异常值的存在会严重影响数据分析的结果，例如使平均值偏高或偏低，使方差增大，影响数据模型的拟合优度等。此外，若异常值不是错误数据，就应是数据分析人员关注的焦点。例如异常高的销售额、异常低的温度等，这些值可能会对数据分析结果产生负面影响。

4. 数据冗余

数据冗余一方面是指多个数据集合并时同一条数据命名或者编码方式不同，例如某数据集中的变量名称为“用户编码”而在另一个数据集中为“id”；另一方面指数据集中的两个或多个变量之间存在相关或者推导关系。冗余数据会造成数据重复或分析结果产生偏差。

5. 数据不一致

数据不一致一般表现在以下三个方面。

（1）人工或机械原因导致的录入错误或数据规范不同。例如，将数据集中的“客单价”录入为“-150”；又如，变量名“用户编码”下，某数据的规范是“3位/数字”，在另一数据集中则要求“5位/字母+数字”。

（2）变量单位或者量纲不匹配。例如，某数据集中的商品价格以“元”为单位，另一数据集中却以“万元”为单位。

（3）数据特征不适应特定数据分析模型的需求或变量过多，分析难度较大。例如，手机系统分为Andriod和iOS两种，但回归分析模型中要求数据是数值型的，可以将其转换名义变量（0/1变量）再进行处理。

任务实施

请对上述数据进行整理，并说出该电商平台60个服装店铺2024年3月销售额数据特征。

第一步，对上述数据进行排序（见表3-2）。

表3-2　销售额数据表（排序后）　（单位：千元）

8.81	13.25	15.42	15.71	17.07	17.41	17.57	18.02	21.19	21.88	24.20	25.64
9.64	13.85	15.43	15.84	17.14	17.43	17.61	18.51	21.25	22.28	24.26	26.51
11.05	14.26	15.48	15.88	17.16	17.48	17.79	18.69	21.31	22.65	25.05	26.74
12.37	14.87	15.56	15.88	17.16	17.57	17.93	18.73	21.66	23.40	25.29	31.16
13.22	15.13	15.64	16.98	17.25	17.57	17.97	18.96	21.81	23.94	25.53	32.40

第二步，以5为组距并以5的整倍数为组，对上述排好序的数据进行分组汇总，形成

分组汇总表（见表 3-3）。

表 3-3　按销售额分组汇总表

按销售额分组 / 千元	店铺数 / 个	百分比（%）
10 以下	2	3.33
10 ～ 15	7	11.67
15 ～ 20	31	51.67
20 ～ 25	12	20
25 ～ 30	6	10
30 以上	2	3.33
合　计	60	100

通过对上述 60 个服装店铺 2024 年 3 月份销售额数据的整理，可以发现大多数店铺的日销售额在 15 000 ～ 20 000 元之间。

能力检测

某调查公司采集取得 40 家企业某月销售额资料（见表 3-4）。

表 3-4　40 家企业某月销售额　　（单位：万元）

57	89	49	84	86	87	75	73	72	68
75	82	97	81	67	81	54	79	87	95
76	71	60	90	65	76	72	70	86	85
89	89	64	57	83	81	78	87	72	61

请将这些数据资料进行整理，并说出销售额数据特征。

任务二　数据清洗认知

任务导入

童乐官方旗舰店的小张正在处理一系列表格，他发现表格里有很多项目是空的，有些值明显不符合事实，并且在合并表格的时候出现很多重复行。面对这些问题，小张有些不知所措。

任务描述

1．根据童乐官方旗舰店数据，对标题和适用范围两列相同的数据进行删除。
2．根据童乐官方旗舰店数据，查找并替换空值，查找异常值。

相关知识

一、数据清洗的概念

数据清洗是对数据进行重新审查和校验的过程，旨在发现并纠正数据文件中可识别的错误。在这个过程中，我们按照一定的规则把错误或冲突的数据洗掉，包括检查数据一致性，处理无效值、缺失值和冗余值等。数据清洗工作一般由计算机而非人工操作完成。

二、数据清洗的内容

错误数据主要包括空缺值数据、噪声数据、异常数据和重复数据四大类。

（1）空缺值数据。这类数据主要是指那些本该存在但实际上缺失的信息，如学生的生源地信息未能完整记录、学生的个别成绩值未能获取到。

（2）噪声数据。噪声数据是在原始数据集中产生的偏离正常值的数据值，与原始数据具有相关性。由于噪声偏离的不确定性，使得噪声数据对于实际数据的偏离程度和方向也充满了不确定性。

（3）异常数据。此类数据产生的主要原因是业务系统不健全、没有数据约束条件，或者数据约束条件较为简单，在输入后没有进行逻辑判断。比如输入身高时错误地输入 185m（期望数值为 185cm），或者输入的日期格式不正确、日期越界等。

（4）重复数据。重复数据是在数据表链接或数据合并过程中产生的，指的是数据集中多次出现的相同数据项。

三、数据清洗的原理

数据清洗的原理是利用有关技术如数理统计、数据挖掘或预定义的清理规则将“脏数据”转化为满足数据质量要求的数据，如图 3-1 所示。

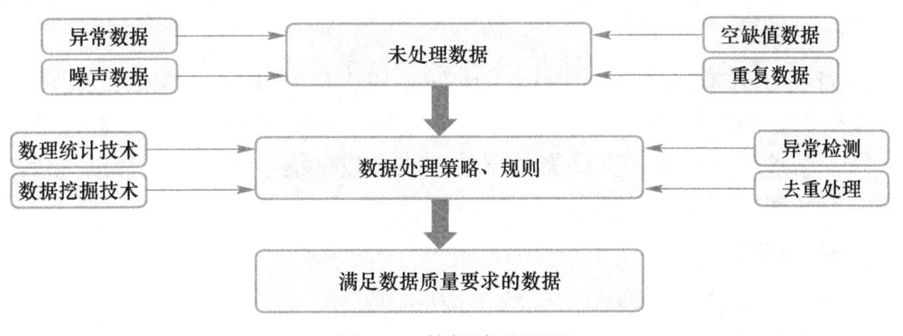

图 3-1　数据清洗原理

四、数据清洗的步骤

1. 准备

数据清洗的准备工作包括需求分析、大数据类别分析、任务定义、小类别方法定义、基本配置，以及基于以上工作获得数据清洗方案等。通过需求分析明确知识库系统的数据清洗需求，大数据类别分析将大数据归类以便同类数据进行分析，任务定义要明确具体的数据清洗任务目标，小类别方法定义确定某类非清洁数据合适的数据清洗方法，基本配置完成数据接口等配置，最终形成完整的数据清洗方案并整理归档。

2. 检测

检测包括相似重复记录的识别、不完整记录的筛选、逻辑错误的检查以及异常数据的识别等。通过一系列检测，能够对数据进行全面的质量评估，并统计出相应的检测结果，这些结果为我们提供了全面的数据质量信息。最后将相关信息整理归档，以便后续的数据分析和处理工作能够顺利进行。

3. 定位

通过对检测结果的归档信息进行详细分析，能够对数据质量做出全面评估，并获得非清洁数据的定位。在此基础上可以进行数据追踪分析，深入探究非清洁数据及其可能对知识表示造成的影响，并分析产生非清洁数据的根本原因。这一过程有助于确定数据质量问题的性质及具体位置，给出非清洁数据的修正方案，并将相关信息归档。根据定位分析情况，可能需要返回“检测”阶段，进一步定位需要修正数据的位置。

4. 修正

在定位分析的基础上，对检测出的非清洁数据进行修正，包括非清洁数据标记、不可用数据删除、重复记录合并、缺失数据估计与填充等，并对数据修正过程进行存储管理。

5. 验证

完成数据修正后，要对修正后的数据与任务定义进行比对验证，以确保其符合性。如果对比结果与任务目标不符，则做进一步定位分析与修正，甚至返回“准备”阶段调整相应准备工作。

五、数据清洗的方法

常用的数据清洗方法主要有以下四种：丢弃缺失数据、补充缺失数据、不处理数据和真值转换。

1. 丢弃缺失数据

丢弃，即直接删除有缺失值的行记录或列字段，以减少缺失数据记录对整体数据的影响，从而提高数据的准确性。但这种方法并不适用于所有场景，因为丢弃意味着数据特征减少，以下两个场景避免使用丢弃缺失数据的方法：数据集中存在大量数据记录不完整时；数据记录缺失值呈现出明显的数据分布规则或特征时。

2. 补充缺失数据

与丢弃相比，补充是一种更常用的缺失值处理方法。通过采用适当的方法补充缺失的数据，可以形成完整的数据记录，这对后续的数据处理、分析和建模至关重要。

3. 不处理数据

不处理是指在数据预处理阶段，不处理缺失值的数据记录。这主要取决于后期的数据分析和建模应用。许多模型对缺失值有容忍度或灵活的处理方法，因此在预处理阶段不能进行处理。

4. 真值转换

承认缺失值的存在，并将数据缺失视为数据分布规律的一部分。在后续的数据处理和模型计算中，应将变量的实际值和缺失都作为输入维度进行考虑。然而，变量的实际值可以作为变量值直接参与模型计算，而缺失值通常不能直接参与计算，因此需要转换缺失值的真实值。

六、数据清洗的流程

1. 对缺失值进行清洗

数据清洗的第一步是对缺失值进行清洗。缺失值是非常常见的数据问题，它的处理方法也很多。下面分享一种很常用的方法，首先是明确缺失值的范围，对每个字段的缺失值比例进行计算；然后根据缺失比例和字段重要性，分别制定处理策略。

2. 去除不需要的字段

这个步骤非常简单，直接删掉即可。这里有一点需要注意，就是记得先对数据进行备份，或者先进行小规模的数据实验，确定无误后再应用到大量的数据上。这样做是为了避免“一误删成千古恨”的尴尬局面。

3. 填充缺失内容

填充缺失数据有 3 种方法，分别是基于业务知识和经验推测进行填充、以同一个指标计算的结果进行填充、以不同指标计算的结果进行填充。

4. 重新取数

对于那些指标重要但缺失率又较高的数据，重新取数是一个有效的解决方案。这需要与取数人员或业务人员进行沟通，了解数据缺失的原因，并尝试从其他渠道获取相关数据以填补缺失值。

5. 关联性验证

如果数据的来源较多，就有必要进行关联性验证。

任务实施

1. 根据童乐官方旗舰店数据，对标题和适用范围两列相同的数据进行删除。

第一步：选中需要删除重复数据的两列，即“标题”和“适用范围”，选择“数据”选项卡。

第二步：单击数据选项卡中的“删除重复值”，弹出“删除重复值”对话框，选中“标题”和“适用范围”，单击“确定”按钮，如图 3-2 所示。

图 3-2　数据去重

2．根据童乐官方旗舰店数据，查找并替换空值，查找异常值。

（1）查找并替换空值。使用 <Ctrl+h> 组合键，在弹出的“查找和替换”对话框中选择“替换”，在“查找内容”框中什么都不输入，“替换为”框中输入“1”，单击“全部替换”按钮。如图 3-3 所示。

图 3-3　查找并替换空值

（2）查找异常值。从表格中可以看出“童乐旗舰店官网霍格沃茨城堡 71043 积木玩具青少年收藏”价格异常，如图 3-4 所示。这个数值和其他玩具价格相比，明显太大了，我们可以认为这个价格就是异常值。

对异常值的判断不仅依靠统计学常识，还需要结合对业务的理解。当某个类别变量出现的频率非常低，或者某数值型变量与业务背景相比显得不合理时，可以判断为异常值。对异常值直接删除即可。

A	B	C	D	E
	标题	适用范围	价格	卖出数
0	童乐旗舰店官网 LEGO积木 儿童玩具男孩 积木拼装玩具益智		899	217
1	童乐旗舰店官网机械组赛车拼装积木玩具青少年高难度送礼收藏车模		3799	91
2	童乐旗舰店官网2020年新品益智拼搭积木男女孩益智玩具送礼收藏		2499	42
3	童乐旗舰店官网好朋友迪士尼公主系列积木玩具女孩儿童益智送礼		999	177
4	童乐旗舰店官网得宝系列儿童玩具益智启蒙拼搭男孩女孩送礼		1099	111
5	【预售】童乐旗舰店官网75192豪华千年隼积木青少年收藏高难度	适用年龄范围：16岁+	9469	1
6	童乐旗舰店官网75192豪华千年隼积木青少年收藏高难度	适用年龄范围：16岁+	7399	13
7	童乐旗舰店官网星球大战系列 75252 帝国歼星舰高难度	适用年龄16岁+	6659	5
8	中国经典英雄新品-全系列套装	适用年纪8+岁	6542	23
9	童乐旗舰店官网科技组MINDSTORMS 31313 EV3第三代机器人积木玩具	适用年龄范围 10岁+	4699	5
10	童乐旗舰店官网霍格沃茨城堡71043积木玩具青少年收藏	适用年龄范围：16+岁	8983999	63
11	童乐哈利波特系列霍格沃茨城堡71043青少年收藏	适用年龄范围：16+岁	3999	139
12	童乐哈利波特系列霍格沃茨城堡71043青少年收藏	适用年龄范围：16+岁	3999	139
13	童乐哈利波特系列霍格沃茨城堡71043青少年收藏	适用年龄范围：16+岁	3999	134
14	童乐哈利波特系列霍格沃茨城堡71043青少年收藏	适用年龄范围：16+岁	3999	134
15	【预售】童乐旗舰店官网创意百变高手系列 10256 泰姬陵积木玩具	适用年龄范围：14+岁	3829	1
16	【预售】童乐旗舰店官网10261大型过山车积木青少年送礼	适用年龄范围：16+岁	3829	1
17	童乐旗舰店官网机械组42100利勃海尔挖掘机青少年送礼收藏高难度	适用年龄12+	3799	28
18	童乐旗舰店官网机械组42100利勃海尔挖掘机青少年送礼收藏高难度	适用年龄12+	3799	0
19	童乐旗舰店官网42100利勃海尔挖掘机青少年送礼收藏高难度	适用年龄12+	3799	58
20	【会员专享】童乐旗舰店官网机械组42100利勃海尔挖掘机送礼收藏		3799	2
21	童乐旗舰店官网机械组42083Bugatti积木玩具收藏	适用年龄范围 16岁+	3499	140
22	童乐旗舰店官网机械组42083Bugatti积木玩具儿童青少年收藏送礼车模	适用年龄范围 16岁+	3499	3
23	【预售】童乐旗舰店官网42083Bugatti积木玩具青少年收藏送礼车模	适用年龄范围 16岁+	3499	1
24	童乐旗舰店官网创意百变高手系列10261大型过山车积木青少年送礼	适用年龄范围：16+岁	2999	14
25	童乐旗舰店官网5月新品10272曼联球场玩具积木收藏	适用年纪16+岁	2499	62
26	童乐旗舰店官网5月新品10272曼联球场玩具积木收藏	适用年纪16+岁	2499	58
27	童乐旗舰店官网机械组42082复杂地形起重机青少年送礼收藏高难度	适用年龄范围：11岁+	2199	16
28	【预售】童乐旗舰店官网21318树屋玩具积木青少年送礼	适应年龄16+	2159	1
29	童乐旗舰店官网2020年新品超级英雄76139 1989Batmobile? 蝙蝠车	适用年龄12+	2099	87

图 3-4　查找异常值

能力检测

找到新的数据集，采用不同方法对数据集进行数据清洗。

任务三　数据筛选认知

任务导入

小李正在处理一系列的表格，需要按照一定的条件进行筛选，比如筛选已经过期的商品、大于某个重量的商品。小李会使用什么工具呢？应该如何操作呢？

任务描述

你有办法帮助小李解决问题吗？

相关知识

一、数据筛选的概念

数据筛选也叫数据挖掘、数据加工，是一种对海量数据进行多维度的探索和挖掘，以达到选出有用信息的过程。它具有全面性、客观性、高效性的特点，在信息决策技术中扮演着重要的角色。数据筛选的主要目的是从海量的数据中提取重要的信息，为决策提供有力支持。

在实际操作过程中，一般采用统计学和人工智能相结合的模式，经过一系列数据筛选处理，最终生成有用的信息和数据。

二、常用数据筛选工具

1. Excel

在 Excel 中，我们可以使用筛选功能、高级筛选、数据透视表来筛选数据。筛选功能可以帮助我们更加精确地筛选数据，提高数据分析的准确性。数据透视表可以帮助我们更加准确直观地了解数据的分布情况和趋势，从而更好地进行数据分析与决策。

2. SQL

SQL 是一种常用的数据库查询语言，它可以帮助我们从数据库中筛选出需要的数据。首先需要连接到数据库，然后使用 SELECT 语句进行查询。SELECT 语句可以根据条件筛选数据，比如按照某一列的数值大小、文本内容、日期等进行筛选。SQL 查询可以帮助我们从大量的数据中快速地找到需要的信息，提高数据分析的效率。

3. Python

Python 是一种常用的编程语言，它可以帮助我们对数据进行筛选和分析。需要先导入需要的库，比如 pandas 库，然后读取数据文件。在 Python 中，我们可以使用条件语句和逻辑运算符进行数据筛选，比如按照某一列的数值大小、文本内容、日期等进行筛选。Python 筛选可以帮助我们更加灵活地对数据进行处理，提高数据分析的灵活性和准确性。

三、数据筛选实例

将时间筛选表中 2026 年 1 月 1 日之前的日期字体设置为紫色，加粗，添加删除线，背景填充为黄色；将 2026 年 1 月 1 日之后的日期字体设置为黄色，加粗，背景填充为红色。

1. 设置 2026 年 1 月 1 日之前的日期字体

（1）打开对应的时间筛选表，选中 A3:A12 单元格区域，如图 3-5 所示。

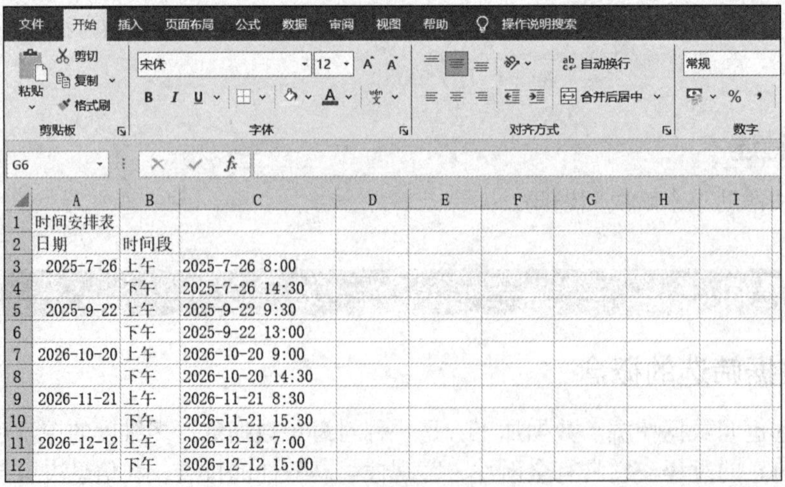

	A	B	C
1	时间安排表		
2	日期	时间段	
3	2025-7-26	上午	2025-7-26 8:00
4		下午	2025-7-26 14:30
5	2025-9-22	上午	2025-9-22 9:30
6		下午	2025-9-22 13:00
7	2026-10-20	上午	2026-10-20 9:00
8		下午	2026-10-20 14:30
9	2026-11-21	上午	2026-11-21 8:30
10		下午	2026-11-21 15:30
11	2026-12-12	上午	2026-12-12 7:00
12		下午	2026-12-12 15:00

图 3-5　时间筛选表

（2）单击“开始”选项卡，选择“条件格式”→“突出显示单元格规则”→“小于”命令，如图 3-6 所示。

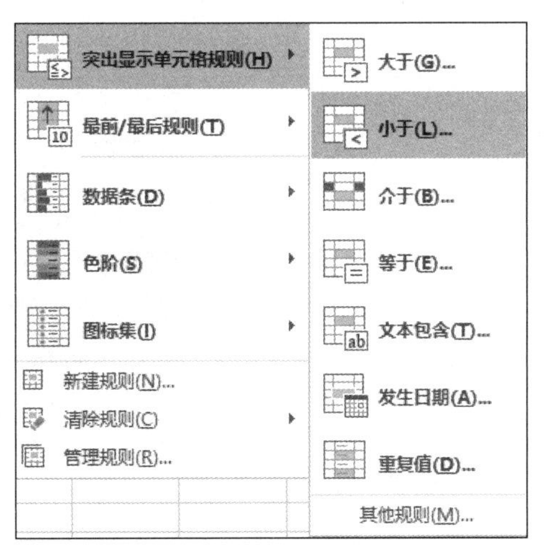

图 3-6　选择“小于”命令

（3）在弹出的“小于”对话框中，设置对比值为 2026-1-1，如图 3-7 所示。在“设置为”下拉列表中选择“自定义格式”，如图 3-8 所示。

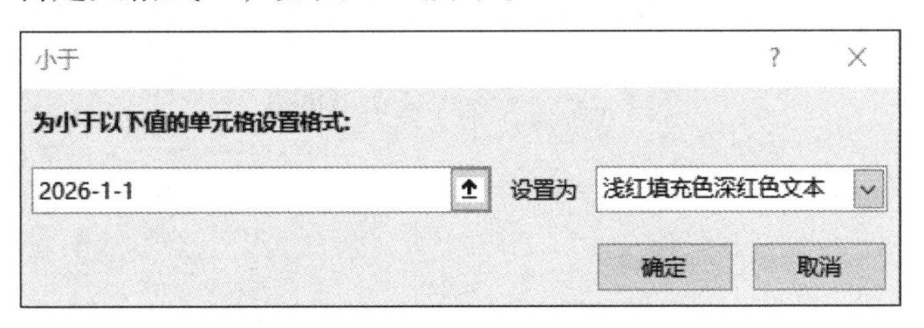

图 3-7　设置“小于”对比值

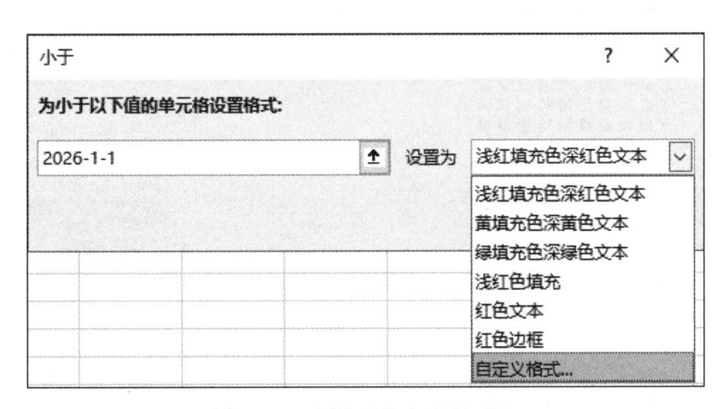

图 3-8　选择“自定义格式”

（4）在弹出的“设置单元格格式”对话框中单击“字体”选项卡，在“颜色”下拉列表中选择“紫色”，“字形”选择“加粗”，“特殊效果”中选中“删除线”复选框，如图 3-9 所示。

（5）单击“填充”选项卡，设置“背景色”为“黄色”，如图 3-10 所示，单击“确定”按钮返回“小于”对话框，再单击“确定”按钮。

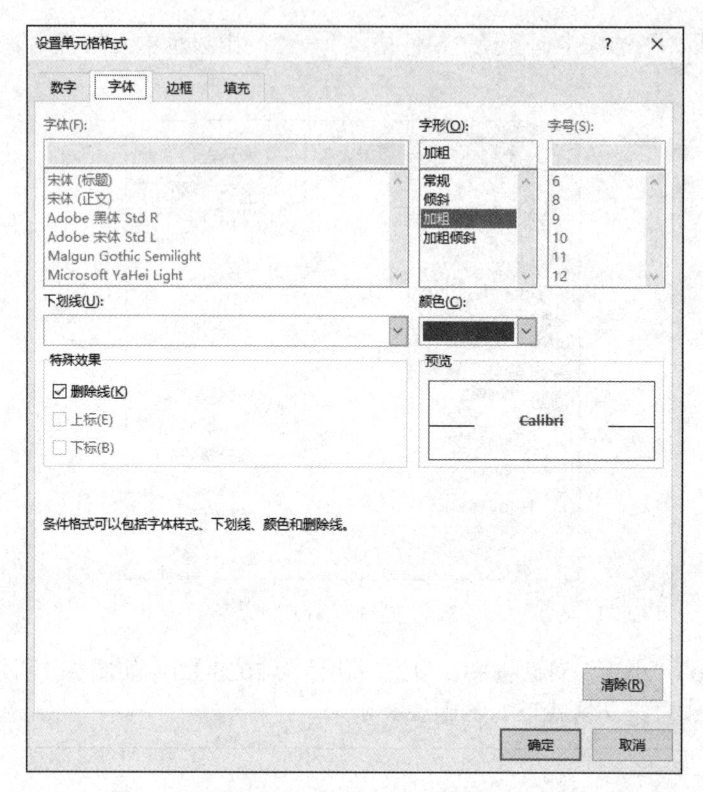

图 3-9 “字体”选项卡设置

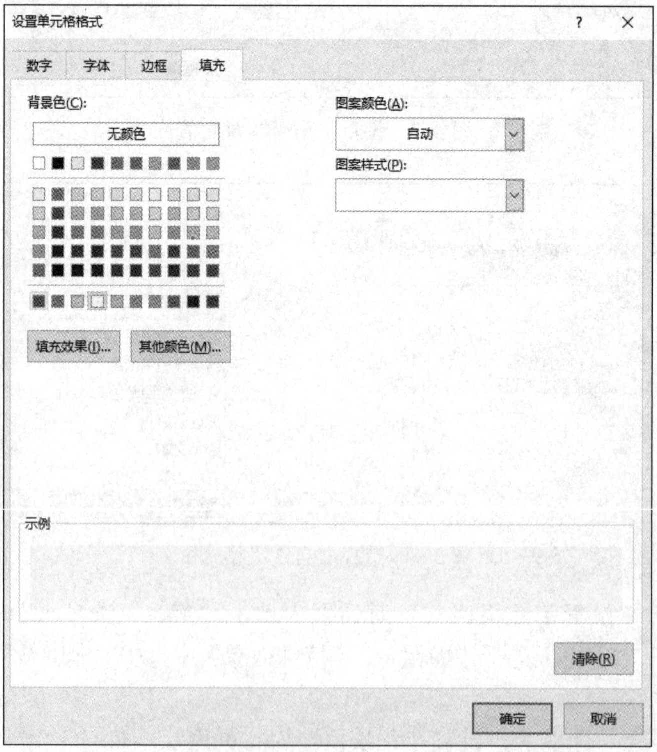

图 3-10 “填充”选项卡设置

2. 设置 2026 年 1 月 1 日后的日期字体

（1）单击“开始”选项卡，选择“条件格式”→“管理规则”命令，打开如图 3-11 所示的对话框。

图 3-11　“条件格式规则管理器”对话框

（2）单击“新建规则”按钮，打卡“新建格式规则”对话框。在“选择规则类型”列表况中选择“只为包含以下内容的单元格设置格式”选项，在“编辑规则说明”栏中，第一个选项选择“单元格值”，第 2 个选项选择“大于或等于”，第 3 个选项中输入“2026-1-1”，如图 3-12 所示。

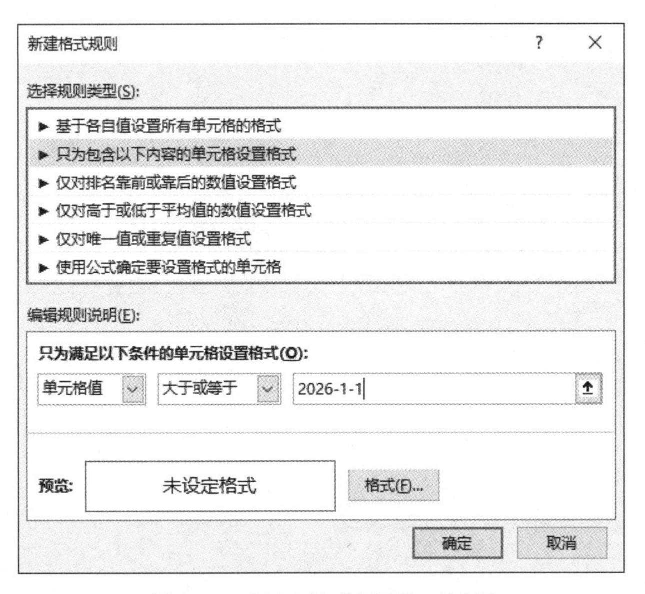

图 3-12　“新建格式规则”对话框

（3）单击“格式”按钮，进入“设置单元格格式”对话框，按照要求进行单元格格式设置。单击“填充”选项卡，设置背景色为“红色”，如图 3-13 所示。

单击“字体”选项卡，在“颜色”下拉列表中选择“黄色”，“字形”选择“加粗”，单击“确定”完成设置，如图 3-14 所示。

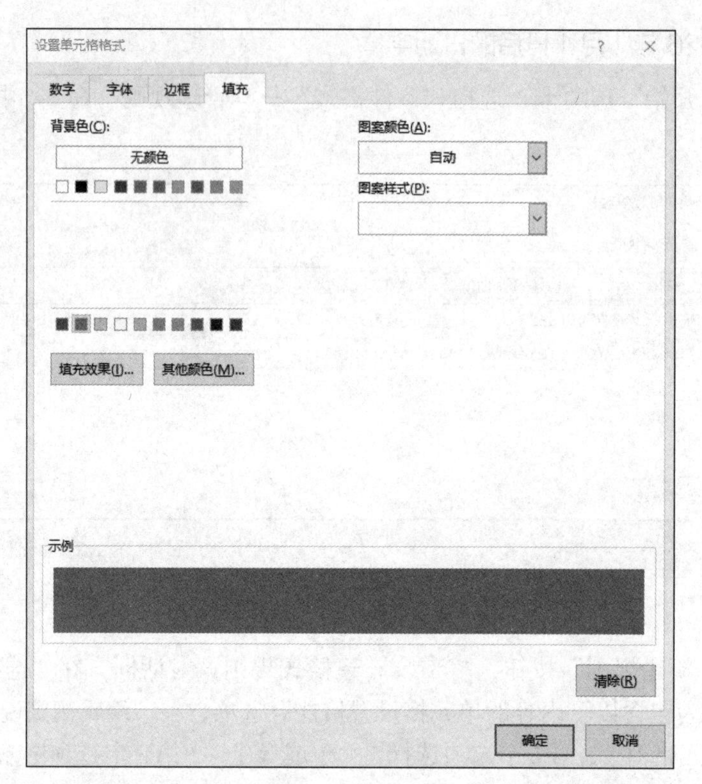

图 3-13 “设置单元格格式”对话框——设置背景填充

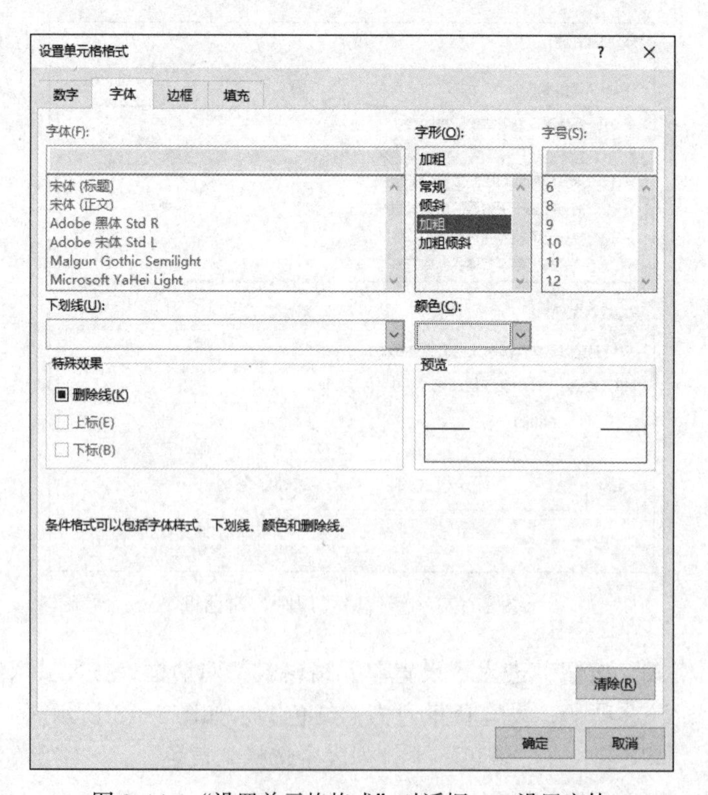

图 3-14 “设置单元格格式”对话框——设置字体

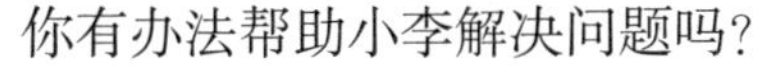

你有办法帮助小李解决问题吗?

可以利用 Excel 进行数据筛选，其具体步骤如下。

第一步，打开 Excel，选中包含数据的单元格区域。

第二步，单击“开始”选项卡，选择“排序和筛选”→“筛选”。

第三步，返回 Excel 编辑页面，列名右下角出现下拉箭头。

第四步，单击想要筛选的列名右侧的下拉箭头，然后从弹出的菜单中选择符合要求的筛选条件。可以根据需要进行单个项目、多个项目、文本过滤或数字过滤等多种筛选方式。

第五步，完成筛选条件的选择后，Excel 会自动隐藏不符合条件的行，只显示符合筛选条件的数据。

能力检测

找到新的数据集，采用不同方法对数据集进行数据筛选。

任务四　数据分组认知

任务导入

为准确了解工人的劳动效率，某企业生产管理部门对机加工车间 30 名工人完成劳动定额的情况进行数据采集，得到如下原始资料（见表 3-5）。

表 3-5　机加工车间 30 名工人完成劳动定额的原始资料

97%	82%	95%	84%	93%	86%	92%	102%	100%	103%
105%	100%	103%	108%	107%	108%	106%	109%	113%	114%
109%	117%	125%	115%	122%	119%	118%	116%	129%	115%

企业生产管理部门经理要求工作人员尽快对资料进行分组整理，以便提供给公司管理层为制定新的生产定额提供参考。

任务描述

1. 请根据上述数据资料帮助工作人员整理机加工车间 30 名工人完成劳动定额的情况，以便更好地反映工人生产定额完成情况的分布状况及其构成。

2. 通过以上数据分组整理工作，简述什么是数据分组，以及数据分组的关键问题是什么。

一、数据分组的概念及作用

（一）数据分组的概念

数据分组是在数据采集对象内部进行的一种特定分类，是根据数据处理的目的，将数据按照一定的数据处理需求区分为若干个组成部分的数据处理方法。

（二）数据分组的作用

1. 可以揭示社会经济数据资料的特点及规律性

通过数据采集得到的资料，往往是大量、零散、不系统的第一手数据，仅仅通过这些散乱的资料，难以看出数据采集对象的特点和基本情况，所以需要进行分组。经过数据分组之后，就可以观察出数据具有的一些特点，进而研究数据采集对象具有的规律性。

2. 可以区分数据采集对象的类型

数据分组的主要作用是区分数据采集对象的类型。数据采集对象存在着复杂多样的类型，各种不同的类型有着不同的特点以及不同的发展规律，在整理大量数据资料时，有必要运用数据分组法将所研究的数据采集对象区分为不同的类型组来进行研究。

例如，消费者按照购物习惯可分为传统型购物人群和网店型购物人群等类型。网店型购物人群可还以按照性别、职业和年龄等分类，传统型购物人群也可按照年龄、地域等分类。当然，还可以按照城镇购物人群和农村居民购物人群等来区分消费者类型。

3. 可以分析数据采集对象内部构成和结构特征

数据采集对象的各个组成部分不但在性质上不尽相同，而且在整体结构中所占的比重也各不相同。因此，把被研究现象按某一标志分组后，计算出各组在数据采集对象中的比重，就可以说明经济现象的内部结构。例如，网购群体中老年、中年、青年购物者的构成情况，西瓜视频、抖音等视媒体爱好者的结构特征等，都反映出不同的购物人群对网购及自媒体平台的态度。

4. 可以揭示现象之间的依存关系

数据采集对象都不是孤立存在的，而是相互联系、相互依存、相互制约的。例如，年龄与购物习惯存在着一定的关系，一般来说，青年购物者往往喜欢网购，而老年人则喜欢实体店消费。又如，广告投入和销售额存在一定的依存关系，一般来说，广告投入越多，销售额也越高。再如，商品销售额和流通费用率之间也存在着一定的依存关系，一般来说，销售额越高，流通费用率越低。某地区 50 个实体店铺流通费用率资料见表 3-6。

表 3-6　某地区 50 个实体店铺流通费用率资料

按商品销售额分组 / 万元	商店数 / 个	流通费用率（%）
100 以下	5	12.2
100 ～ 150	7	11.4
150 ～ 200	19	10.7
200 ～ 250	9	9.8
250 ～ 300	7	9.2
300 以上	3	8.1

由表 3-2 可以看出，商品流通费用率与商品销售额之间存在着明显的依存关系：商品流通费用率随着商品销售额的增加而下降。

二、分组标志选择

数据分组的关键问题在于选择分组标志和划分各组界限，而选择分组标志则是数据分组的核心问题。

分组标志是将数据采集对象区分为各个性质不同的组的标准或依据。任何社会现象客观上都有许多不同的标志，对同一数据采集对象的资料根据不同的标志进行分组，会得到不同的结论。为确保分组后的各组数据能够正确反映事物内部的规律性，选择分组标志时，一般应遵循如下几点。

1. 根据数据处理的目的与任务选择分组标志

在对数据采集对象进行研究时，可以根据不同的研究目的或任务，从不同的角度进行研究。相应地，要选择不同的分组标志进行分组。例如，以爱好网购的消费者为数据采集对象进行研究时，这个研究对象就有很多标志，如年龄、性别、职业、收入等。在具体研究过程中到底应该采用哪种标志进行分组，就要看数据分析的目的。如果数据分析的目的是要分析不同年龄段人群在数据采集对象中的构成，那么就要选择年龄作为分组标志；如果要研究职业、收入对网购的影响，则可以选择职业、收入等作为分组标志。

2. 要选择最能反映被研究对象本质特征的标志作为分组标志

在选择分组标志时，由于数据采集对象复杂多样，具有多种特征，往往可能遇到既可以使用这种标志，又可以使用另一种标志的情况，这就需要根据被研究对象的特征，选择最主要的、最能反映事物本质特征的标志进行分组。例如，研究某城市居民生活水平状况时，既可以用居民个人收入水平作为分组标志，也可以用居民家庭成员人均收入水平作为分组标志。相比较而言，居民家庭成员人均收入水平更能反映其生活水平的高低，更能反映现象的本质特征。因为，即使某一居民收入水平较高，但如果家庭人口数很多的话，其家庭生活水平也不会很高。在进行数据分组时，就要选择其中最能反映问题本质特征的标志，即居民家庭成员人均收入水平进行分组，这样能够对所研究的对象有一个正确的认知。

3. 根据现象所处的历史条件或经济条件来选择数据分组标志

数据采集对象是随着时间、地点等条件的变化而变化的。同一个标志在过去某个时期是适用的，但现在就可能不一定适用；在这个场合适用，在另一场合也不一定适用。因此，即使是研究同类现象，也要视具体时间、地点、条件的不同而选择不同的分组标志。

例如，在研究公司发展水平高低时，需要对企业按年产量或年产值进行分组。一般来说，反映公司发展水平高低的标志主要有年产值、年产量、固定资产、年利润额、资本利润率等。在生产力水平较低的情况下，用年产值来表示企业规模的大小比较适当；而在技术更新的历史时期或技术装备比较先进的情况下，有的企业由于采用了机械化生产，虽然年产值可能很大，但发展水平并不一定很高。因此，年产值已不能准确地说明公司发展水平的高低，这时使用年利润额或资本利润率等作为反映公司发展水平的分组标志更为恰当。

另外，数据分组必须保证数据采集对象的每一个单位都能归入其中的一个组，各个组的单位数之和等于数据采集对象单位总数，数据采集对象的指标必须是各个单位相应标志的综合；同时还必须保证数据采集对象的每一个单位只能属于其中的一个组，不能出现重复统计的现象，否则就会影响到数据资料的真实性。

三、数据分组的方法

数据分组要求将数据采集对象内标志表现不同的数据采集单位分开，使标志表现相同或相近的数据采集单位归属在同一组。根据分组标志的不同特征，数据采集对象可以按品质标志和数量标志分组。

1. 按品质标志分组

按品质标志分组就是选择反映事物属性差异的品质标志作为分组标志，并在品质标志的变异范围内划定各组界限，将数据采集对象分成若干个性质不同的组成部分。例如，网民按性别、民族、文化程度等标志进行分组。某县 200 家企业类型分组见表 3-7。

表 3-7　某县 200 家企业类型分组表

企业类型	企业数 / 家	比重（%）
国有企业	80	40
股份制企业	55	27.5
合资企业	45	22.5
独资企业	20	10
合　计	200	100

2. 按数量标志分组

按数量标志分组就是根据数据采集与处理研究的目的，选择反映数据采集单位数量差异的数量标志作为分组标志，在数量标志值的变异范围内划定各组数量界限，将数据采集对象分成若干个性质不同的组成部分。例如，消费者按年龄分组、职工按工资水平分组等。

与品质标志不同，数量标志具体表现为许多不等的变量值，这些变量值不能明确地反映数据采集对象性质上的区别，只能反映数量上的差异。因此，一个好的数量分组结果应该能够正确反映现象本身所有的数量分布特征，科学地实现同质的组合和异质的分解。

按数量标志分组的过程中，根据变量值取值范围不同，分组的形式可以分为单项式分组和组距式分组。

（1）单项式分组。单项式分组，即每一组只包含一个变量值，这种分组形式只适用于离散变量，而且只能在离散变量的变动范围较小、变量值个数较少时使用。例如，按某工厂机械加工车间工人日产量划分工人生产情况，见表 3-8。

表 3-8　工人日产量分组表

日产量（X）/ 件	工人数（f）/ 人
30	3
31	5
32	6
33	4
34	3
35	2
36	1
合　计	24

（2）组距式分组。组距式分组是在变量值变异幅度较大时常用的分组方法。该方法将变量值取值范围人为地划分为若干个区间，每个区间内的变量值都归属于一组，区间的距离即为组距，如商店按销售额分组等。

四、数据分组体系

所谓数据分组体系，就是根据数据采集与处理的要求，通过对同一数据采集对象进行不同分组，形成的一系列相互联系、相互补充的组的整体。数据分组体系有平行分组体系与复合分组体系之分。

对于数据采集对象数量特征的认识，往往要从多方面进行研究，仅仅依赖一个分组标志很难满足需要，必须运用多个分组标志进行多种分组，形成一个分组体系才能满足需要。教职工复合分组见表 3-9。

表 3-9　教职工复合分组表

组　别	人数 / 人	比重（%）
男性	92	42.2
教授	4	1.8
副教授	18	8.3
讲师	40	18.3
助教	30	13.8
女性	126	57.8
教授	3	1.4
副教授	22	10.1
讲师	56	25.7
助教	45	20.6
合　计	218	100

任务实施

1. 请根据上述数据资料帮助工作人员整理机加工车间 30 名工人完成劳动定额的情况，以便更好地反映工人生产定额完成情况的分布状况及其构成。

经过数据分组，该企业机加工车间工人劳动定额完成情况见表 3-10。

表 3-10　某企业机加工车间 30 名工人劳动定额完成情况频数分布表

劳动定额完成程度（%）	频数 / 人	频数（%）
80 ～ 90	3	10.0
90 ～ 100	4	13.3
100 ～ 110	12	40.0
110 ～ 120	8	26.7
120 ～ 130	3	10.0
合　计	30	100

2. 通过以上数据分组整理工作，简述什么是数据分组，以及数据分组的关键问题是什么。

数据分组是根据数据采集与处理的目的，将数据采集对象各单位按照一定的分组标志划分为若干个组成部分的一种数据处理方法。数据分组的关键是选择分组标志和划分各组的界限。

能力检测

某调查公司采集取得40个商业企业某月销售额资料，见表3-11。

表3-11　40个商业企业某月销售额资料　（单位：万元）

57	89	49	84	86	87	75	73	72	68
75	82	97	81	67	81	54	79	87	95
76	71	60	90	65	76	72	70	86	85
89	89	64	57	83	81	78	87	72	61

要求：

请将这些数据资料按“销售额”进行分组整理。

任务五　数据汇总认知

任务导入

一家评估机构为分析不同品牌饮料的市场占有率，随机选取了一家超市进行数据采集。采集人员在某天详细记录了50名顾客购买饮料的品牌，当一名顾客购买某一品牌的饮料时，就将这一饮料的品牌名字记录一次。该超市顾客购买饮料品牌名称原始数据见表3-12。

表3-12　顾客购买饮料品牌名称原始数据

蒙牛	维维豆奶	蒙牛	汇源果汁	露露
露露	蒙牛	维维豆奶	露露	维维豆奶
蒙牛	维维豆奶	维维豆奶	伊利	蒙牛
维维豆奶	伊利	蒙牛	维维豆奶	伊利
伊利	露露	露露	伊利	露露
维维豆奶	蒙牛	蒙牛	汇源果汁	汇源果汁
汇源果汁	蒙牛	维维豆奶	维维豆奶	维维豆奶
维维豆奶	伊利	露露	汇源果汁	伊利
露露	维维豆奶	伊利	维维豆奶	露露
维维豆奶	蒙牛	伊利	汇源果汁	蒙牛

任务描述

1. 汇总当日每种饮料的销售情况。
2. 分析饮料销售情况有何特征。

一、数据汇总的概念

数据汇总是在数据分组的基础上，把数据采集单位各方面的特征值分别进行综合和加总，最终得到数据指标的工作过程。

二、数据汇总的内容

数据汇总主要是两个方面：数据采集单位数汇总和数据采集单位特征值汇总。

（1）数据采集单位数汇总，也是频数的汇总，即汇总各组和采集对象总体的单位数，它是初步分析数据采集对象总体在分组标志这一特征上的一般分布状况的依据和基础，也是作为权数进一步深入研究其他特征值的重要依据。

（2）数据采集单位特征值汇总，也是相关标志值汇总，是将数据采集单位的某一数量特征值绝对数进行加总，最终合计为数据采集对象总体的某一数量特征值的总和。

三、数据汇总的组织形式

数据汇总的组织形式具体有如下几种。

（1）逐级汇总。逐级汇总就是按一定的统计管理体制，自下而上地对数据采集资料进行逐级汇总。

（2）集中汇总。集中汇总就是将全部数据采集资料集中到组织数据采集的最高一级机关进行一次性汇总。

（3）综合汇总。综合汇总是一种结合逐级汇总和集中汇总的汇总方式，即对各级都需要的基本资料实行逐级汇总，对数据采集所得的其他资料实行集中汇总。

各种数据汇总组织形式对照见表 3-13。

表 3-13　各种数据汇总组织形式对照表

组织形式	优　点	缺　点
逐级汇总	方便就地查对、审核资料，及时满足各地区、各部门的数据资料需求	汇总层次较多，反复转录资料，发生登记性误差可能性较大，而且费时，影响资料时效性
集中汇总	不经中间环节，大大缩短汇总时间，便于贯彻统一汇总	原始资料如有差错，不能就地审核更正；汇总的资料也不能及时满足各地区、各部门的需要
综合汇总	既能满足各地对统计资料的需求，又有利于节约时间，提高效率	涉及大量数据，导致数据处理和分析的复杂性增加；对数据质量要求较高，在汇总前需进行适当的数据清洗和预处理

四、数据汇总技术

按照统计汇总的具体操作来划分，数据汇总技术可归纳为两大类：一是手工汇总，二是计算机自动汇总。

（一）手工汇总

手工汇总常用的方法有画记法、过录法、折叠法和分票法。

1. 画记法

画记法是一种特定的汇总方式，它使用预定的符号在预先设计好的汇总表上标记相应的内容。常用的符号形式如“正”字等。具体操作方法如下。

（1）先将数据采集资料按大小顺序排列。

（2）根据同限分组法的规定，逐个判断每个数据应属于哪一组，然后在该组名下画一记号（短线或圆点等），最后依各组内记号的数目计算出各组次数。

2. 过录法

过录法把要汇总的内容从各数据采集表中抄录下来，加总或综合后计入汇总表的相应组或相应位置。过录法与画记法的不同之处在于它将画记号改为抄录数值。其具体做法如下。

（1）分组并整理成组距（等距）式变量数列，并运用整理表按画记法汇总出各组单位数与总体单位数，用过录法汇总标志值。

（2）将汇总结果制成统计表。

3. 折叠法

在汇总大量格式相同的数据采集表时，将所有报表中需要汇总的某一栏（行）数字，通过折叠使它们都显现在一条直线上，将与汇总无关的其他数据暂时掩盖起来，然后用算盘或计算器，算出所需数字。这种方法实质上与过录法相同，只是用折叠代替了抄录。

4. 分票法

这是基层企业普遍使用的汇总方法。做法是将采集来的原始记录，按照统计台账所设指标的要求进行分组或分类，然后将各组或各类原始记录加总计算，填写到统计台账。分票法的实质是过录法的简便运用。

总体来说，手工汇总速度慢，容易出差错。

（二）计算机自动汇总

电子计算汇总的步骤如下：①编程；②编码；③数据录入；④逻辑检查；⑤制表打印。

应用电子计算机进行统计资料的汇总，不仅具有计算容量大、速度快、准确度高的特点，还可以进行各种逻辑判断和数据储存。

五、利用“分类汇总”进行数据汇总

Excel 是常用的数据处理分析软件，能够对数据进行分类汇总和计算。下面以天猫某书店某日的图书销售情况资料（见表 3-14）为例，介绍 Excel 中分类汇总的操作流程。

表 3-14 天猫某书店某日图书销售情况

商　品	购买者籍贯	商品数量 / 件	商品总价 / 元
三年级上语文	安徽省	4	48.8
三年级上语文	广东省	4	48.8
三年级上语文	贵州省	1	13.8

（续）

商　品	购买者籍贯	商品数量 / 件	商品总价 / 元
四年级上语文	辽宁省	2	25
二年级上语文	贵州省	1	48.8
四年级上语文	黑龙江省	2	25
二年级上语文	辽宁省	1	48.8
三年级上语文	四川省	4	48.8
四年级上语文	安徽省	1	13.8
四年级上语文	广东省	1	13.8
四年级上语文	四川省	2	25
四年级上语文	贵州省	2	25
三年级上语文	黑龙江省	1	13.8
四年级上语文	四川省	1	13.8
四年级上语文	安徽省	1	13.8

汇总任务：按“购买者籍贯”汇总商品总价。

第一步，单击表格内“购买者籍贯”列的任一单元格，再单击“数据”菜单栏中的升序排列按钮，按“购买者籍贯”对数据进行排序，排序后的结果如图 3-15 所示。

商品	购买者籍贯	商品数量(件)	商品总价(元)
三年级上语文	安徽省	4	48.8
四年级上语文	安徽省	1	13.8
四年级上语文	安徽省	1	13.8
四年级上语文	广东省	1	13.8
三年级上语文	广东省	4	48.8
三年级上语文	贵州省	1	13.8
二年级上语文	贵州省	1	48.8
四年级上语文	贵州省	2	25
三年级上语文	黑龙江省	1	13.8
四年级上语文	黑龙江省	2	25
二年级上语文	辽宁省	1	48.8
四年级上语文	辽宁省	2	25
四年级上语文	四川省	2	25
三年级上语文	四川省	4	48.8
四年级上语文	四川省	1	13.8

图 3-15　按“购买者籍贯”排序

第二步，选择“数据”菜单栏中的“分类汇总”命令，打开“分类汇总”对话框。在“分类汇总”对话框中，“分类字段”选择“购买者籍贯”，“汇总方式”选择“求和”，在“选定汇总项”中选中“商品总价（元）”复选框，如图 3-16 所示。

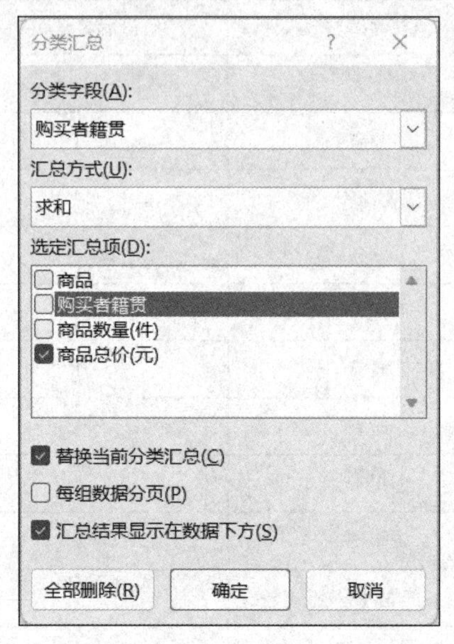

图 3-16 “分类汇总”对话框

第三步，单击“确定”按钮，得到如图 3-17 所示的执行结果。

文件 开始 插入 页面布局 公式 数据 审阅 视图 帮助 操作说明搜索

获取数据 从文本/CSV 自网站 来自表格/区域 最近使用的源 现有连接 获取和转换数据
全部刷新 查询和连接 属性 编辑链接 查询和连接
排序 筛选 清除 重新应用 高级 排序和筛选
分列 快速填充 删除重复值 数据验证 合并计算 关系 管理数据模型 数据工具
模拟分析 预测工作表 预测

D5

	A	B	C	D	E	F	G	H	I	J
1	商品	购买者籍贯	商品数量(件)	商品总价(元)						
2	三年级上语文	安徽省	4	48.8						
3	四年级上语文	安徽省	1	13.8						
4	四年级上语文	安徽省	1	13.8						
5		安徽省 汇总		76.4						
6	四年级上语文	广东省	1	13.8						
7	三年级上语文	广东省	4	48.8						
8		广东省 汇总		62.6						
9	三年级上语文	贵州省	1	13.8						
10	二年级上语文	贵州省	1	48.8						
11	四年级上语文	贵州省	2	25						
12		贵州省 汇总		87.6						
13	三年级上语文	黑龙江省	1	13.8						
14	四年级上语文	黑龙江省	2	25						
15		黑龙江省 汇总		38.8						
16	二年级上语文	辽宁省	1	48.8						
17	四年级上语文	辽宁省	2	25						
18		辽宁省 汇总		73.8						
19	四年级上语文	四川省	2	25						
20	三年级上语文	四川省	4	48.8						
21	四年级上语文	四川省	1	13.8						
22		四川省 汇总		87.6						
23		总计		426.8						

图 3-17 按“购买者籍贯”分类汇总商品总价

第四步，单击页面左侧的“1 2 3”、“-”和“+”可创建汇总表。这样可以隐藏明细数据，而只显示汇总，如单击按钮 2 可得到如图 3-18 所示的汇总结果。

	A	B	C	D
1	商品	购买者籍贯	商品数量(件)	商品总价(元)
5		安徽省 汇总		76.4
8		广东省 汇总		62.6
12		贵州省 汇总		87.6
15		黑龙江省 汇总		38.8
18		辽宁省 汇总		73.8
22		四川省 汇总		87.6
23		总计		426.8

图 3-18　创建汇总表

第五步，可以利用上述结果创建一个图表，该图表仅使用了包含分类汇总的列表中的可见数据。选择列表中的可见数据，单击“插入”选项卡，在“图表”功能区选择“柱形图”，单击“确定”按钮，结果如图 3-19 所示。

图 3-19　利用分类汇总处理结果创建图表

分类汇总中的汇总方式有求和、计数、平均值、最大值、最小值、乘积、数值计数、标准偏差、总体标准偏差、方差、总体方差，可通过第二步选定不同的汇总方式来进行不同的分类汇总。

如果要取消分类汇总，可单击分类汇总表的任一单元格，选择“数据”菜单中的“分类汇总”命令，调出如图 3-16 所示的对话框，选择“全部删除”命令即可取消分类汇总操作的结果。

六、利用数据透视表进行数据汇总

数据透视表是一种交互式的表格，可以进行某些计算，如求和与计数等。

第一步，打开 Excel 表格，选中表格里的数据，单击菜单栏上的“插入”选项卡，可以看到左上角的“数据透视表”和靠近中间位置的“数据透视图”两个选项按钮。如果不涉及做透视图的话，可以单击左上角的“数据透视表”按钮，如图 3-20 所示。

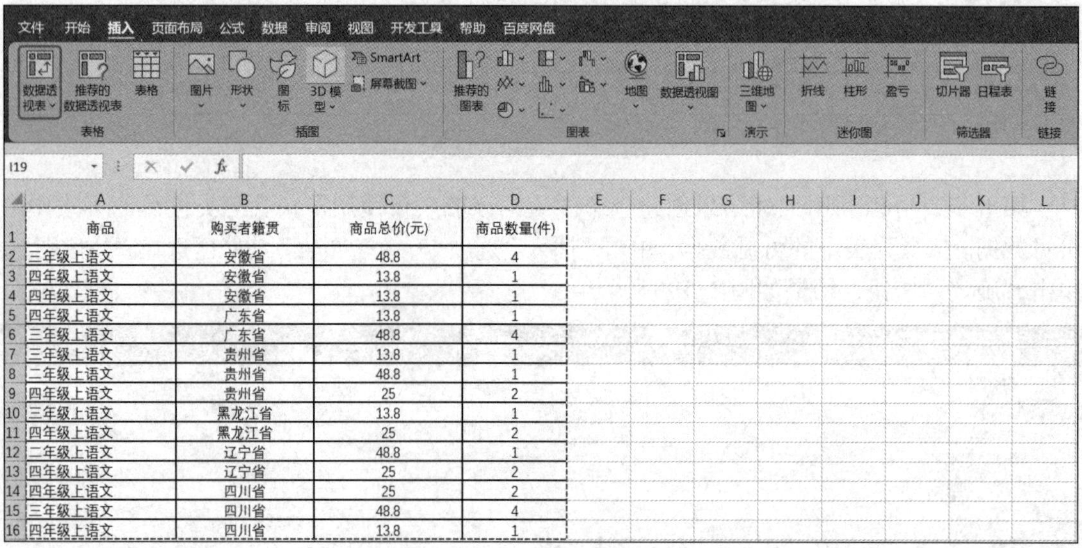
文件 开始 插入 页面布局 公式 数据 审阅 视图 开发工具 帮助 百度网盘
数据透视表
推荐的数据透视表
表格
图片
形状
图标
3D 模型
SmartArt
屏幕截图
推荐的图表
地图
数据透视图
三维地图
折线
柱形
盈亏
切片器
日程表
链接
表格
插图
图表
演示
迷你图
筛选器
链接
I19
商品 购买者籍贯 商品总价(元) 商品数量(件)
三年级上语文 安徽省 48.8 4
四年级上语文 安徽省 13.8 1
四年级上语文 安徽省 13.8 1
四年级上语文 广东省 13.8 1
三年级上语文 广东省 48.8 4
三年级上语文 贵州省 13.8 1
二年级上语文 贵州省 48.8 1
四年级上语文 贵州省 25 2
三年级上语文 黑龙江省 13.8 1
四年级上语文 黑龙江省 25 2
二年级上语文 辽宁省 48.8 1
四年级上语文 辽宁省 25 2
四年级上语文 四川省 25 2
三年级上语文 四川省 48.8 4
四年级上语文 四川省 13.8 1

图 3-20 单击“数据透视表”按钮

第二步，在弹出的“来自表格或区域的数据透视表”对话框中，确定要分析的数据源区域、放置数据透视表的位置等，如图 3-21 所示。

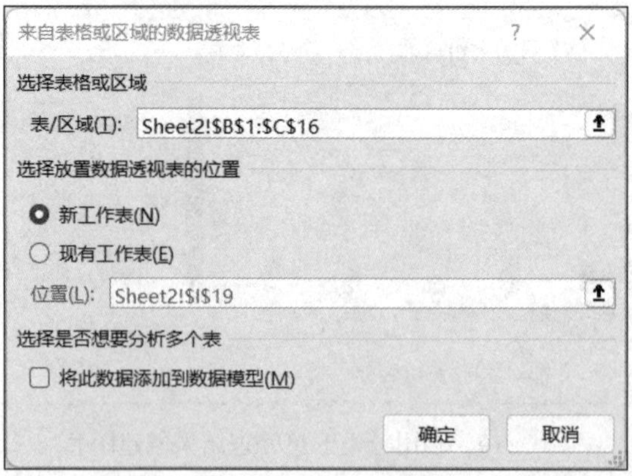
来自表格或区域的数据透视表
选择表格或区域
表/区域(T): Sheet2!$B$1:$C$16
选择放置数据透视表的位置
新工作表(N)
现有工作表(E)
位置(L): Sheet2!$I$19
选择是否想要分析多个表
将此数据添加到数据模型(M)
确定
取消

图 3-21 设置“来自表格或区域的数据透视表”对话框

第三步，设置好后，在“来自表格或区域的数据透视表”对话框中单击“确定”，在新工作表中生成一个数据透视表，如图 3-22 所示。

第四步，图 3-22 的右侧是数据透视表的工作栏，显示了源数据表头的各个字段，这时候就可以往右下角区域拖拽字段进行透视展现。把“购买者籍贯”拖到“行”区域，把“商品总价（元）”拖到值区域，这样一个基于购买者籍贯的商品总价透视表就生成了，如图 3-23 所示。

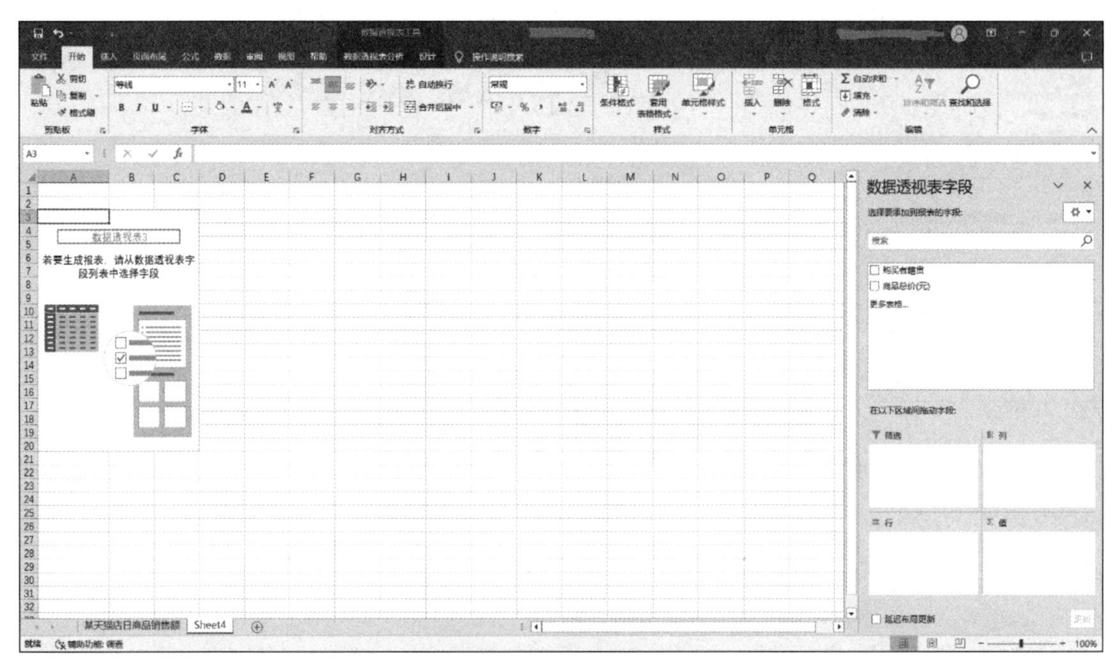

图 3-22　生成数据透视表

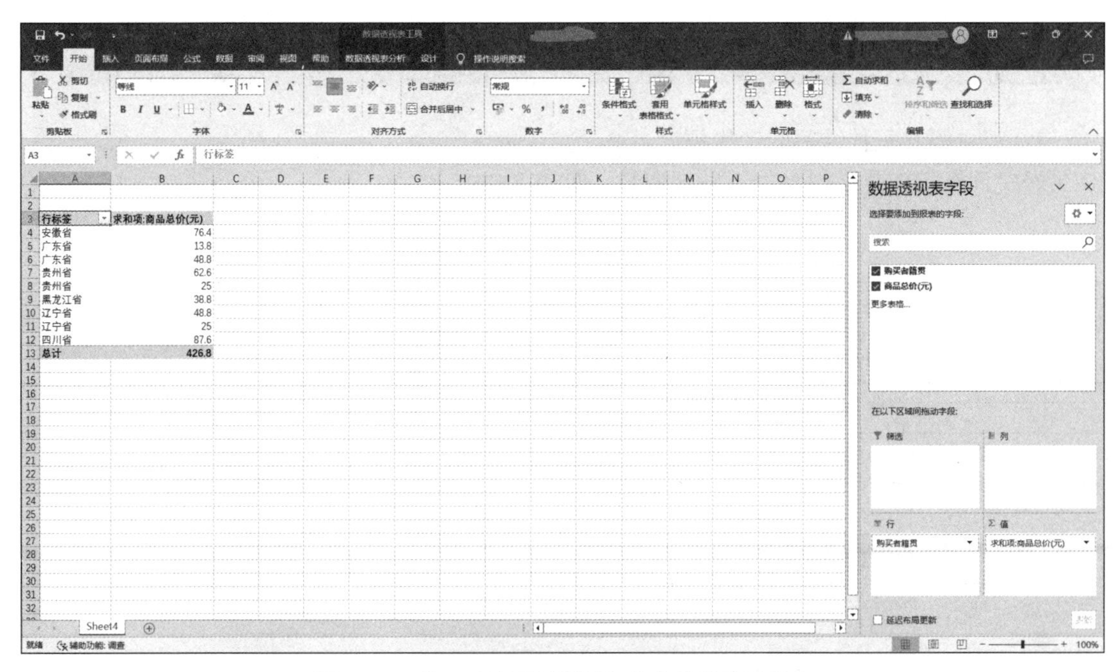

图 3-23　基于“购买者籍贯”的商品总价透视表

第五步，单击“数据透视表分析”中的“数据透视图”按钮，可插入与此数据透视表中的数据绑定的数据透视图，此处选择“柱形图”，结果如图 3-24 所示。

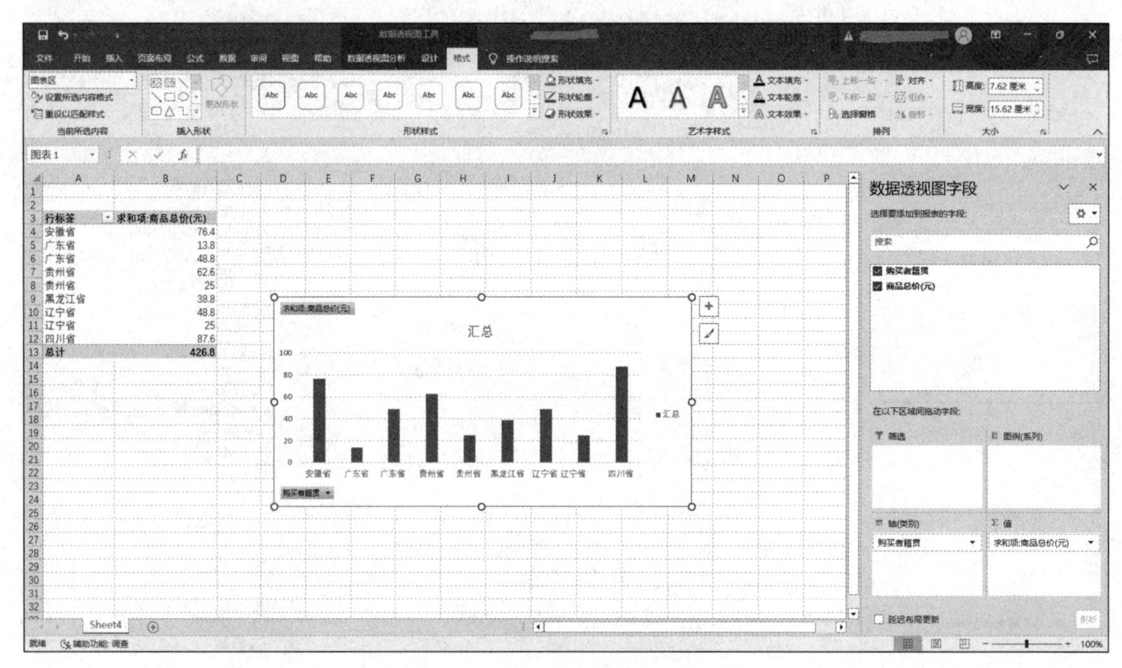

图 3-24　插入“数据透视图”

任务实施

1. 汇总当日每种饮料的销售情况。

经过计算机汇总，得到如下数据资料，见表 3-15。

表 3-15　购买饮料的频数分布

饮料名称	频　数
维维豆奶	15
蒙牛	11
伊利	9
露露	9
汇源果汁	6
合　计	50

2. 分析饮料销售情况有何特征。

通过对数据进行汇总分析，可以发现维维豆奶在当地销售情况最好。

能力检测

表 3-16 是中国体育代表团在 2008 年北京奥运会上获得金牌的项目。

表 3-16　中国体育代表团在 2008 年北京奥运会获得金牌的项目

举重	射击	射击	跳水	柔道	举重	跳水	举重	举重
体操	跳水	击剑	举重	体操	射击	跳水	举重	游泳
射击	体操	射箭	柔道	举重	柔道	举重	羽毛球	羽毛球
射击	赛艇	摔跤	体操	体操	乒乓球	羽毛球	跳水	体操
高低杠	蹦床	乒乓球	体操	体操	蹦床	跳水	帆船	跆拳道
跳水	乒乓球	赛艇	乒乓球	拳击	拳击			

要求：

请对上述数据进行分类汇总，并指出我国体育代表团的主要夺金项目。

任务六　频数分布认知

任务导入

淘宝某店铺为了分析销售情况，对其每天的销售额进行了数据采集。在连续 50 天的时间里，店主每天都记录销售额（元）数据，这些记录的数据构成了一个样本（见表 3-17）。

表 3-17　淘宝某店铺 50 天销售额样本

2 400	4 400	4 000	3 750	5 000	5 280	4 120	4 250	3 200	4 000
5 200	6 000	4 850	6 000	5 880	4 120	4 440	4 300	3 420	3 640
4 500	4 550	4 650	5 000	5 800	3 450	3 400	3 200	3 000	4 030
4 450	3 600	5 170	3 900	4 100	3 600	4 220	4 280	5 200	4 000
4 250	3 850	4 400	3 800	5 480	3 040	4 480	6 050	3 250	5 000

任务描述

1. 简述编制频数分布数列的步骤。
2. 利用 Excel 对上述淘宝店铺日销售额数据进行数据分组，并编制频数分布数列。

相关知识

一、频数分布的概念和类型

（一）频数分布的概念

在数据分组的基础上，将数据采集对象的所有单位按组归类整理，并按一定顺序排列，形成数据采集单位在各组间的分布，称为频数分布。

分布在各组的数据采集对象单位数叫次数，也称频数。各组频数之和为总频数。各组频数与总频数之比称为频率（或称为比重、比率）。各组频数与频率可以反映各组标志值水平对数据采集对象标志值水平的影响程度。频数或频率越大表明该组的特征值水平对于数据采集对象特征值水平的影响越大；反之，频数或频率越小则表明该组的特征值水平对于数据采集对象特征值水平的影响越小。

（二）频数分布的类型

一般来说，根据数据采集对象性质的不同，数据采集对象的频数分布主要有三种类型：钟形分布、U 形分布和 J 形分布。

1. 钟形分布

钟形分布的特征是“两头小、中间大”，即靠近中间的变量值分布的频数多，靠近两边的变量值分布的频数少，其曲线图像一个古钟，如图 3-25 所示。

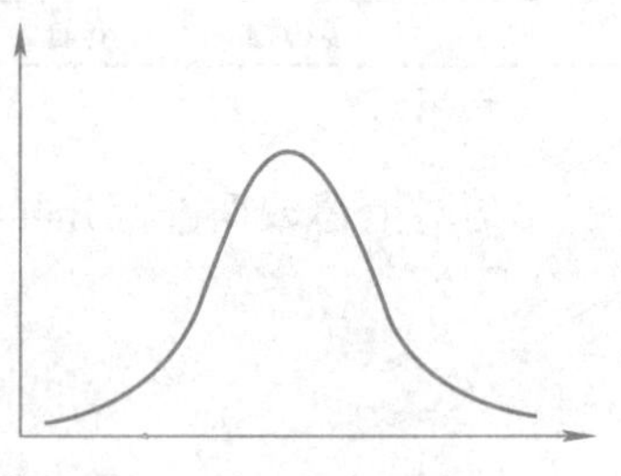

图 3-25　钟形分布

钟形分布又可分为对称分布与偏态分布，如图 3-26 和图 3-27 所示。

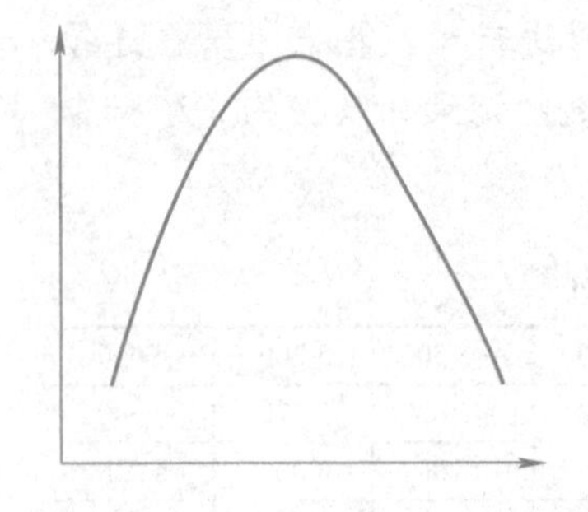

图 3-26　对称分布

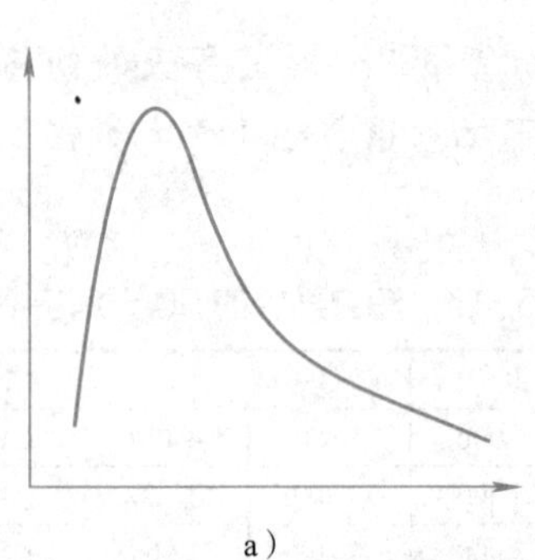

a）

b）

图 3-27　偏态分布

其中，对称分布的特征是中间变量值分布的次数最多，以标志变量中心为对称轴，两侧变量值分布的次数随着与中间变量值距离的增大而渐次减少，并且围绕中心变量值两侧呈对称分布，这种分布在统计学中称为正态分布。数据采集对象中许多变量分布属于正态分布类型，如农作物的单位面积产量、工业产品的物理化学质量指标（如零件公差的分布等）、商品市场价格，等等。

2. U 形分布

U 形分布的特征与钟形分布恰恰相反，靠近中间的变量值分布的次数少，靠近两端的变量值分布的次数多，形成“两头大，中间小”的 U 形，如图 3-28 所示。

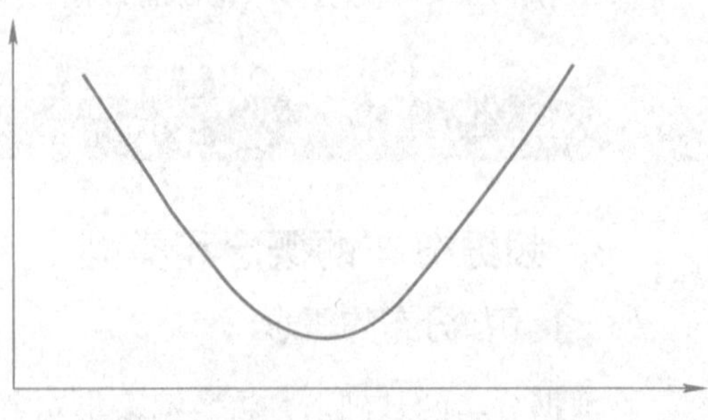

图 3-28　U 形分布

3. J形分布

在数据采集对象中，也有一些统计总体分布曲线呈J形。图3-29是正J分布，其特征是次数随变量值的增大而增多，如投资按利润率大小的分布。图3-30是反J分布，其特征是次数随变量值的增大而减少，如人口总体按年龄大小的分布。

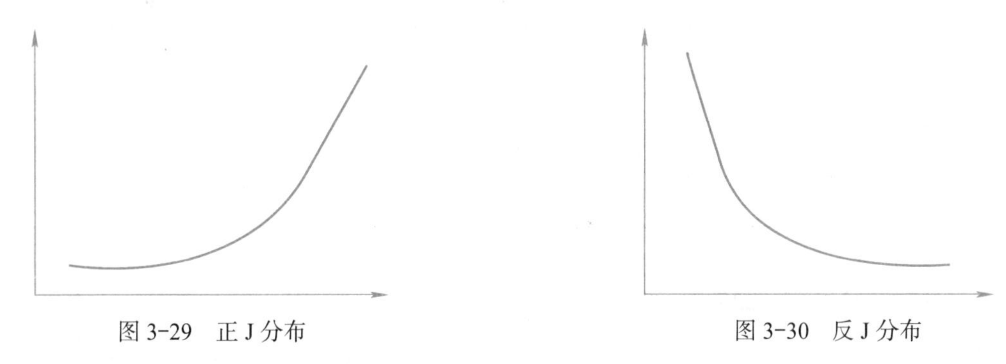

图3-29 正J分布　　图3-30 反J分布

二、频数分布数列的概念和种类

（一）频数分布数列的概念

将各组的名称与相应的频数或频率，按一定顺序排列起来形成的数列称为频数分布数列，简称频数数列或分布数列。频数分布数列包含两个要素：数据采集对象按标志所分的组和各组频数。频数分布数列可以反映数据采集对象单位在各组间的分布状态和分布特征，是进一步分析数据采集对象平均水平和差异程度的基础。

（二）频数分布数列的类型

频数分布数列是在分组的基础上编制的，所以频数分布数列的类型取决于分组的类型。

1. 品质数列

按照品质数据分组而形成的分布数列称为品质分布数列，简称品质数列。某零食网店一段时间购物者性别状况分组情况见表3-18。

表3-18 某零食网店一段时间购物者性别状况分组表

性 别	人 数	比重（%）
男性购买者	450	55.56
女性购买者	360	44.44
合 计	810	100

2. 变量数列

按照数值数据分组而形成的分配数列称为变量数列。变量数列又可分为单项式变量数列与组距式变量数列。某地区餐饮企业按照营业额分组情况见表3-19。

表 3-19　某地区餐饮企业按照营业额分组表

营业额 / 万元	餐饮企业数 / 家	比重（%）
<10	840	56
10 ～ 50	450	30
50 ～ 100	120	8
100 ～ 500	60	4
>500	30	2
合　　计	1 500	100

三、频数分布的 Excel 处理

下面以任务导入中淘宝某店铺 50 天的销售额为例，对数据进行分组并编制频数分布数列。

第一步，新建“天猫某店铺日销售额”工作表，并在 A1:B51 区域输入原始数据为数据源，如图 3-31 所示。

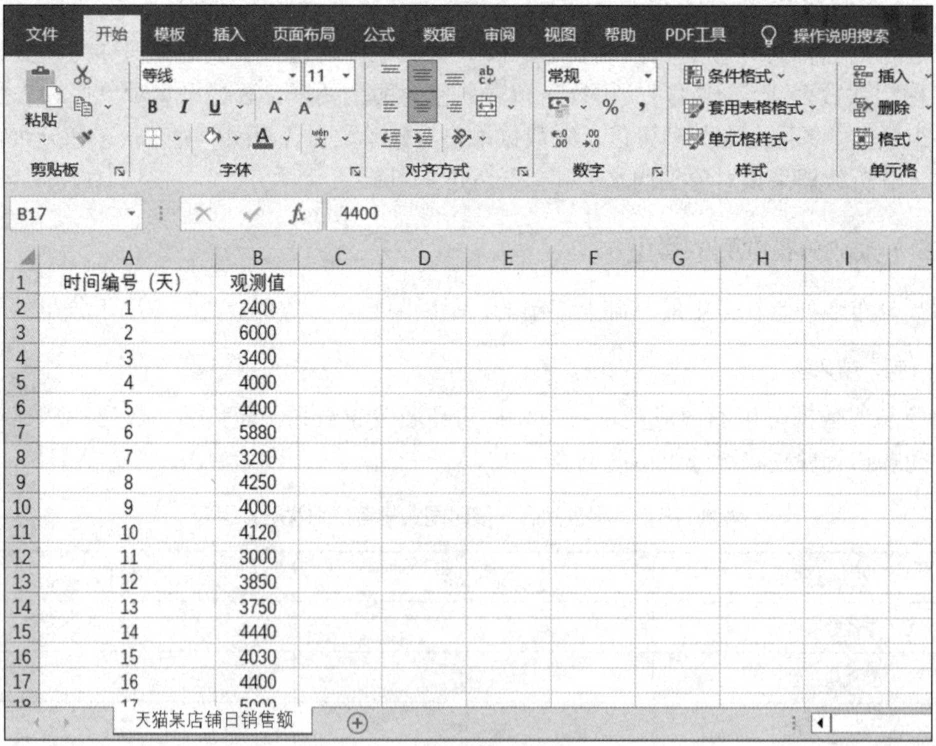

图 3-31　建立数据工作表

第二步，在单元格 C1 中输入“按日销售额分组（元）”，在单元格 D1 中输入“分组区间点”，在单元格 E1 中输入“天数（日）”，如图 3-32 所示。

	A	B	C	D	E	F	G
1	时间编号（天）	观测值	按日销售额分组（元）	分组区间点	天数（日）		
2	1	2400					
3	2	6000					
4	3	3400					
5	4	4000					
6	5	4400					
7	6	5880					
8	7	3200					
9	8	4250					
10	9	4000					
11	10	4120					
12	11	3000					
13	12	3850					
14	13	3750					
15	14	4440					
16	15	4030					
17	16	4400					

天猫某店铺日销售额

图 3-32　设置工作表格式

第三步，在单元格 C2:C6 区域中输入“3000 元以下”“3000～4000”“4000～5000”“5000～6000”“6000 元以上”；作为分组结果，在 D2:D5 区域中依次输入相应组的实际上限（即各组的最高销售额）：“2999”“3999”“4999”“5999”，这些数据将作为数据的分组区间在函数中运用。输入后如图 3-33 所示。

	A	B	C	D	E	F	G
1	时间编号（天）	观测值	按日销售额分组（元）	分组区间点	天数（日）		
2	1	2400	3000元以下	2999			
3	2	6000	3000~4000	3999			
4	3	3400	4000~5000	4999			
5	4	4000	5000~6000	5999			
6	5	4400	6000元以上				
7	6	5880					
8	7	3200					
9	8	4250					
10	9	4000					
11	10	4120					
12	11	3000					
13	12	3850					
14	13	3750					
15	14	4440					
16	15	4030					
17	16	4400					

天猫某店铺日销售额

图 3-33　设置分组区间点

第四步，选中 E2:E6 区域，然后选择“公式”菜单栏中的“插入函数”按钮，或者单击编辑栏左侧的“插入函数”工具按钮 f_x，弹出“插入函数”对话框，如图 3-34 所示。

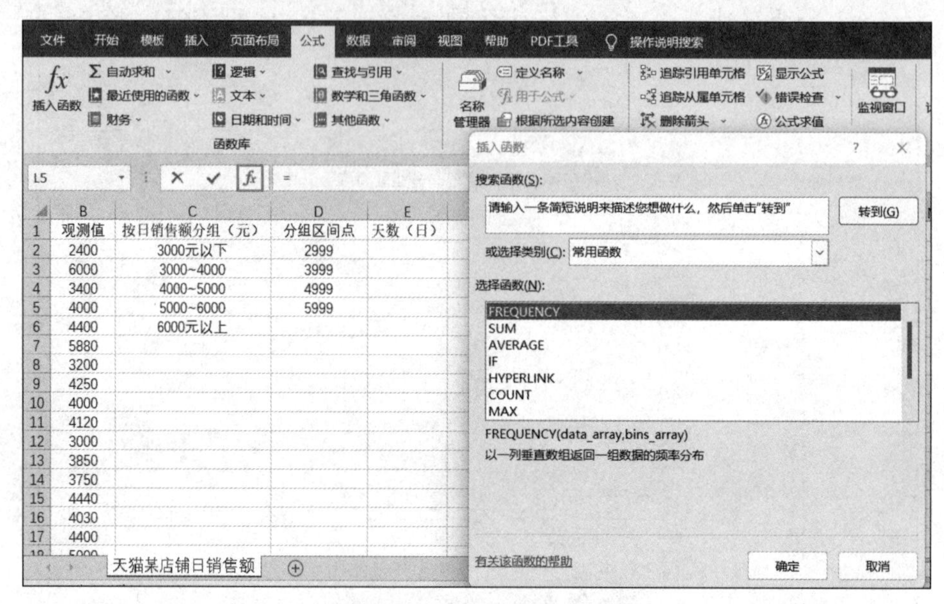

图 3-34 “插入函数”对话框

第五步，在“插入函数”对话框中选择 FREQUENCY 函数，单击“确定”按钮，此时会弹出“函数参数”对话框，如图 3-35 所示。

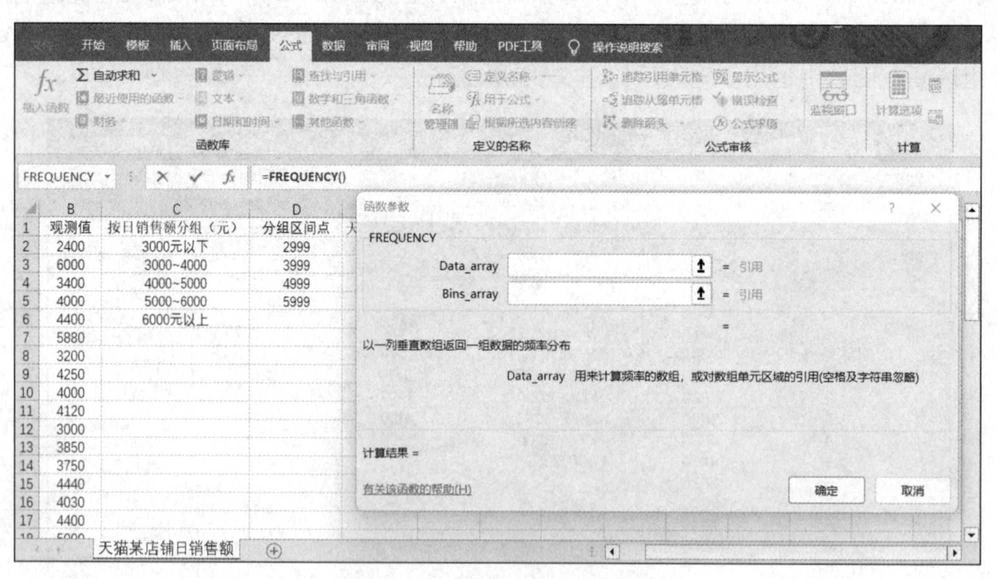

图 3-35 “函数参数”对话框

第六步，在 Data_array 栏中填写观测值所在区域“B2:B51”，在 Bins_array 中填写分组端点所在区域“D2:D5”，如图 3-36 所示

第七步，在按住〈Ctrl+Shift〉组合键的同时按下〈Enter〉键，即可得到 Frequency 计算在完成上述两项步骤后的频数，如图 3-37 所示。

注意：不要单击对话框中的“确定”按钮，否则得不到结果。

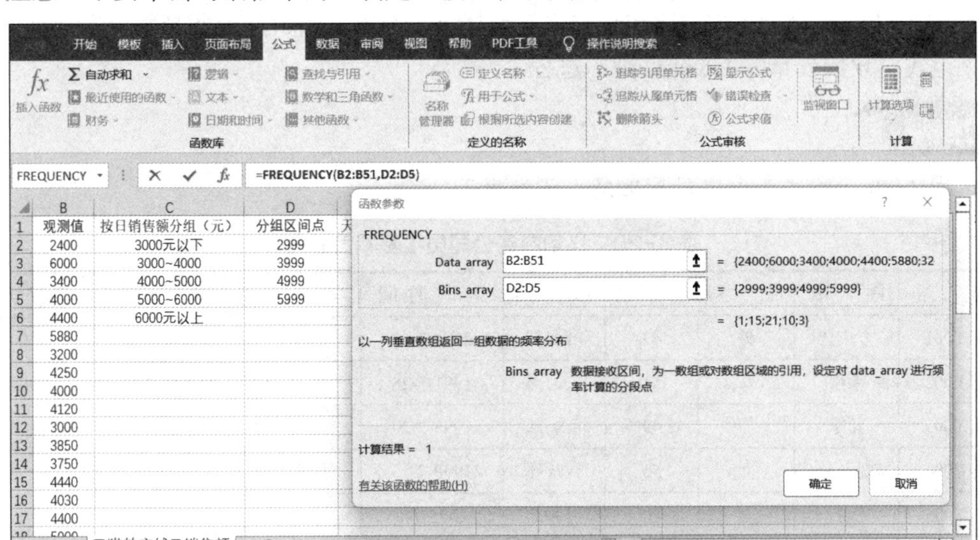

图 3-36　设置 FREQUENCY 观察值区域

	B	C	D	E
1	观测值	按日销售额分组（元）	分组区间点	天数（日）
2	2400	3000元以下	2999	1
3	6000	3000~4000	3999	15
4	3400	4000~5000	4999	21
5	4000	5000~6000	5999	10
6	4400	6000元以上		3
7	5880			50
8	3200			
9	4250			
10	4000			
11	4120			
12	3000			
13	3850			
14	3750			
15	4440			
16	4030			
17	4400			

图 3-37　频数分布的 Excel 处理结果

任务实施

1. 简述编制频数分布数列的步骤。

第一步，对数据进行排序。

第二步，确定各组组限。

第三步，汇总各组单位数。

第四步，编制频数分布数列。

2. 利用 Excel 对上述淘宝店铺日销售额数据进行数据分组，并编制频数分布数列。

见上述“频数分布的 Excel 处理”过程。

能力检测

表 3-20 为科华商务公司员工基本信息表。

表 3-20 科华商务公司员工基本信息表

编号	姓名	性别	年龄	部门	入职时间	学历	职称	工资/元
KY001	方成建	男	43	市场部	2004-7-10	本科	高级经济师	8500
KY002	桑南	女	51	人力部	1991-5-28	大专	助理统计师	6900
KY003	何宇	男	49	市场部	1993-3-20	硕士	高级经济师	8320
KY004	刘光利	女	53	行政部	1990-7-15	中专	无	6750
KY005	钱新	女	40	财务部	2008-7-1	本科	高级会计师	8800
KY006	曾科	男	28	财务部	2018-7-20	本科	会计师	7780
KY007	李莫蕎	女	32	物流部	2014-7-10	本科	助理会计师	6900
KY008	周苏嘉	女	34	行政部	2012-5-30	本科	工程师	8200
KY009	黄雅玲	女	52	市场部	1995-7-5	本科	经济师	8100
KY010	林菱	女	30	市场部	2018-5-28	大专	无	6800
KY011	司马意	男	40	行政部	2008-7-2	本科	助理工程师	6450
KY012	令狐珊	女	45	培训部	2004-5-10	高中	无	6600
KY013	慕容勤	男	49	财务部	2004-5-25	中专	助理会计师	6900
KY014	柏国力	男	56	培训部	1990-7-5	硕士	高级经济师	8100
KY015	周谦	男	42	物流部	2006-8-1	本科	工程师	8400
KY016	刘民	男	44	市场部	2006-7-10	硕士	高级工程师	8350
KY017	尔阿	男	49	物流部	1995-7-20	本科	工程师	7700
KY018	夏蓝	女	53	人力部	1990-7-3	大专	工程师	7500
KY019	皮桂华	女	48	物业部	1996-5-29	大专	助理工程师	7200
KY020	段齐	男	45	培训部	2004-7-18	本科	工程师	7800
KY021	费乐	女	49	财务部	1996-5-30	本科	会计师	7500
KY022	高亚玲	女	35	物业部	2009-7-15	本科	工程师	7200
KY023	苏洁	女	33	市场部	2007-4-15	高中	无	6500
KY024	江宽	女	47	人力部	1995-7-6	本科	高级经济师	8300
KY025	王利伟	男	35	市场部	2012-8-15	本科	经济师	7600

要求：

请用 Excel 对上述数据按照部门汇总各部门职工人数和工资总额。

静态数据处理技术认知

项目分析

本项目主要介绍静态数据分析的常用指标处理方法，具体包括总量指标、相对指标、数据集中趋势指标及数据离中趋势指标的概念、意义、作用、种类及处理方法等内容。

学习目标

知识目标

- 掌握总量指标的概念、种类及处理方法；
- 掌握相对指标的概念、作用、种类及处理方法；
- 掌握数据集中趋势类指标的概念、作用、种类及处理方法；
- 掌握数据离中趋势类指标的概念、作用、种类及处理方法；
- 了解 Excel 函数，包含常见数学函数和统计函数；
- 掌握利用 Excel 进行指标处理的操作方法。

技能目标

- 能操作 Excel 进行指标处理；
- 能对指标进行适当的分类；
- 能利用指标进行数据分析。

素质目标

- 增强学生对静态指标的深入理解与认知；
- 引导学生养成运用多种指标进行数据解析的良好习惯；
- 激发学生的数据分析兴趣，并提升其运用数据解决问题的能力。

任务一　常用 Excel 数据处理技术认知

任务导入

某电商公司销售部门对各个销售渠道的人员 2024 年一季度销售情况进行了详细的统计（见表 4-1）。公司领导层希望基于一季度的销售数据，对销售渠道和人员表现进行深入分析，并提出相应的排名要求。

表 4-1　某电商公司 2024 年一季度销售部门人员销售业绩　（单位：元）

员　工	所属部门	销售业绩	排　名
李君	天猫渠道	26 000	
王列	京东渠道	37 000	
孙杨	京东渠道	21 000	
赵可	抖音渠道	67 000	
刘得	京东渠道	23 000	
徐金	天猫渠道	17 000	
张江	抖音渠道	19 000	

任务描述

请对表 4-1 中的员工按销售业绩高低进行排名。

相关知识

一、认识 Excel 公式与函数

（一）认识公式

Excel 公式通常由“等号”“运算符”“单元格引用”“函数”“数据常量”等组成，下面列举了一些常见的公式（见表 4-2）。

表 4-2　Excel 常见公式

公　式	公式的组成
=(3+5)/4	等号、常量、运算符
=A1*3+B1*2	等号、单元格引用、运算符、常量
=SUM(A1:A10)/2	等号、函数、单元格引用、运算符、常量
=A1	等号、单元格引用
=A1&“元”	等号、单元格引用、运算符、常量

通常情况下，当以“=”为开头，在单元格内输入时，单元格将自动变成公式输入模式。

进入公式输入模式后，鼠标选中其他单元格或区域时，该选中的单元格将会作为引用自动输入公式中。

1. 公式编辑

当公式输入完成后，按〈Enter〉键，即可结束输入状态，计算出结果。如果需要修改公式，则可以通过以下几种方法再次进入公式编辑状态。

（1）双击公式所在单元格，即可进入编辑状态。

（2）选中公式所在单元格，单击上方的“编辑栏”，在编辑栏中进行修改。

（3）选中公式所在单元格，按〈F2〉键，即可进入编辑状态。

使用公式进行计算时，可能会因为某种原因而无法得到或显示正确结果，在单元格中返回错误值信息，见表 4-3。

表 4-3 Excel 返回错误值信息

错误值类型	含 义
#####	当列宽不够显示数字，或者使用了负的日期或负的时间时出现错误
#VALUE!	当使用的参数或操作数类型错误时出现错误
#DIV/0!	当数字被零（0）除时出现错误
#NAME?	当 Excel 未识别公式中的文本时，如未加载宏或定义名称出现错误
#N/A	当数值对函数或公式不可用时出现错误
#REF!	当单元格引用无效时出现错误
#NUM!	公式或函数中使用无效数字值时出现错误
#NULL!	当指定并不相交的两个区域的交点时出现错误

2. 单元格的引用

Excel 单元格的引用包括绝对引用、相对引用和混合引用三种。

（1）相对引用（A1）。当复制公式到其他单元格时，Excel 保持从属单元格与引用单元格的相对位置不变，称为相对引用。

例如，使用 A1 引用样式时，在 B2 单元格输入公式“=A1”，当公式向右复制时，将依次变为 =B1、=C1、=D1……；当公式向下复制时，将依次变为 =A2、=A3、=A4……。也就是始终保持引用公式所在单元格的左侧 1 列、上方 1 行位置的单元格。如图 4-1、图 4-2 所示。

图 4-1 单元格相对引用——输入公式

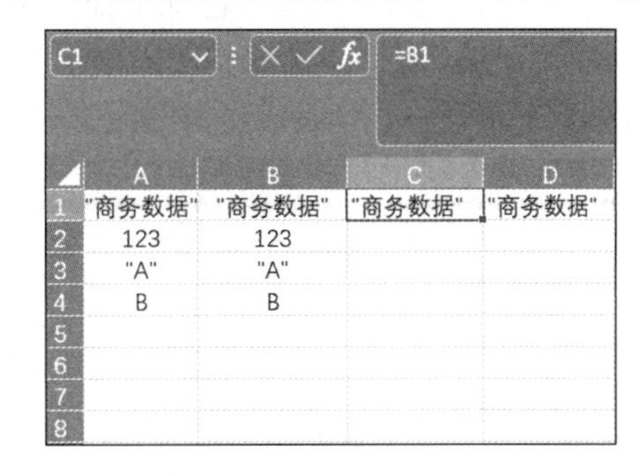

图 4-2 单元格相对引用——公式向右复制

（2）绝对引用（$A$1）。当复制公式到其他单元格时，Excel 保持公式所引用的单元格绝对位置不变，称为绝对引用。例如，在 B1 单元格输入公式“=$A$2”，则无论公式向右还是向下复制，都始终保持为“=$A$2”不变，如图 4-3 所示。

（3）混合引用（$A1、A$1）。当复制公式到其他单元格时，Excel 仅保持所引用单元格的行或列方向之一的绝对位置不变，而另一方向位置发生变化，这种引用方式称为混合引用，可分为行绝对列相对引用和行相对列绝对引用。例如，在 B1 单元格输入公式“=$A2”，则公式向右复制时始终保持为“=$A2”。向下复制时行号将发生变化，即行相对列绝对引用，如图 4-4 所示。

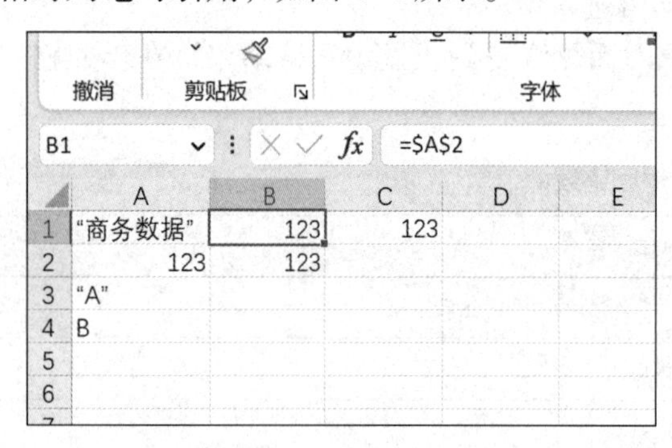

图 4-3　单元格绝对引用

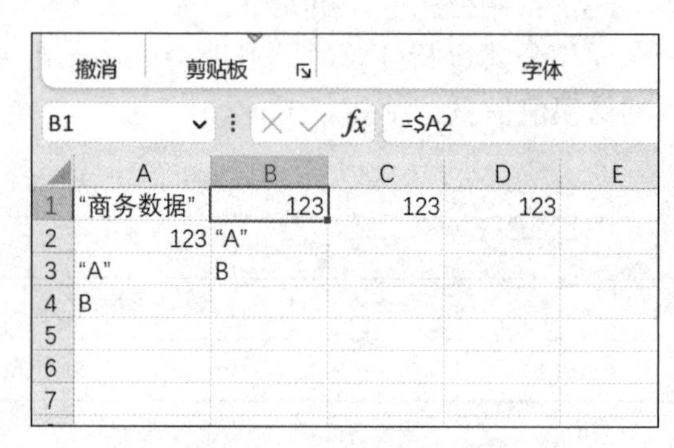

图 4-4　单元格混合引用

（二）认识函数

在 Excel 中，公式通常由表示公式开始的等号“=”、函数名称、左括号、以半角逗号相间隔的参数和右括号构成。有的函数允许多个参数，有的函数没有参数或不需要参数。

函数的参数，可以由数值、日期和文本等元素组成，可以使用常量、数组、单元格引用或其他函数。当使用函数作为另一个函数的参数时，称为函数的嵌套。

大家可以在“公式”选项卡中的“函数库”选项组中对函数的种类进行查看。由于 Excel 的版本不同，所包含的函数类型也有所不同。通常情况下，函数的类型可分为逻辑函数、文本函数、日期和时间函数、查找与引用函数、数学和三角函数、统计函数、信息函数、财务函数等。

可以通过多种方法输入函数，例如，使用函数库输入已知类别的函数、使用“插入函数”向导输入函数。

方法一：使用函数库输入已知类别的函数。

选中单元格，在“公式”选项卡中的“函数库”选项组中单击选择需要插入的函数。打开“函数参数”对话框，从中设置各参数，单击“确定”按钮，即可在单元格中输入函数公式。“函数库”选项组如图 4-5 所示。

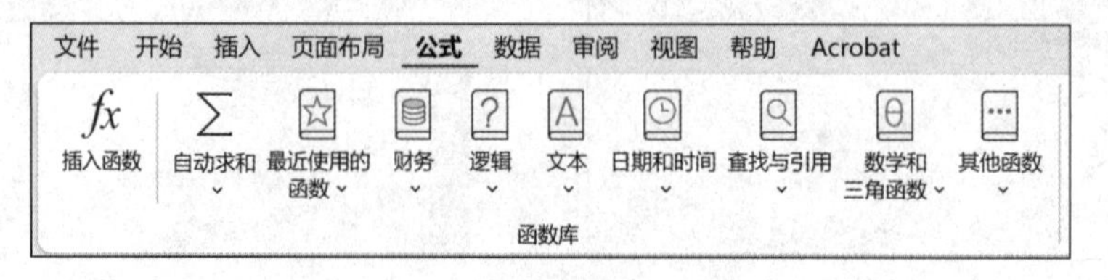

图 4-5　“函数库”选项组

方法二：使用“插入函数”向导输入函数。

选中单元格，在“公式”选项卡中单击“插入函数”按钮，或单击“编辑栏”左侧的“插入函数”按钮fx。打开“插入函数”对话框，在“搜索函数”文本框中输入关键词，单击“转到”按钮，即可显示“推荐”的函数列表；在“选择函数”列表框中选择需要的函数，单击“确定”按钮；在打开的“函数参数”对话框中设置参数即可。

二、常用函数介绍

（一）常见数学函数

1. SUM 函数

SUM 函数是一个数学和三角函数，用于对单元格区域中所有数值求和。可以将单个值、单元格引用或是区域相加，也可将三者的组合相加。

SUM 函数的语法格式：= SUM(number1,[number2],...)。

参数说明：

number1（必需参数）：是要相加的第一个数字。该参数可以是数字，也可以是 Excel 中 A1 之类的单元格引用或 A2:A8 之类的单元格范围。

number2（可选参数）：这是要相加的第二个数字。

例如：“=SUM(A2:A10)”是对单元格 A2 到 A10 中的值进行求和。“=SUM(A2:A10, C2:C10)”是对单元格 A2 到 A10 以及单元格 C2 到 C10 中的值进行求和。

2. SUMIF 函数

SUMIF 函数用于根据指定条件对若干单元格求和。其语法格式为：= SUMIF(range, criteria, [sum_range])。

参数说明：

range：条件区域，用于条件判断的单元格区域。

criteria：求和条件，由数字、逻辑表达式等组成的判定条件。

sum_range：实际求和区域，需要求和的单元格、区域或引用。

当省略第三个参数时，则条件区域就是实际求和区域。criteria 参数中使用通配符，包括问号（?）和星号（*）。问号匹配任意单个字符；星号匹配任意一串字符。如果要查找实际的问号或星号，需在该字符前键入波形符（~）。

3. RAND 函数

RAND( ) 函数是 Excel 中产生随机数的一个随机函数。返回的随机数是大于等于 0 及小于 1 的均匀分布随机实数，RAND( ) 函数每次计算工作表时都将返回一个新的随机实数。

（1）RAND 函数语法格式：=RAND( )。

（2）参数：RAND 函数语法没有参数。

例如，若要生成 a 与 b 之间的随机实数，可以使用“=RAND( )*(b-a)+a”；如果要使用函数 RAND 生成一随机数，并且使之不随单元格计算而改变，可以在编辑栏中输入“=RAND( )”，保持编辑状态，然后按 F9，将公式永久性地改为随机数。

（二）常见统计函数

1. COUNTIF 函数

COUNTIF 函数用于求满足给定条件的数据个数。其语法与 SUMIF 函数类似，语法格式为：=COUNTIF(range, criteria)。

参数说明：

range 为计数单元格或区域。

criteria 为计数条件。

例如，使用 COUNTIF 函数统计成绩大于 90 分的人数，具体操作方法如下。

（1）选择 B2 单元格，输入公式“=COUNTIF(A1:A8,">90")”。

（2）按〈Enter〉键确认，即可统计出成绩大于 90 分的人数，如图 4-6 所示。

B1　=COUNTIF(A1:A8,">90")

	A	B	C	D	E
1	80	2			
2	90				
3	91				
4	60				
5	59				
6	77				
7	85				
8	95				
9					

图 4-6　COUNTIF 函数应用

2. MAX 函数

MAX 函数用于返回一组值中的最大值。其语法格式为：=MAX(number1,[number2],...)。其中，number1 是必需的，代表要比较的第一个数值或单元格引用，而 number2 则是可选的，表示可以比较的其他数值或单元格引用，最多可以包含 255 个参数。使用 MAX 函数时需要注意以下几点。

（1）参数可以是数字，也可以是包含数字的单元格名称、数组或引用。

（2）逻辑值和直接键入参数列表中代表数字的文本被计算在内。

（3）如果参数是一个数组或引用，则只使用其中的数字。数组或引用中的空白单元格、逻辑值或文本将被忽略。

（4）如果参数不包含任何数字，则 MAX 函数返回 0（零）。

（5）如果参数为错误值或为不能转换为数字的文本，将会导致错误。

（6）如果要使计算包括引用中的逻辑值和代表数字的文本，可以使用 MAXA 函数。

例如上一案例中，可用“=MAX(A1:A8)”查找成绩最高分。

3. MIN 函数

MIN 函数用于返回一组值中的最小值。其语法格式为：=MIN(number1,[number2],...)。在此公式中，number1 是必需的，表示要比较的第一个数值或单元格引用，而 number2 则是可选的，表示可以比较的其他数值或单元格引用，总共可以包含 1 ～ 255 个参数。参数可以是数字、空白单元格、逻辑值或表示数值的文字串。如果参数中有错误值或无法转换成数值的文字时，将引起错误。如果参数是数组或引用，则 MIN 函数仅使用其中的数字、数组或引用中的空白单元格，逻辑值、文字或错误值将忽略。具体用法与 MAX 函数类似。

4. RANK 函数

RANK 函数用于返回一个数值在一组数值中的排位，数字的排位是其相对于列表中其他值的大小。（如果要对列表进行排序，则数字的排位将是其位置。）

其语法格式为：=RANK(number,ref,[order])。

参数说明：

number：必填参数，表示需要查找排名的那个数值。

ref：必填参数，代表一个数值列表的数组或者对数值列表的引用。在引用中，非数字值（如文本或空白单元格）会被忽略。

order：可选参数，用于指定排名的顺序。如果省略或设置为 0，Excel 会将 ref 当作降序排列的列表来排名。如果设置为任何非零值，Excel 会将 ref 当作升序排列的列表来排名。

例如上个案例中，可以用“=RANK(A1,$A$1:$A$8)”对成绩进行排名，如图 4-7 所示。

B1　=RANK(A1,$A$1:$A$8)

	A	B	C	D	E
1	80	5			
2	90	3			
3	91	2			
4	60	7			
5	59	8			
6	77	6			
7	85	4			
8	95	1			
9					
10					

图 4-7　RANK 函数应用

三、审核和检查

追踪单元格是 Excel 中一项非常实用的功能，它允许用户查看特定单元格与其他单元格之间的引用关系。追踪单元格分为两类：追踪引用单元格和追踪从属单元格。

（一）审核

1. 追踪引用单元格

追踪引用单元格用于指示哪些单元格会影响当前所选单元格的值。选中单元格，在“公式”选项卡中单击“追踪引用单元格”按钮，即可出现蓝色箭头，指明当前所选单元格引用了哪些单元格。

此外，选中单元格，按 <Ctrl+[> 组合键，可以定位到所选单元格的引用单元格。

2. 追踪从属单元格

追踪从属单元格用于指示哪些单元格受当前所选单元格的值影响。选中单元格，单击“追踪从属单元格”按钮，蓝色箭头指向受当前所选单元格影响的单元格。

此外，选中单元格，按 <Ctrl+]> 组合键，可以定位到所选单元格的从属单元格。

（二）检查

当输入完公式并结束编辑后，并未得到计算结果而是显示公式本身。以下是两种可能的原因和解决方法。

1. 检查是否启用了“显示公式”模式

如果用户在“公式”选项卡中单击“显示公式”按钮，则会将表格中的公式显示出来。

解决方法：在“公式”选项卡中再次单击“显示公式”按钮，取消其选中状态。

2. 检查是否设置了“文本”格式

如果未开启“显示公式”模式，单元格中仍然是显示公式本身而不是计算结果，则可能是由于单元格设置了“文本”格式后再输入公式。

解决方法：选中公式所在单元格，按 <Ctrl+1> 组合键，打开“设置单元格格式”对话框，在“数字”选项卡中选择“常规”选项，单击“确定”按钮，重新激活单元格中的公式，并结束编辑。

当公式的结果返回错误值时，应该及时查找错误原因，并修改公式以解决问题。Excel提供了后台检查错误的功能，用户只需要单击“文件”按钮，选择“选项”，打开“Excel选项”对话框，选择“公式”选项卡，在“错误检查”区域勾选“允许后台错误检查”复选框，并在“错误检查规则”区域勾选相应的规则选项即可。

当单元格中的公式或值出现与“错误检查规则”选项中相符的情况时，单元格左上角会显示绿色小三角。选择该单元格，在其左侧会出现感叹号形状的“错误指示器”。单击“错误指示器”下拉按钮，在列表中可以查看公式错误的原因，列表中第一个选项表示错误原因。

这样，用户就可以根据“错误指示器”的提示，手动检查并修正错误的公式了。通过这一功能，用户可以更加高效地管理和修正表格中的错误。

任务实施

请对表 4-1 中的员工按销售业绩高低进行排名。

第一步，将表 4-1 的数据录入 Excel 中，如图 4-8 所示。

第二步，在 D2 单元格中录入公式“=RANK(C2,$C$2:$C$8)”，单击回车键。将光标移至 D2 单元格右下角，单击并拖动填充柄至 D8 单元格，结果如图 4-9 所示。

	A	B	C	D
1	员工	所属部门	销售业绩	排名
2	李君	天猫渠道	26000	
3	王列	京东渠道	37000	
4	孙杨	京东渠道	21000	
5	赵可	抖音渠道	67000	
6	刘得	京东渠道	23000	
7	徐金	天猫渠道	17000	
8	张江	抖音渠道	19000	

图 4-8 销售业绩 Excel 表

	A	B	C	D
1	员工	所属部门	销售业绩	排名
2	李君	天猫渠道	26000	3
3	王列	京东渠道	37000	2
4	孙杨	京东渠道	21000	5
5	赵可	抖音渠道	67000	1
6	刘得	京东渠道	23000	4
7	徐金	天猫渠道	17000	7
8	张江	抖音渠道	19000	6
9				

图 4-9 排名结果

能力检测

表 4-4 为 2024 级商务数据分析与应用专业部分学生某学期各科的成绩。

表 4-4 2024 级商务数据分析与应用专业学生成绩表

学号	姓名	电子商务	摄影技术	市场营销	体育与健康	网络经济学	物流学	总分	排名
01	丁政奇	80	80	74	94	83	92		
02	于若男	85	85	76	98	89	93		
03	马苗苗	90	86	82	98	90	92		
04	马金枝	84	83	71	98	86	93		
05	孔姣	78	83	76	89	83	79		
06	方玉洁	85	85	75	98	78	96		
07	王文静	89	86	75	92	82	93		
08	王宁	78	82	64	92	72	85		
09	王田田	89	87	80	90	87	90		

（续）

学　　号	姓　　名	电子商务	摄影技术	市场营销	体育与健康	网络经济学	物流学	总　　分	排　　名
10	王利	85	84	79	88	87	91		
11	王金成	79	80	69	92	86	84		
12	王乾	91	79	75	80	81	94		
13	王彬	81	80	68	85	77	96		
14	王清	92	84	84	96	86	95		

要求：

1. 请计算商务数据分析与应用专业学生成绩总分。
2. 请根据商务数据分析与应用专业学生成绩总分进行排名。

任务二　总量指标处理

任务导入

某地区 2021—2023 年进出口总额数据见表 4-5。

表 4-5　某地区 2021—2023 年进出口总额

年　　份	进出口总额 / 亿元	出口总额 / 亿元	进口总额 / 亿元	出口总额与进口总额的比（%）
2021	3 607	1 949	1 658	117.55
2022	4 743	2 492	2 251	110.71
2023	5 098	2 662	2 436	109.28

任务描述

1. 表 4-5 中哪些属于总量指标？这些总量指标说明了什么问题？
2. 总量指标的计量单位是什么？

相关知识

一、总量指标的概念及作用

1. 概念

总量指标是反映数据采集对象在一定的时间、地点条件下的总规模和总水平的指标。总量指标一般表示现象总量，其表现形式是绝对数，是一个有名数。

总量指标的数值大小与所研究的总体范围大小有关，总体范围越大，总量指标一般也越大，反之则越小。有时总量指标也可以表现为同一总体在不同的时间、空间条件下的差数。

2. 作用

（1）总量指标能反映某部门、单位等人、财、物的基本数据。

（2）总量指标是进行决策和科学管理的依据之一。

（3）总量指标是计算相对指标和均值的基础，相对指标和均值是总量指标的派生指标。

二、总量指标的分类

（一）按反映的内容不同分类

总量指标按照反映的内容不同，分为总体单位数和总体标志总量。

1. 总体单位数

总体单位数是指数据采集对象总体中的单位数量，如淘宝网上的卖家数量、某地区的厂商数量等。

2. 总体标志总量

总体标志总量是指数据采集对象总体中某个数量特征值总和的量，如客户浏览量、产品产量、商品销售量等。

总体单位数和总体标志总量二者之间也不是绝对的，研究目的不同，在一定的情况下，也可能相互转化。

（二）按反映的数据采集对象时间状况不同分类

总量指标按照反映的数据采集对象时间状况不同，分为时期指标和时点指标。

1. 时期指标

时期指标是指数据采集对象在某一时期发展变化过程的量，大小与时期长短直接有关，是一个“流量”，如某店铺的月销售额、工厂的年产值等。

2. 时点指标

时点指标是指数据采集对象在某一时刻或某一时点上所处状况的量，其数值大小与时点间隔长短无直接关系，是一个“存量”，如某商店月末的商品库存量、某地区年末的人口数、银行存款余额等。

（三）按计量单位不同分类

总量指标按照计量单位的不同，可分为实物指标、价值指标和劳动量指标。

1. 实物指标

实物指标是指根据实物单位计量得到的总量指标，能反映产品的使用价值或现象的具体内容，如生猪存栏量、电器的销售量等。

2. 价值指标

价值指标是指根据货币单位计量得到的总量指标，具有广泛的综合能力，如商品销售额、产品产值等。

3. 劳动量指标

劳动量指标是指根据劳动量单位计量得到的总量指标，如工日、工时等。

三、总量指标的取得

（一）总量指标的计量单位

总量指标的计量单位有实物单位、价值单位及劳动量单位。

1. 实物单位

实物单位是指根据事物的自然属性和特点而采用的自然单位、度量衡单位、复合单位、标准实物单位，如台、件、米、公里等。

2. 价值单位

价值单位是指用货币来度量社会劳动成果或劳动消耗的计量单位，如国内生产总值、社会商品零售额、产品成本等，都是以“元”或扩大为“万元”“亿元”来计量的。

3. 劳动量单位

劳动量单位是指用劳动时间表示的计量单位，如工日工时等。

另外，总量指标也有采用复合单位计量的，如千瓦时、吨公里等。

（二）总量指标的计量方法

（1）根据采集到的资料进行汇总，具体有手工汇总和电子计算机汇总。

（2）根据现象之间的数量关系进行推算。

四、应用总量指标应遵循的原则

（1）计算总量指标必须对指标的含义、范围做严格的确定。

（2）计算实物总量指标时，要注意现象的同类性。

（3）计算总量指标要有统一的计量单位。

任务实施

1. 表 4-5 中哪些属于总量指标？这些总量指标说明了什么问题？

表 4-5 中，进出口总额、出口总额以及进口总额是总量指标，这些总量指标说明了该地区进出口的总体情况以及进口与出口的情况。

2. 总量指标的计量单位是什么？

表 4-5 中，总量指标的计量单位是货币单位“亿元”。

能力检测

某公司 2024 年 1 月份 IT 产品的销售情况见表 4-6。

表 4-6 某公司 2024 年 1 月份 IT 产品的销售情况

日　期	销售类别	销售地区	销售额 / 元	销售费用 / 元
1 月 1 日	主板	南京	12 000	4 000
1 月 2 日	硬盘	合肥	23 000	2 000
1 月 3 日	硬盘	合肥	18 000	3 500
1 月 4 日	内存	合肥	75 000	7 000
1 月 5 日	硬盘	北京	58 000	4 000
1 月 6 日	电源	上海	82 000	5 400
1 月 7 日	显示器	南京	45 000	5 200
1 月 8 日	硬盘	广州	65 000	3 500
1 月 9 日	内存	北京	25 000	4 500
1 月 10 日	主板	上海	45 000	2 500
1 月 11 日	内存	广州	25 000	2 100
1 月 12 日	显示器	南京	63 000	2 100
1 月 13 日	显示器	合肥	62 000	3 200
1 月 14 日	内存	上海	51 000	2 100
1 月 15 日	硬盘	南京	54 000	5 200
1 月 16 日	主板	上海	85 000	4 200
1 月 17 日	电源	广州	25 000	4 300
1 月 18 日	显示器	南京	35 000	4 100
1 月 19 日	硬盘	北京	35 000	4 200
1 月 20 日	主板	合肥	65 000	3 200
1 月 21 日	主板	北京	54 000	3 500
1 月 22 日	电源	广州	95 400	5 100
1 月 23 日	主板	合肥	51 000	4 200
1 月 24 日	内存	南京	51 400	4 350
1 月 25 日	硬盘	广州	87 000	3 500
1 月 26 日	电源	广州	87 500	2 500
1 月 27 日	显示器	上海	58 000	2 600
1 月 28 日	电源	北京	35 000	2 100
1 月 29 日	硬盘	南京	32 000	2 400
1 月 30 日	显示器	北京	65 000	2 800
1 月 31 日	显示器	北京	95 000	2 700

要求：

根据表 4-6 中某公司 2024 年 1 月份 IT 产品的销售情况，利用 Excel 按照产品类别、销售地区分别汇总出销售额及销售费用。

任务三 相对指标处理

任务导入

某公司三个店铺销售计划完成情况见表 4-7。

表 4-7 某公司三个店铺销售计划完成情况

店 铺	2024 年计划销售额 / 亿元	截至第二季度末累计实际完成销售额 / 亿元	截至第二季度末对全年销售计划的执行进度（%）
甲	3.00	1.56	
乙	2.00	0.90	
丙	0.50	0.29	
合计	5.50	2.75	

任务描述

1．请计算该公司三个店铺以及公司整体的销售计划执行情况并填写至相关表格。

2．深入分析该公司三个店铺的销售计划完成情况，并针对各店铺存在的问题和不足，提出切实可行的改进建议。

相关知识

一、相对指标概述

（一）相对指标的概念

相对指标是两个有联系的统计指标的比值或比率，表明两个指标之间的相互关系或差异程度。其计算公式为

$$相对指标=\frac{某一指标数值}{另一有联系的指标数值}\times 100\%$$

（二）相对指标的表现形式

1．有名数

有名数将相对指标中的分子与分母指标的计量单位同时使用，以表明事物的密度、普遍程度和强度等。有名数主要用来表现某些强度相对指标的数值。例如，人口密度的单位是“人 / 平方公里”，平均每人分摊的粮食产量则使用“千克 / 人”作为单位。

2．无名数

无名数是抽象化的、无计量单位的数值，包括系数、倍数、成数百分数、千分数等。

（1）系数和倍数是把对比的基数抽象化为 1 计算出来的相对数。

（2）成数又称十分数，是将对比的基数抽象化为 10 计算出来的相对数。

（3）百分数是将对比的基数抽象化为 100 计算出来的相对数，其符号为 %。

（4）千分数是将对比的基数抽象化为 1 000 计算出来的相对数，其符号为 ‰。两个数值对比，分子数值比分母数值小得多的时候，宜用千分数表示。

（三）相对指标的作用

（1）表明社会经济现象之间的相互联系程度，可以认识现象之间的关系。

（2）能使一些不能直接对比的事物找出共同比较的基础。

二、相对指标的种类及其计算

（一）计划完成程度相对指标

计划完成程度相对指标又称计划完成率、计划完成百分比（数）。该指标将现象在某一段时间内的实际完成数与计划任务数对比，借以观察计划完成程度，主要用来检查和监督计划的执行情况。在计算过程中，分子和分母不能互换。其计算公式为

$$\text{计划完成程度}=\frac{\text{实际完成数}}{\text{计划数}}\times 100\%$$

或者

$$\text{计划完成程度}=\frac{100\%+\text{实际提高率（}-\text{实际降低率）}}{100\%+\text{计划提高率（}-\text{计划降低率）}}\times 100\%$$

或者

$$\text{计划完成程度}=\frac{\text{实际平均数}}{\text{计划平均数}}\times 100\%$$

一般适用于考核各种社会经济现象的降低率、劳动生产率等。

例如：某企业生产某产品，上年度实际成本为 520 元 / 吨，本年度计划单位成本降低 6%，实际降低 7.6%，则

$$\begin{aligned}\text{计划完成程度}&=\frac{100\%+\text{实际提高率（}-\text{实际降低率）}}{100\%+\text{计划提高率（}-\text{计划降低率）}}\times 100\%\\&=\frac{100\%-7.6\%}{100\%-6\%}\times 100\%\\&=98.29\%\end{aligned}$$

计算结果表明，该种产品单位成本实际比计划多降低 1.71%（100%−98.29%）。

计划完成程度相对指标适用于检查计划的执行进度和计划执行的均衡性。而对于计划完成程度的评价，要根据反映工作成果的指标是按照最低限度或最高限额提出来的加以确定。如果是以最低限额提出的，则以大于或等于 100% 为好；反之，则以小于或等于 100% 为好。

（二）结构相对指标

1. 概念及计算公式

结构相对指标是根据分组法将总体划分为若干个部分，然后以各部分的数值与总体指标数值对比而计算的比重或比率，是反映总体内部构成状况的综合指标。其计算公式为

$$结构相对指标=\frac{总体的部分数值}{总体全部数值}\times 100\%$$

结构相对指标以分组法为基础，其指标数值一般用百分数或成数表示。各组比重总和等于 100% 或 1。其分子和分母可以同是总体单位数，也可以是标志总量，但分子的数值必须是分母数值的一部分。

例如，2023 年，第一产业增加值占国内生产总值比重为 7.1%，第二产业增加值比重为 38.3%，第三产业增加值比重为 54.6%。

2. 作用

（1）从静态上分析总体的构成，表明现象的性质和特征。

（2）通过总体内部结构变化的分析，从动态上研究现象发展变化的趋势及其规律。

例如，某公司 2019—2023 年主营业务与非主营业务盈利构成情况，见表 4-8。

表 4-8　某公司 2019—2023 年主营业务与非主营业务盈利构成情况

业务类型	年份				
	2019	2020	2021	2022	2023
主营业务盈利（%）	65.2	70.8	72.9	75.7	80.6
非主营业务盈利（%）	34.8	29.2	27.1	24.3	19.4

（3）可以反映总体的质量或工作质量以及人力、物力、财力的利用程度。

例如，在业人口的各种文化程度比重、中小学入学率等是从文化教育方面反映我国劳动力和人口质量；产品的合格率、废品率、商品消耗率等表明工业和商业部分的工作质量；出勤率、设备利用率、资金利用率等则是反映企业的人力、物力、财力的利用情况。

（4）利用结构相对指标，有助于分清主次，确定工作重点。

（三）比例相对指标

1. 概念及计算公式

比例相对指标是同一总体中不同部分数量对比的结果，用以反映总体内各部分之间的比例关系和协调平衡状态。比例相对指标通常用百分数表示，同时也有几比几的连比形式。其计算公式为

$$比例相对指标=\frac{总体中某一部分指标数值}{总体中另一部分指标数值}\times 100\%$$

例如，我国第七次人口普查中，男女性别比例为 105.7∶100。

2. 作用

（1）反映事物构成特征。比例相对指标一般属于结构性比例，不仅可以反映事物各组成部分的数量比例关系，也可以反映事物内部结构。

第七次全国人口普查结果显示，全国人口中，居住在城镇的人口为 901 991 162 人，占 63.89%；居住在乡村的人口为 509 787 562 人，占 36.11%。

（2）反映事物协调平衡关系。客观现象内部各组成部分之间既密切联系又相互制约，他们遵循着自身的运行规律，维持着适当的比例协调关系。某地区 2021—2023 年三次产业

的产值与占比情况见表 4-9。

表 4-9　某地区 2021—2023 年三次产业的产值与占比情况

产业分类	2021 年		2022 年		2023 年	
	数量 / 亿元	比率（%）	数量 / 亿元	比率（%）	数量 / 亿元	比率（%）
第一产业	81.65	1.80	85.50	1.73	88.24	1.63
第二产业	2 186.90	48.05	2 355.53	47.58	2 564.69	47.42
第三产业	2 282.60	50.15	2 509.81	50.69	2 755.83	50.95
合　计	4 551.15	100.00	4 950.84	100.00	5 408.76	100.00

（四）比较相对指标

1. 概念及计算公式

比较相对指标又称比较相对数或同类相对数，就是将不同地区、单位或企业之间的同类指标数值作静态对比而得出的综合指标，表明同类事物在不同空间条件下的差异程度或相对状态。一般用百分数或倍数表示。其计算公式为

$$比较相对指标=\frac{某条件下的某项指标数值}{另一条件下的同项指标数值}\times 100\%$$

比较相对指标可以是绝对数的对比，也可以是相对数或平均数的对比。由于绝对数容易受总体空间范围的影响，因此多采用相对数或平均数。

2. 作用

比较相对指标可以用于不同国家、地区、单位之间的经济实力比较，也可以用于先进与落后之间的比较，还可以用于实际水平与标准水平或平均水平的比较，从而找出差距，挖掘劳动潜力，提高工作质量，促进经济发展。

例：2023 年 A 省的粮食产量为 1 264 万吨，人均粮食产量为 314 千克；B 省粮食产量为 1 689 万吨，人均粮食产量为 275 千克。请分别计算粮食产量和人均粮食产量的比较相对指标。

粮食产量比较相对指标：A 省为 B 省的 74.84% 或者 B 省为 A 省的 1.34 倍。

人均粮食产量比较相对指标：A 省为 B 省的 1.14 倍或者 B 省为 A 省的 87.58%。

（五）强度相对指标

1. 概念及计算公式

强度相对指标也称强度相对数或强度指标，是指同一时期内两个性质不同而又有一定联系的总量指标之比。它可以反映社会经济现象的强度、密度和普遍程度。例如，用一定时期出生人口数与同期人口总数相比，反映该人口总体的出生强度；用利税总额与资产总量相比，反映一个经济实体的盈利能力等。其计算公式为

$$强度相对指标=\frac{某一总量指标的数值}{另一有联系而性质不同条件下的总量指标的数值}\times 100\%$$

计算强度相对指标时，分子、分母可以互换位置，于是形成了正指标和逆指标之分。正指标说明数值大小与强度、密度和普遍程度成正比，逆指标则成反比。

强度相对指标往往涉及一些人均指标，如人均国民生产总值、全国人均粮食产量、全国人均钢产量等。这些人均指标不是均值，而是强度相对指标。

2. 作用

强度相对指标可以反映客观事物发展的基本概况和质量，它比总量指标更能反映经济现象发展水平和经济实力。

（六）动态相对指标

动态相对指标是某一经济社会现象的同类指标在不同时间的数值之比，反映事物的发展变化程度，通常用百分数或倍数表示。其计算公式为

$$\text{动态相对指标}=\frac{\text{报告期指标数值}}{\text{基期指标数值}}\times 100\%$$

例：某企业 2023 年上半年实现净利润 1 200 万元，2007 年上半年实现净利润 1 360 万元。则

$$\text{动态相对指标}=\frac{\text{报告期指标数值}}{\text{基期指标数值}}\times 100\%=\frac{1\,360}{1\,200}\times 100\%=113.33\%$$

三、相对指标利用的原则

1. 可比性原则

在应用相对指标时，要注意分子、分母指标在总体范围、包含的经济内容、计算方法、计算时间、计量单位等方面具有可比性。

2. 相对指标和总量指标结合应用原则

相对指标说明现象发展变化的方向和程度，总量指标说明现象发展变化的绝对量，两者结合应用，可以更深入地说明现象发展变化情况。

3. 多种相对指标结合运用原则

为了全面揭示客观事物的状况及其发展规律，应当结合使用从不同方面和角度提出的各种相对指标。通过综合分析这些相对指标，能够更清晰地把握事物的内在逻辑和演变趋势，为决策提供有力的支持。

例如，评估某企业的经济效益情况，可以用销售利润率、总资产报酬率、资本收益率等相对指标说明盈利情况；用资产负债率、流动比率、速动比率等说明资产管理状况。

任务实施

1. 请计算该公司三个店铺以及公司整体的销售计划执行情况并填写至相关表格（见表 4-10）。

表 4-10　某公司 3 个店铺销售计划完成情况

店　铺	2024 年计划销售额 / 亿元	截至第二季度末累计实际完成销售额 / 亿元	截至第二季度末对全年计划的执行进度（%）
甲	3.00	1.56	52
乙	2.00	0.90	45
丙	0.50	0.29	58
合　计	5.50	2.75	50

从对全年的计划执行进度来看，全年的时间过了一半，全公司计划执行情况达到了 50% 的进度要求。

2．深入分析该公司三个店铺的销售计划完成情况，并针对各店铺存在的问题和不足，提出切实可行的改进建议。

从三个店铺来看，发展是不平衡的。店铺乙未完成累计进度计划，距离 50% 的进度要求有一定差距。因此，促进店铺乙完成累计进度计划是保证全公司完成全年计划的关键。

能力检测

表 4-11 为我国第六次与第七次人口普查的部分资料。

表 4-11　2010 年与 2020 年人口普查情况

项　目		人口普查数据 / 万人	
		2010 年	2020 年
人口总数		137 053	141 178
其中：	男	68 685	72 334
	女	65 287	68 844

要求：

试分析可以计算哪几种相对指标。

任务四　数据集中趋势处理

任务导入

某企业工资数据见表 4-12。

表 4-12　某企业工资数据表

月工资分组 / 元	各组工人人数 / 人
<3 500	50
3 500 ～ 4 500	100
4 500 ～ 5 500	200
5 500 ～ 6 500	300
6 500 ～ 7 500	150
>7 500	100
合　计	900

任务描述

根据上述数据，计算该企业工人的月平均工资水平。

相关知识

一、集中趋势概述

所谓集中趋势，是指一组数据向中心值靠拢的倾向和程度。一般来说，数据采集对象总体的频数分布特征一般有集中趋势。

测度集中趋势就是寻找数据水平的代表值或中心值，不同类型的数据用不同的集中趋势测度值。集中趋势的测度指标有均值、众数及中位数等方法。

算术平均数、调和平均数、几何平均数是根据分布数列中各单位的标志值计算而来的，称为数值平均测度数。众数和中位数等是根据分布数列中某些变量值所处的位置来确定的，称为位置集中测度值。各种集中测度值的计算方法不同，含义、应用场合也有所不同，但它们都可以作为集中趋势的代表值。

二、均值

（一）均值的概念

均值是指在同质数据采集对象内将各单位的数量差异抽象化，用以反映采集对象一般水平的代表值。如某单位员工的平均上网时间 2 小时、学生的平均成绩 81 分、平均粮食产量 800 公斤等。

（二）均值的特点

（1）均值是集中趋势的常用测度值。均值把各个变量之间的差异抽象化，从而说明数据采集对象的一般水平。例如，某地区成年男子的平均身高就是把成年男子之间不同身高的差异抽象化，用以说明该地区成年男子身高的集中趋势或一般水平。

（2）均值是一组数据的均衡点所在。均值说明多数变量值集中在平均数附近，所以均值是标志值集中趋势的测度数，是反映总体变量集中倾向的代表值。例如，某班一次数据采集与处理课程考试平均成绩为 84 分，这个指标说明在这次考试中这个班级学生的成绩一般在 84 分左右。

（3）均值体现了数据的必然性特征。从总体变量的分布情况看，多数现象的分布服从钟形分布，即不管用什么方法求得的均值，都靠近分布的中间，而不会在两头。

（4）均值易受极端值的影响。由于采用平均方法求均值，均值易受到极值的影响，某个极端大值或极端小值都会影响均值的代表性。同时还影响其对集中趋势测度的准确性。

（5）均值主要用于数值型数据，不能用于分类数据和顺序数据的测度。

（三）均值的作用

（1）可用于同类现象在不同空间的比较。采用均值可以消除因总体的空间范围不同对数据比较分析的影响，从而得到正确的结论。

（2）可用于同类现象在不同时间的比较。例如，由于各企业的工人数可能不一致，所以各单位的总产量一般是不可比的，但如果计算出各单位每个工人的平均产量，就可以进行对比了。

（3）可用于数量上的推断。在数据的估计推算中，往往利用部分单位标志值计算的平均数推算总体平均数，或者以总体平均数来推算总体标志总量。

（4）可用于分析现象之间的依存关系。例如，商业企业规模的大小和商品流通费用率之间存在依存关系，可以根据商品流转额来划分不同规模的商业企业，再计算各类商业企业的平均商品流通费用率，就可看出商品流转额的增减和流通费用率升降的依存关系。

（四）均值的种类

1. 算术平均数

算术平均数是计算均值最基本且最常用的方法之一，它可以分为简单算术平均数和加权算术平均数两种。

（1）简单算术平均数。

1）简单算数平均数的计算公式。

$$\overline{X}=\frac{X_1+X_2+\cdots+X_N}{N}=\frac{\sum_{i=1}^{N}X_i}{N}$$

2）简单算术平均数的 Excel 处理。某班 24 名学生某学期各科成绩数据如图 4-10 所示。现根据这些学生该学期数学成绩，利用 Excel 进行简单算术平均值的计算。

学号	姓名	美文	数学	英语	现代商务	管理原理	计算机基	体育	礼仪	普通话
1	丁政奇	83	77	58	89	良	90	92	优	良
2	于若男	86	83	75	82	优	86	91	优	良
3	马苗苗	84	81	67	82	良	80.4	93	优	良
4	马金枝	87	77	97.5	87	良	84	95	优	良
5	孔姣	82	80	64	71	良	72	84	良	及格
6	方玉洁	87	86	95	87	优	80	96	优	优
7	王文静	84	73	72	81	良	62	90	优	良
8	王宁	75	61	82	71	良	54	90	优	及格
9	王田田	87	93	98	92	优	84	90	优	良
10	王利	88	87	90.5	79	良	81	92	优	良
11	王金成	84	88	69	76	良	52	89	优	及格
12	王乾	87	69	63	82	优	78.6	87	优	及格
13	王彬	83	82	65	91	优	80	86	良	及格
14	王清	87	90	86.5	90	优	82.3	89	优	良
15	王震	86	76	69	93	良	83.2	90	优	良
16	田委	84	92	79.5	90	优	76.2	93	优	良
17	任晓雨	83	74	68	81	优	76	85	优	良
18	刘允	88	76	85	88	优	72	94	优	及格
19	刘方奎	82	41	50.5	67	良	50	84	优	及格
20	刘乐	85	91	91	91	良	84	92	优	良
21	刘利	90	89	85	93	优	90	90	优	良
22	刘凯娇	88	80	72	80	良	80	91	优	及格
23	刘振华	83	68	58.5	70	优	53	88	优	良
24	吕高颖	88	96	91	88	优	86	93	优	良

图 4-10　24 名学生某学期各科成绩数据资料

第一步，选定要存放算术平均数的单元格 D26，单击“公式”选项卡，选择“插入函数”按钮，打开“插入函数”对话框，如图 4-11 所示。

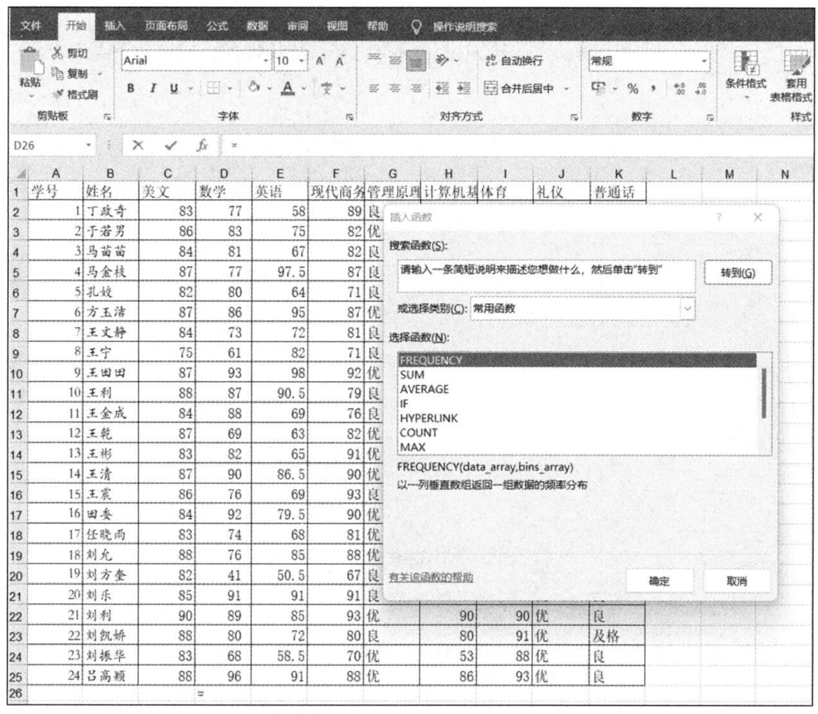

图 4-11 简单算术平均数的 Excel 处理——打开“插入函数”对话框

第二步，在“或选择类别”下拉列表中选择“统计”选项，在下面的“选择函数”列表中选择“AVERAGE”，单击“确定”按钮，如图 4-12 所示。

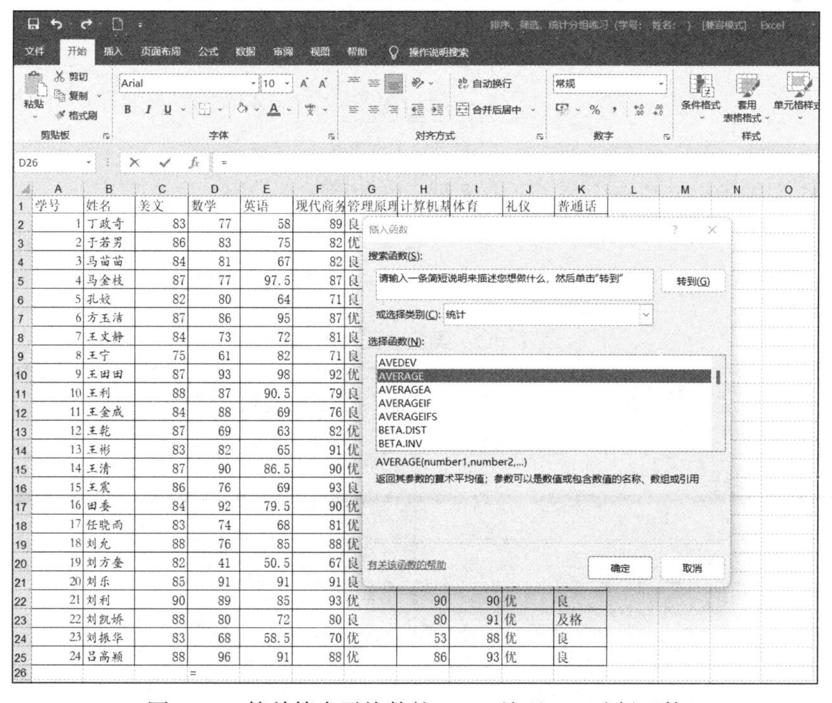

图 4-12 简单算术平均数的 Excel 处理——选择函数

第三步，在“函数参数”对话框中，输入数据区域 D2:D25，单击“确定”按钮，就可得到该班级 24 名学生数学考试的算术平均值为 79.58，如图 4-13 所示。

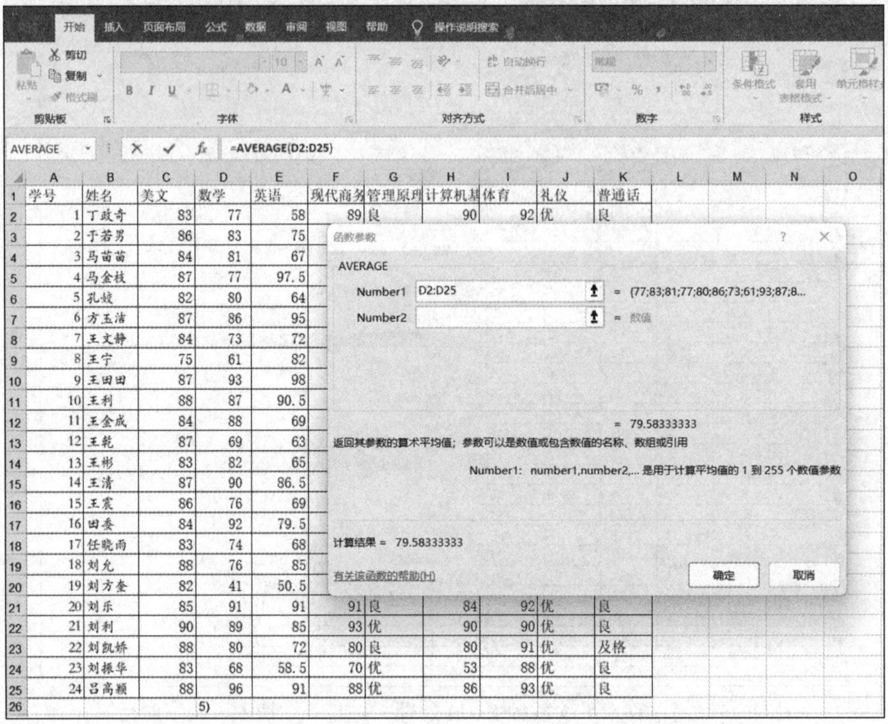

开始 插入 页面布局 公式 数据 审阅 视图 帮助 操作说明搜索
剪切 复制 格式刷 粘贴 剪贴板
字体
自动换行 合并后居中 对齐方式
常规 数字
条件格式 套用表格格式 单元格样式 样式

AVERAGE =AVERAGE(D2:D25)

	A	B	C	D	E	F	G	H	I	J	K
1	学号	姓名	美文	数学	英语	现代商务	管理原理	计算机基	体育	礼仪	普通话
2	1	丁政奇	83	77	58	89	良	90	92	优	良
3	2	于若男	86	83	75						
4	3	马苗苗	84	81	67						
5	4	马金枝	87	77	97.5						
6	5	孔姣	82	80	64						
7	6	方玉洁	87	86	95						
8	7	王文静	84	73	72						
9	8	王宁	75	61	82						
10	9	王田田	87	93	98						
11	10	王利	88	87	90.5						
12	11	王金成	84	88	69						
13	12	王乾	87	69	63						
14	13	王彬	83	82	65						
15	14	王清	87	90	86.5						
16	15	王震	86	76	69						
17	16	田委	84	92	79.5						
18	17	任晓雨	83	74	68						
19	18	刘允	88	76	85						
20	19	刘方奎	82	41	50.5						
21	20	刘乐	85	91	91	91	良	84	92	优	良
22	21	刘利	90	89	85	93	优	90	90	优	良
23	22	刘凯娇	88	80	72	80	良	80	91	优	及格
24	23	刘振华	83	68	58.5	70	优	53	88	优	良
25	24	吕高颖	88	96	91	88	优	86	93	优	良
26				5)							

函数参数

AVERAGE

Number1 D2:D25 = {77;83;81;77;80;86;73;61;93;87;8...

Number2 = 数值

= 79.58333333

返回其参数的算术平均值；参数可以是数值或包含数值的名称、数组或引用

Number1: number1,number2,... 是用于计算平均值的 1 到 255 个数值参数

计算结果 = 79.58333333

有关该函数的帮助(H) 确定 取消

图 4-13 简单算术平均数的 Excel 处理——输入数据区域

（2）加权算数平均数。

1）加权算术平均数计算公式。

$$\overline{X}=\frac{X_1f_1+X_2f_2+\cdots+X_Kf_k}{f_1+f_2+\cdots+f_k}$$

其中，X_i 表示第 i 组的组中值，f_i 表示第 i 组的频数。

2）加权算术平均数的 Excel 处理。结合表 4-13 给出的数据，利用 Excel 计算该企业工人的月平均工资。将数据资料输入 Excel 单元格中，如图 4-14 所示。

表 4-13 某企业工资数据表

月工资分组 / 元	各组工人人数 / 人
1500 以下	50
1500 ～ 1600	150
1600 ～ 1700	300
1700 ～ 1800	260
1800 ～ 1900	180
1900 以上	70
合　计	1010

	A	B
1	某企业工资数据	
2	月工资分组	各组工人人数
3	1500以下	50
4	1500-1600	150
5	1600-1700	300
6	1700-1800	260
7	1800-1900	180
8	1900以上	70
9	合计	1010

图 4-14　加权算术平均数的 Excel 处理——建立工作表

第一步，在 A 列及 B 列后分别插入一列，在 B2 和 D2 单元格中分别输入“月工资组中值 x”以及“xf”，如图 4-15 所示。

	A	B	C	D
1	某企业工资数据			
2	月工资分组	月工资组中值x	各组工人人数	xf
3	1500以下		50	
4	1500-1600		150	
5	1600-1700		300	
6	1700-1800		260	
7	1800-1900		180	
8	1900以上		70	
9	合计		1010	

图 4-15　加权算术平均数的 Excel 处理——添加表头标题

第二步，根据组中值的计算方法，在 B3 ～ B8 单元格中分别填入相应的组中值，如图 4-16 所示。组中值是上下限之间的中点数值，以代表各组标志值的一般水平。若遇到开口组，则上开口组组中值 = 下限 + 邻组组距 /2；下开口组组中值 = 上限 − 邻组组距 /2。

	A	B	C	D
1	某企业工资数据			
2	月工资分组	月工资组中值x	各组工人人数	xf
3	1500以下	1450	50	
4	1500-1600	1550	150	
5	1600-1700	1650	300	
6	1700-1800	1750	260	
7	1800-1900	1850	180	
8	1900以上	1950	70	
9	合计	–	1010	

图 4-16　加权算术平均数的 Excel 处理——输入组中值

第三步，单击单元格 D3，输入“=B3*C3”，如图 4-17 所示。

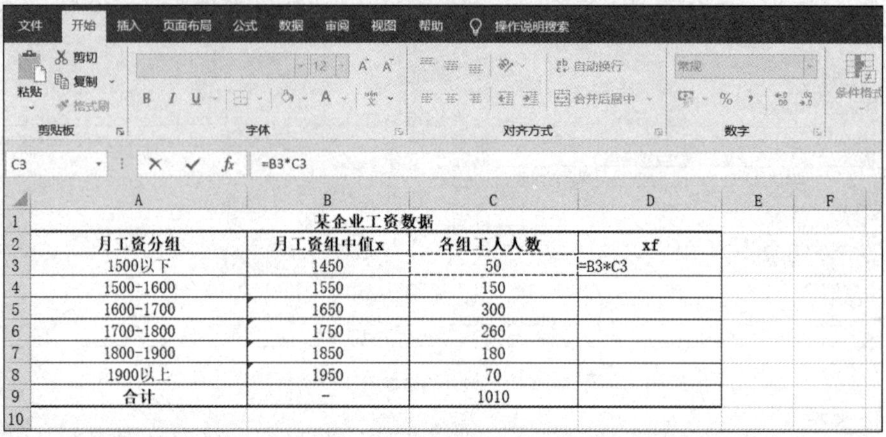

某企业工资数据

月工资分组	月工资组中值x	各组工人人数	xf
1500以下	1450	50	=B3*C3
1500-1600	1550	150	
1600-1700	1650	300	
1700-1800	1750	260	
1800-1900	1850	180	
1900以上	1950	70	
合计	–	1010	

图 4-17　加权算术平均数的 Excel 处理——输入公式

第四步，单击函数栏前面的“√”，得到 D3 单元格的数值 72500，如图 4-18 所示。

某企业工资数据

月工资分组	月工资组中值x	各组工人人数	xf
1500以下	1450	50	72500
1500-1600	1550	150	
1600-1700	1650	300	
1700-1800	1750	260	
1800-1900	1850	180	
1900以上	1950	70	
合计	–	1010	

图 4-18　加权算术平均数的 Excel 处理——计算第一组工资总额

第五步，单击单元格 D3，把鼠标放在单元格的右下角，出现“+”，用鼠标拖拽“+”向下拉至 D8，得到如图 4-19 所示数据。

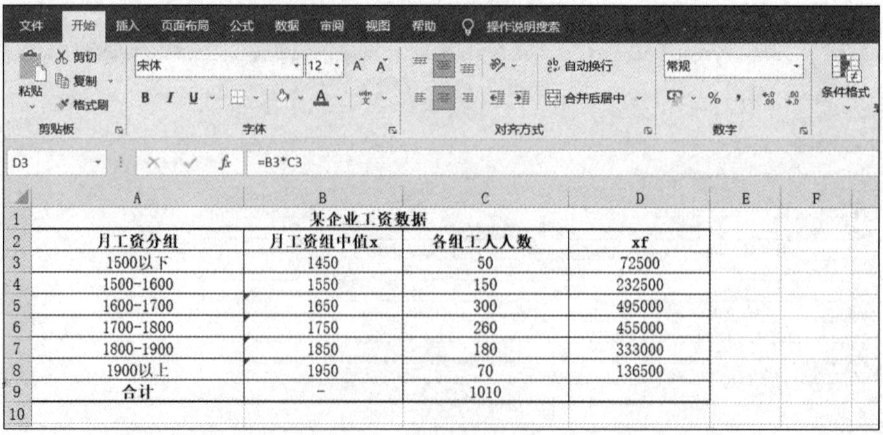

某企业工资数据

月工资分组	月工资组中值x	各组工人人数	xf
1500以下	1450	50	72500
1500-1600	1550	150	232500
1600-1700	1650	300	495000
1700-1800	1750	260	455000
1800-1900	1850	180	333000
1900以上	1950	70	136500
合计	–	1010	

图 4-19　加权算术平均数的 Excel 处理——计算余下各组工资总额

第六步，选中单元格 D9，单击“公式”选项卡，选择“插入函数”，弹出“插入函数”对话框。在“选择函数”中选中 SUM，选择要求和的区域“D3:D8”，再单击表上函数栏的“√”，即可得到工资总和，如图 4-20 所示。

文件　开始　插入　页面布局　公式　数据　审阅　视图　帮助　操作说明搜索

剪切　复制　格式刷　粘贴　剪贴板　12　字体　自动换行　合并后居中　对齐方式　常规　数字　条件格

AVERAGE　=SUM(D3:D8)

	A	B	C	D	E	F
1	某企业工资数据					
2	月工资分组	月工资组中值x	各组工人人数	xf		
3	1500以下	1450	50	72500		
4	1500-1600	1550	150	232500		
5	1600-1700	1650	300	495000		
6	1700-1800	1750	260	455000		
7	1800-1900	1850	180	333000		
8	1900以上	1950	70	136500		
9	合计	-	1010	=SUM(D3:D8)		
10						

图 4-20　加权算术平均数的 Excel 处理——计算该企业的工资总额

第七步，选中 E9 单元格，输入“=D9/C9”，单击回车，得到该企业工人月平均工资算术平均数 1 707.426 元，如图 4-21 所示。

文件　开始　插入　页面布局　公式　数据　审阅　视图　帮助　操作说明搜索

剪切　复制　格式刷　粘贴　剪贴板　宋体　12　字体　自动换行　合并后居中　对齐方式　常规　数字　条件格

C18

	A	B	C	D	E	F
1	某企业工资数据					
2	月工资分组	月工资组中值x	各组工人人数	xf		
3	1500以下	1450	50	72500		
4	1500-1600	1550	150	232500		
5	1600-1700	1650	300	495000		
6	1700-1800	1750	260	455000		
7	1800-1900	1850	180	333000		
8	1900以上	1950	70	136500		
9	合计	-	1010	1724500	1707.426	
10						

图 4-21　加权算术平均数的 Excel 处理——计算均值

2. 几何平均数

几何平均数即几何均值，是 n 项变量值连乘积的 n 次方根，适用于对比率数据的平均，主要用于计算平均发展速度或平均增长率，即对比率进行平均和测定生产或经济变量的时间序列的平均增长率。其计算公式为

$$M_g=\sqrt[n]{x_1x_2\cdots x_n} \quad 或 \quad M_g=\sqrt[\sum_{i=1}^{k}f_k]{x_1^{f_1}x_2^{f_2}\cdots x_k^{f_k}}=\sqrt[\sum_{i=1}^{k}f_k]{\prod_{i=1}^{k}x_i^{f_i}}$$

例：某地区 2017—2022 年国内生产总值（GDP）见表 4-14，求该地区 GDP 的年平均发展速度。

表 4-14　某地区 2017—2022 年国内生产总值

年　份	国内生产总值 / 万元	逐年发展速度（%）
2017	3 760	—
2018	5 900	156.9
2019	7 600	128.8
2020	9 900	130.3
2021	10 200	103.0
2022	11 000	107.8

计算该地区 GDP 的年平均发展速度，可以利用 Excel 中的几何平均数函数进行处理。

第一步，建立 Excel 工作表，输入上述数据，并选定要输入结果的单元格 D2，如图 4-22 所示。

	A	B	C	D
1	某地区2017-2022年国内生产总值			几何均值
2	年份	国内生产总值	逐年发展速度（%）	
3	2017	3760	—	
4	2018	5900	156.9	
5	2019	7600	128.8	
6	2020	9900	130.3	
7	2021	10200	103.0	
8	2022	11000	107.8	

图 4-22　几何平均数的 Excel 处理——建立工作表

第二步，选择“公式”选项卡，单击“插入函数”按钮，打开“插入函数”对话框，如图 4-23 所示。

第三步，在“或选择类别”下拉列表中选择“统计”选项，在“选择函数”窗口中选择 GEOMEAN，单击“确定”按钮，如图 4-24 所示。

第四步，在弹出的“函数参数”对话框中选择数值区域 C4:C8，如图 4-25 所示。

第五步，单击“确定”按钮，就可以得出几何平均数 123.93%，即该地区 2017—2022 年间的 GDP 平均发展速度为 123.93%，如图 4-26 所示。

图 4-23　“插入函数”对话框

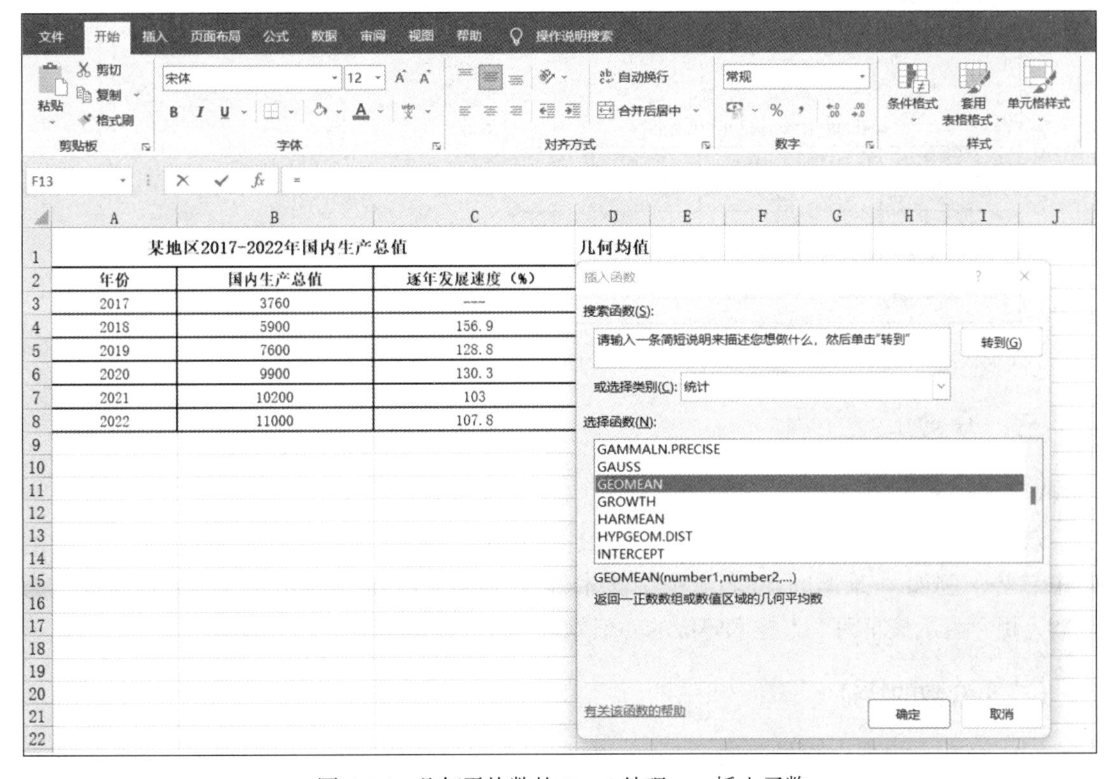

图 4-24　几何平均数的 Excel 处理——插入函数

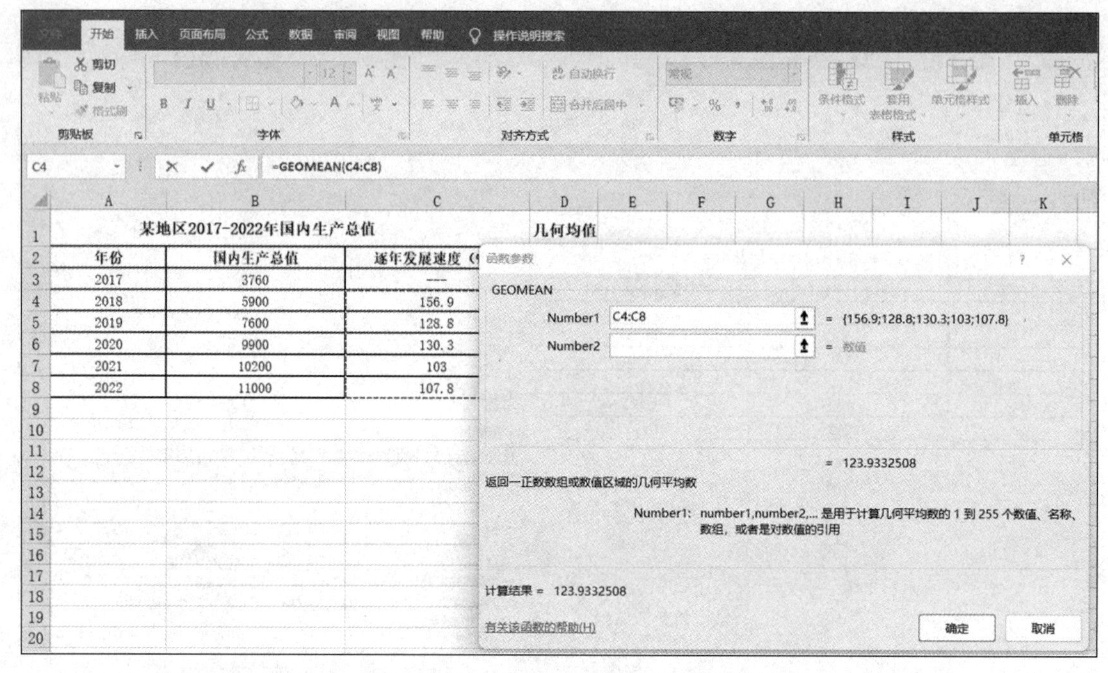

图 4-25　几何平均数的 Excel 处理——选择数据范围

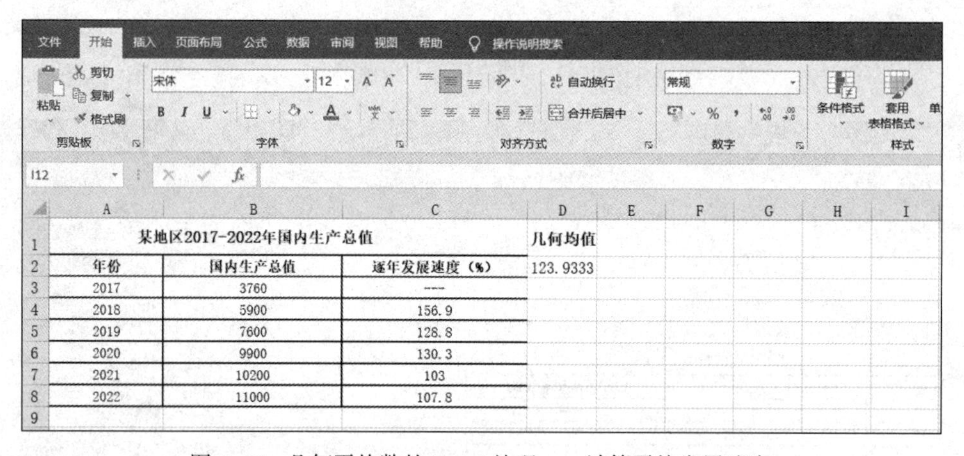

图 4-26　几何平均数的 Excel 处理——计算平均发展速度

三、众数

（一）众数的概念

众数是数据采集对象总体中出现次数最多的数据。它能直观地说明客观现象分配中的集中趋势，例如，某车间 50 名工人中技术等级为高级工 38 人，人数最多，则高级工为众数，用它表示该车间工人技术等级的一般水平。

（二）众数的特征

（1）众数是出现次数最多的变量值。数据采集对象总体中的单位数较多，各数据的次数分配又有明显的集中趋势时才存在众数。

（2）不受极端值的影响。众数是一个位置数据，它只考虑总体分布中出现最频繁的变量值，从而增强了众数作为一般水平的代表性。

（3）一组数据可能没有众数或有几个众数。如果总体中出现次数最多的数据不是一个，而是两个，那么，合起来就是复（双）众数。如果总体单位数很少，尽管次数分配较集中，那么计算出来的众数意义也不大；或尽管总体单位数较多，但次数分配不集中，即各单位的数据在总体分布中出现的比例较均匀，那么也无所谓众数。

（4）众数主要用于分类数据，也可用于顺序数据和数值型数据。

（三）众数的确定

1. 分类数据众数的确定

表 4-15 为某商店几种品牌饮品销售情况的频数分布数据。

表 4-15　某商店几种品牌饮品销售情况的频数分布

饮料品牌	频　数	比　例	百分比（%）
康师傅冰红茶	15	0.3	30
汇源果汁	11	0.22	22
露露	9	0.18	18
旺旺	6	0.12	12
椰树牌椰汁	9	0.18	18
合　计	50	1	100

这里的数据为分类数据，变量为“饮料品牌”，不同类型的饮料就是数据特征值。在所调查的 50 人中，购买康师傅冰红茶的人数最多，为 15 人，占被调查人数的 30%，因此，众数为“康师傅冰红茶”这一品牌，即 M_0= 康师傅冰红茶。

2. 顺序数据众数的确定

表 4-16 为某地区居民对医疗状况评价的频数分布数据。

表 4-16　某地区居民对医疗状况评价的频数分布（百分比）

回答类别	频数分布数据	
	人数 / 人	百分比（%）
非常不满意	22	7.33
不满意	109	36.33
一般	94	31.33
满意	46	15.33
非常满意	29	9.68
合　计	300	100

这里的数据为顺序数据，变量为“回答类别”，该地区居民中对医疗表示“不满意”的人数最多，为 109 人，因此，众数为“不满意”这一类别，即 M_0= 不满意。

3. 数值型数据众数的确定

图 4-27 为某公司某月在各地的空调销售情况。下面用 Excel 来确定商品单价的众数（不考虑品牌）。

	A	B	C	D	E	F	G
1	销售人员	地区	城市	家电品牌	单价	月销售数量（台）	月销售额（元）
2	大军	东北	哈尔滨	奥克斯	1200	5	6000
3	小莉	东北	哈尔滨	奥克斯	1200	5	6000
4	泉清	东北	沈阳	奥克斯	1200	6	7200
5	彤彤	东北	哈尔滨	春兰	1500	5	7500
6	李娜	东北	长春	春兰	1200	3	3600
7	小莉	东北	哈尔滨	格力	1300	3	3900
8	万西	东北	哈尔滨	格力	1200	8	9600
9	海利	东北	沈阳	海尔	1500	6	9000
10	万西	东北	哈尔滨	美的	1250	4	5000
11	全圈	东北	沈阳	美的	1400	3	4200
12	泉清	东北	沈阳	美的	1401	5	7005
13	青青	东北	长春	松下	1500	9	13500
14	小娟	东北	长春	志高	1400	9	12600
15	彤彤	东北	哈尔滨	志高	1000	5	5000
16	张三	华北	北京	奥克斯	1200	4	4800
17	李四	华北	北京	奥克斯	1200	8	9600
18	赵六	华北	北京	春兰	1500	3	4500
19	李四	华北	北京	格力	1300	5	6500
20	张锋	华北	石家庄	格力	1200	11	13200
21	张锋	华北	石家庄	海尔	1500	5	7500
22	刘琦	华北	石家庄	海尔	1500	8	12000
23	钱五	华北	北京	美的	1250	6	7500
24	张锋	华北	石家庄	美的	1400	2	2800
25	刘琦	华北	石家庄	美的	1400	3	4200

图 4-27　某公司某月在各地的空调销售情况

第一步，选中表格内“单价”列的任一单元格，选择“开始”选项卡，单击菜单栏中的“排序与筛选”按钮，在下拉列表中选择“升序”命令；再选择“数据”选项卡，单击“分类汇总”按钮，打开“分类汇总”对话框，如图 4-28 所示。

	A	B	C	D	E	F	G
1	销售人员	地区	城市	家电品牌	单价	月销售数量（台）	月销售额（元）
2	彤彤	东北	哈尔滨	志高	1000	5	5000
3	大军	东北	哈尔滨	奥克斯	1200	5	6000
4	小莉	东北	哈尔滨	奥克斯	1200		
5	泉清	东北	沈阳	奥克斯	1200		
6	李娜	东北	长春	春兰	1200		
7	万西	东北	哈尔滨	格力	1200		
8	张三	华北	北京	奥克斯	1200		
9	李四	华北	北京	奥克斯	1200		
10	张锋	华北	石家庄	格力	1200		
11	万西	东北	哈尔滨	美的	1250		
12	钱五	华北	北京	美的	1250		
13	小莉	东北	哈尔滨	格力	1300		
14	李四	华北	北京	格力	1300		
15	全圈	东北	沈阳	美的	1400		
16	小娟	东北	长春	志高	1400		
17	张锋	华北	石家庄	美的	1400		
18	刘琦	华北	石家庄	美的	1400		
19	泉清	东北	沈阳	美的	1401		
20	彤彤	东北	哈尔滨	春兰	1500		
21	海利	东北	沈阳	海尔	1500		
22	青青	东北	长春	松下	1500	9	13500
23	赵六	华北	北京	春兰	1500	3	4500
24	张锋	华北	石家庄	海尔	1500	5	7500
25	刘琦	华北	石家庄	海尔	1500	8	12000

分类汇总
分类字段(A): 单价
汇总方式(U): 求和
选定汇总项(D): 地区 / 城市 / 家电品牌 / 单价 / 月销售数量（台）/ 月销售额（元）
替换当前分类汇总(C)
每组数据分页(P)
汇总结果显示在数据下方(S)
全部删除(R)　确定　取消

图 4-28　数值型数据众数的 Excel 处理——“分类汇总”对话框

第二步，在“分类汇总”对话框中，“分类字段”选择“单价”，“汇总方式”选择“求和”选项，在“选定汇总项”中选择“月销售数量（台）”复选框，单击“确定”按钮，结果如图 4-29 所示。

	A	B	C	D	E	F	G
1	销售人员	地区	城市	家电品牌	单价	月销售数量（台）	月销售额（元）
2	彤彤	东北	哈尔滨	志高	1000	5	5000
3					1000 汇总	5	
4	大军	东北	哈尔滨	奥克斯	1200	5	6000
5	小莉	东北	哈尔滨	奥克斯	1200	5	6000
6	泉清	东北	沈阳	奥克斯	1200	6	7200
7	李娜	东北	长春	春兰	1200	3	3600
8	万西	东北	哈尔滨	格力	1200	8	9600
9	张三	华北	北京	奥克斯	1200	4	4800
10	李四	华北	北京	奥克斯	1200	8	9600
11	张锋	华北	石家庄	格力	1200	11	13200
12					1200 汇总	50	
13	万西	东北	哈尔滨	美的	1250	4	5000
14	钱五	华北	北京	美的	1250	6	7500
15					1250 汇总	10	
16	小莉	东北	哈尔滨	格力	1300	3	3900
17	李四	华北	北京	格力	1300	5	6500
18					1300 汇总	8	
19	全圈	东北	沈阳	美的	1400	3	4200
20	小娟	东北	长春	志高	1400	9	12600
21	张锋	华北	石家庄	美的	1400	2	2800
22	刘琦	华北	石家庄	美的	1400	3	4200
23					1400 汇总	17	
24	泉清	东北	沈阳	美的	1401	5	7005
25					1401 汇总	5	
26	彤彤	东北	哈尔滨	春兰	1500	5	7500
27	海利	东北	沈阳	海尔	1500	6	9000

图 4-29 数值型数据众数的 Excel 处理——“分类汇总”结果

第三步，可创建汇总表。单击 1 2 3 、 - 和 + 隐藏明细数据，而只显示汇总，如单击按钮 2 可得到如图 4-30 所示的汇总结果。从汇总结果来看，单价为 1 200 元的空调销售量最多，销售了 50 台，所以，1 200 就是众数。

	A	B	C	D	E	F	G
1	销售人员	地区	城市	家电品牌	单价	月销售数量（台）	月销售额（元）
3					1000 汇总	5	
12					1200 汇总	50	
15					1250 汇总	10	
18					1300 汇总	8	
23					1400 汇总	17	
25					1401 汇总	5	
32					1500 汇总	36	
33					总计	131	
34							

图 4-30 数值型数据众数的 Excel 处理——汇总

针对上述资料，如不考虑月销售数量和月销售额，仅仅考虑单价的出现次数，也可以用 Excel 相关函数确定众数。

第一步，选择 E26 作为存放众数的单元格，单击 fx 按钮，打开“插入函数”对话框，在

“或选择类别”下拉列表中选择“统计”选项，在“选择函数”窗口中选择“MODE.SNGL”，单击“确定”按钮，如图 4-31 所示。

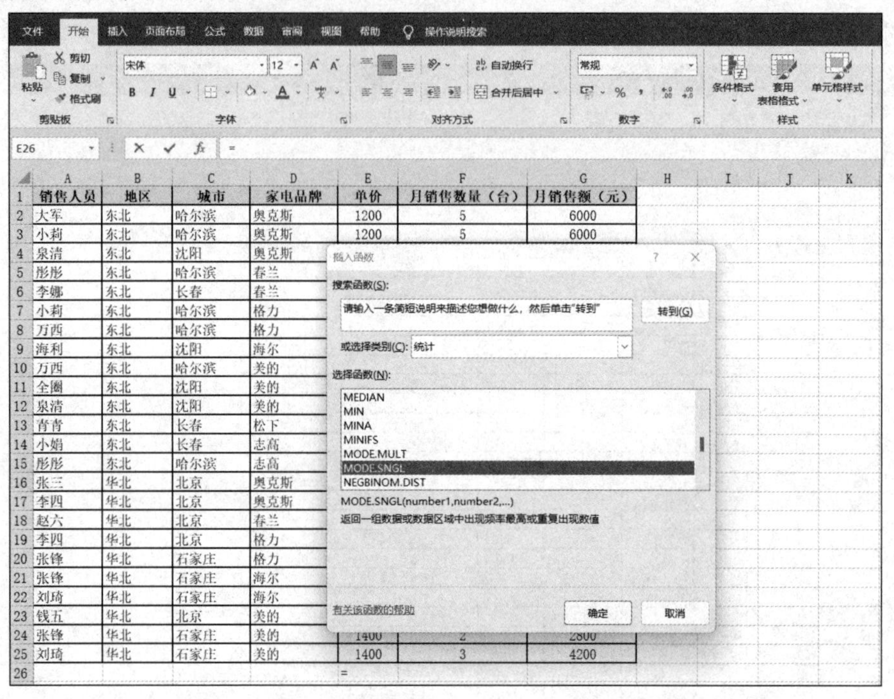

图 4-31　众数的 Excel 处理——“插入函数”对话框

第二步，在“函数参数”对话框中，选择数据区域 E2:E25，单击“确定”按钮，可得到单价的众数为 1200，如图 4-32 所示。

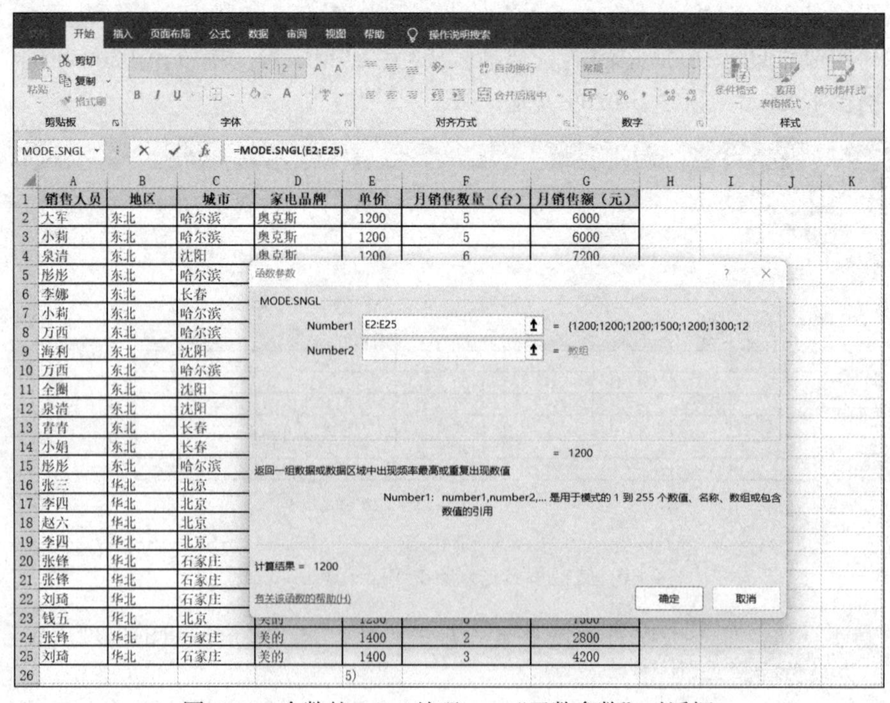

图 4-32　众数的 Excel 处理——“函数参数”对话框

四、中位数

（一）中位数的概念

中位数是将一组数据按照从小到大的顺序或从大到小的顺序排列，居于中间位置的那个特征值就是中位数。中位数也是一个位置均值，由于处于中间位置，也用它来作为均值的代表。

（二）中位数的特征

（1）中位数是排序后处于中间位置的数据。

（2）中位数不受极端值的影响。

（3）中位数主要用于顺序数据的测度，也可用于数值型数据，但不能用于分类数据。

（三）中位数的确定

1. 顺序数据中位数的确定

表 4-17 为某地区居民对医疗状况评价的频数分布数据。

表 4-17 某地区居民对医疗状况评价的频数分布（累计频数）

回答类别	频数分布数据	
	人数 / 人	累计频数
非常不满意	22	22
不满意	109	131
一般	94	225
满意	46	271
非常满意	29	300
合　计	300	—

$$中位数位置=\frac{n+1}{2}=\frac{301}{2}=150.5$$

从累计频数看，中位数在“一般”这一组别中，即 M_e= 一般。

2. 数值型数据中位数的确定

将数据观察值 $x_1, x_2, \cdots, x_n$ 按由小到大的顺序排列，处于数列中点位置的数值就是中位数（M_e）。

（1）如果数据个数为奇数，则处于（n+1）/2 位置的标志值是中位数。

（2）如果数据个数为偶数，则处于 n/2、（n+2）/2 位置的两个标志值的平均数是中位数。

图 4-33 为某公司某月在各地的空调销售情况（已排序），下面用 Excel 来确定商品单价的中位数（不考虑品牌）。

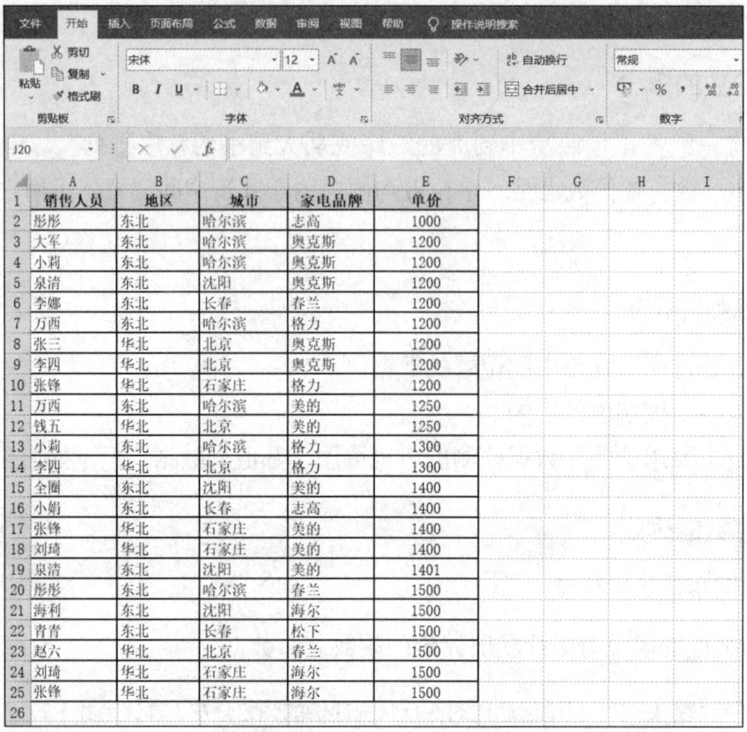

	A	B	C	D	E
1	销售人员	地区	城市	家电品牌	单价
2	彤彤	东北	哈尔滨	志高	1000
3	大军	东北	哈尔滨	奥克斯	1200
4	小莉	东北	哈尔滨	奥克斯	1200
5	泉清	东北	沈阳	奥克斯	1200
6	李娜	东北	长春	春兰	1200
7	万西	东北	哈尔滨	格力	1200
8	张三	华北	北京	奥克斯	1200
9	李四	华北	北京	奥克斯	1200
10	张锋	华北	石家庄	格力	1200
11	万西	东北	哈尔滨	美的	1250
12	钱五	华北	北京	美的	1250
13	小莉	东北	哈尔滨	格力	1300
14	李四	华北	北京	格力	1300
15	全圈	东北	沈阳	美的	1400
16	小娟	东北	长春	志高	1400
17	张锋	华北	石家庄	美的	1400
18	刘琦	华北	石家庄	美的	1400
19	泉清	东北	沈阳	美的	1401
20	彤彤	东北	哈尔滨	春兰	1500
21	海利	东北	沈阳	海尔	1500
22	青青	东北	长春	松下	1500
23	赵六	华北	北京	春兰	1500
24	刘琦	华北	石家庄	海尔	1500
25	张锋	华北	石家庄	海尔	1500
26					

图 4-33　数值型数据中位数的 Excel 处理—— 建立工作表

第一步，选择 E26 作为存放众数的单元格，单击“公式”选项卡，选择“插入函数”，打开“插入函数”对话框，在“或选择类别”下拉列表中选择“统计”选项，在“选择函数”中选择“MEDIAN”，单击“确定”按钮，如图 4-34 所示。

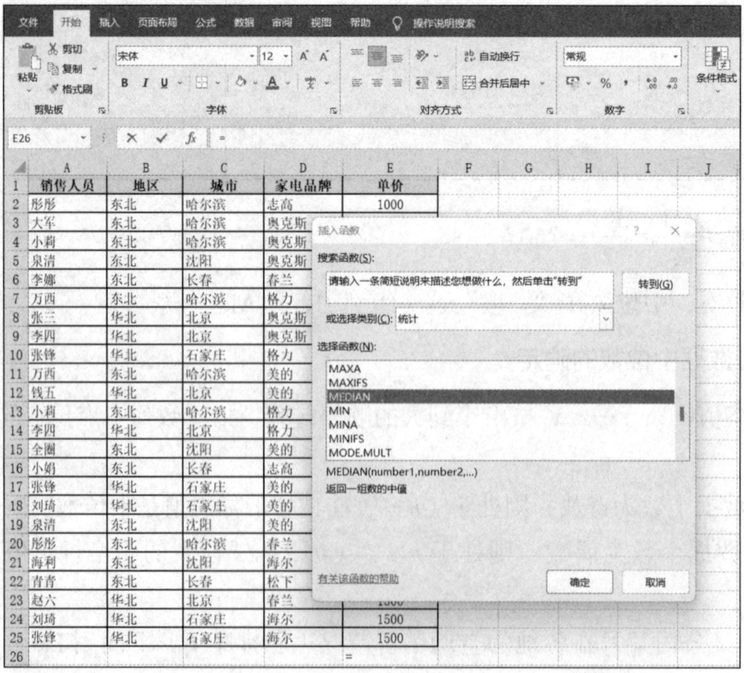

插入函数

搜索函数(S):

请输入一条简短说明来描述您想做什么，然后单击“转到”　转到(G)

或选择类别(C): 统计

选择函数(N):

MAXA
MAXIFS
MEDIAN
MIN
MINA
MINIFS
MODE.MULT

MEDIAN(number1,number2,...)

返回一组数的中值

有关该函数的帮助　确定　取消

图 4-34　数值型数据中位数的 Excel 处理——“插入函数”对话框

第二步，在弹出的“函数参数”对话框中选择数值区域 E2:E25，如图 4-35 所示。

图 4-35　数值型数据中位数的 Excel 处理——确定数据区域

第三步，单击“确定”按钮，就可以得到中位数是 1300，如图 4-36 所示。

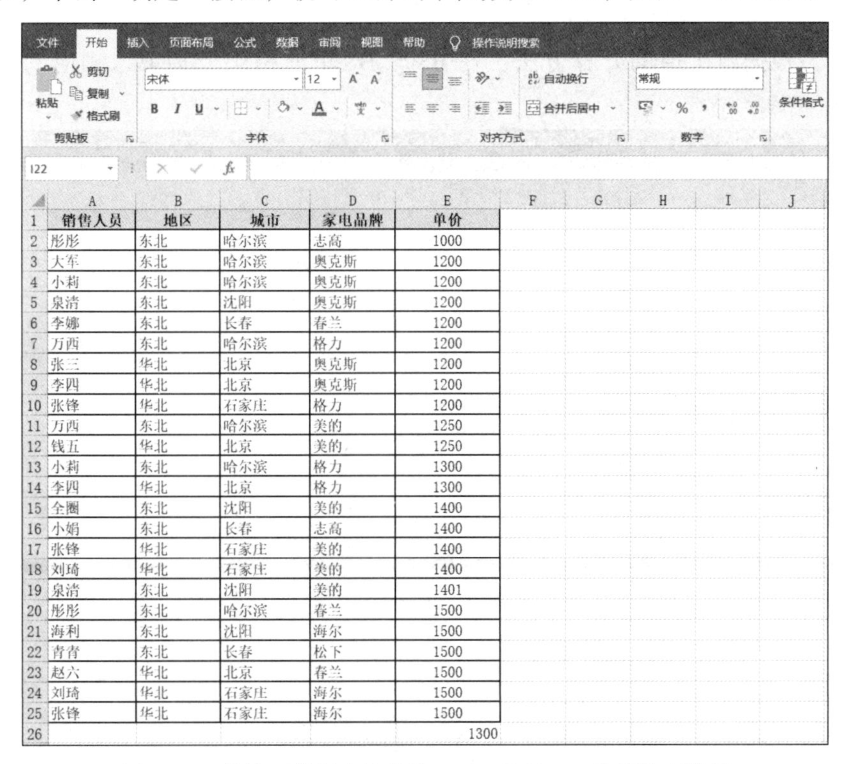

	A	B	C	D	E
1	销售人员	地区	城市	家电品牌	单价
2	彤彤	东北	哈尔滨	志高	1000
3	大军	东北	哈尔滨	奥克斯	1200
4	小莉	东北	哈尔滨	奥克斯	1200
5	泉清	东北	沈阳	奥克斯	1200
6	李娜	东北	长春	春兰	1200
7	万西	东北	哈尔滨	格力	1200
8	张三	华北	北京	奥克斯	1200
9	李四	华北	北京	奥克斯	1200
10	张锋	华北	石家庄	格力	1200
11	万西	东北	哈尔滨	美的	1250
12	钱五	华北	北京	美的	1250
13	小莉	东北	哈尔滨	格力	1300
14	李四	华北	北京	格力	1300
15	全圈	东北	沈阳	美的	1400
16	小娟	东北	长春	志高	1400
17	张锋	华北	石家庄	美的	1400
18	刘琦	华北	石家庄	美的	1400
19	泉清	东北	沈阳	美的	1401
20	彤彤	东北	哈尔滨	春兰	1500
21	海利	东北	沈阳	海尔	1500
22	青青	东北	长春	松下	1500
23	赵六	华北	北京	春兰	1500
24	刘琦	华北	石家庄	海尔	1500
25	张锋	华北	石家庄	海尔	1500
26					1300

图 4-36　数值型数据中位数的 Excel 处理——数据处理结果

任务实施

根据上述数据，计算该企业工人的月平均工资水平。

第一步，在 A 列及 B 列后分别插入一列，在 B2 和 D2 单元格中分别输入“月工资组中值 x”以及“xf”，如图 4-37 所示。

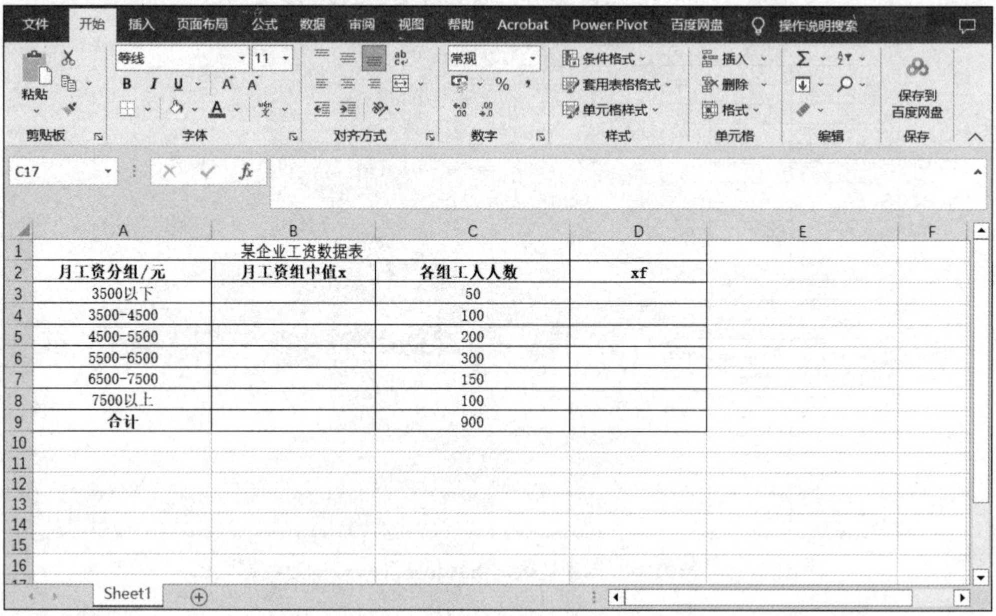

文件 开始 插入 页面布局 公式 数据 审阅 视图 帮助 Acrobat Power Pivot 百度网盘 操作说明搜索

粘贴 剪贴板 等线 11 B I U A 字体 对齐方式 常规 % 数字 条件格式 套用表格格式 单元格样式 样式 插入 删除 格式 单元格 编辑 保存到百度网盘 保存

C17 fx

	A	B	C	D	E	F
1	某企业工资数据表					
2	月工资分组/元	月工资组中值x	各组工人人数	xf		
3	3500以下		50			
4	3500-4500		100			
5	4500-5500		200			
6	5500-6500		300			
7	6500-7500		150			
8	7500以上		100			
9	合计		900			
10						
11						
12						
13						
14						
15						
16						

Sheet1

图 4-37 建立工作表

第二步，根据组中值的计算方法，在 B3 ～ B8 单元格中分别填入相应的组中值，如图 4-38 所示。

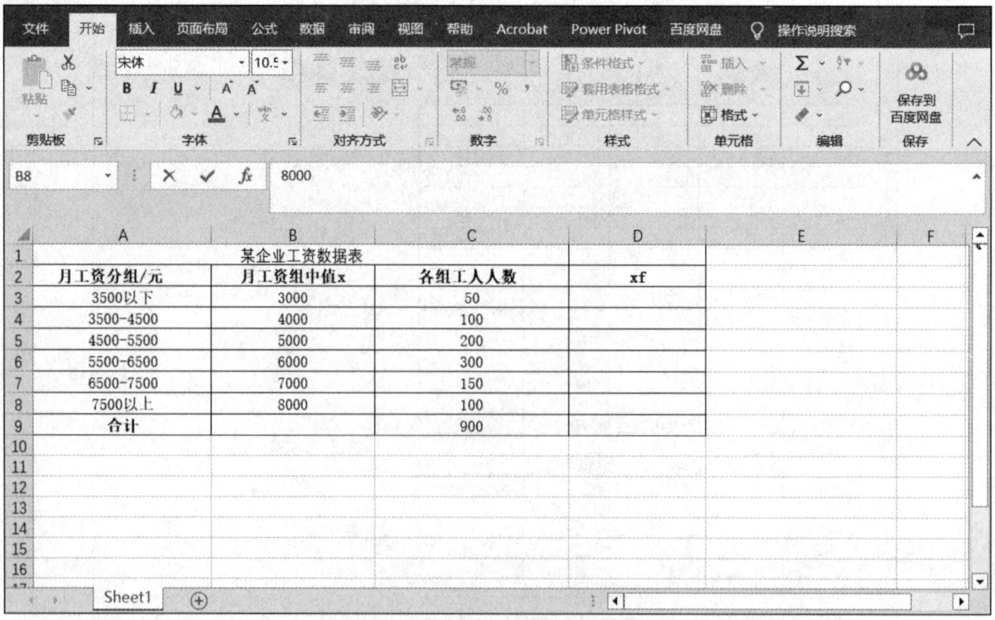

文件 开始 插入 页面布局 公式 数据 审阅 视图 帮助 Acrobat Power Pivot 百度网盘 操作说明搜索

粘贴 剪贴板 宋体 10.5 B I U A 字体 对齐方式 常规 % 数字 条件格式 套用表格格式 单元格样式 样式 插入 删除 格式 单元格 编辑 保存到百度网盘 保存

B8 fx 8000

	A	B	C	D	E	F
1	某企业工资数据表					
2	月工资分组/元	月工资组中值x	各组工人人数	xf		
3	3500以下	3000	50			
4	3500-4500	4000	100			
5	4500-5500	5000	200			
6	5500-6500	6000	300			
7	6500-7500	7000	150			
8	7500以上	8000	100			
9	合计		900			
10						
11						
12						
13						
14						
15						
16						

Sheet1

图 4-38 输入组中值

第三步，单击单元格 D3，输入“=B3*C3”，如图 4-39 所示。

	A	B	C	D
1	某企业工资数据表			
2	月工资分组/元	月工资组中值x	各组工人人数	xf
3	3500以下	3000	50	=B3*C3
4	3500-4500	4000	100	
5	4500-5500	5000	200	
6	5500-6500	6000	300	
7	6500-7500	7000	150	
8	7500以上	8000	100	
9	合计		900	

图 4-39 输入公式“B3*C3”

第四步，单击函数栏前面的“√”，得到 D3 单元格的数值 150 000，如图 4-40 所示。

	A	B	C	D
1	某企业工资数据表			
2	月工资分组/元	月工资组中值x	各组工人人数f	xf
3	3500以下	3000	50	150000
4	3500-4500	4000	100	
5	4500-5500	5000	200	
6	5500-6500	6000	300	
7	6500-7500	7000	150	
8	7500以上	8000	100	
9	合计		900	

图 4-40 第一组工资总额计算结果输出

第五步，单击单元格 D3，把鼠标放在单元格的右下角，出现“+”，用鼠标拖拽“+”向下拉至 D8，得到如图 4-41 所示数据。

	A	B	C	D
1	某企业工资数据表			
2	月工资分组/元	月工资组中值x	各组工人人数	xf
3	3500以下	3000	50	150000
4	3500-4500	4000	100	400000
5	4500-5500	5000	200	1000000
6	5500-6500	6000	300	1800000
7	6500-7500	7000	150	1050000
8	7500以上	8000	100	800000
9	合计		900	

图 4-41 计算余下各组工资总额

第六步，选中单元格 D9，单击“公式”选项卡，在“选择函数”中选中 SUM，选择要求和的区域“D3:D8”，再单击表上函数栏的“√”，即可得到工资总和，如图 4-42 所示。

SUM　=SUM(D3:D8)

	A	B	C	D	E	F
1		某企业工资数据表				
2	月工资分组/元	月工资组中值x	各组工人人数	xf		
3	3500以下	3000	50	150000		
4	3500-4500	4000	100	400000		
5	4500-5500	5000	200	1000000		
6	5500-6500	6000	300	1800000		
7	6500-7500	7000	150	1050000		
8	7500以上	8000	100	800000		
9	合计		900	=SUM(D3:D8)		
10						

图 4-42　工资求和

第七步，选中 E9 单元格，输入“=D9/C9”，单击回车，得到该企业工人月平均工资算术平均数 5 777.78 元，如图 4-43 所示。

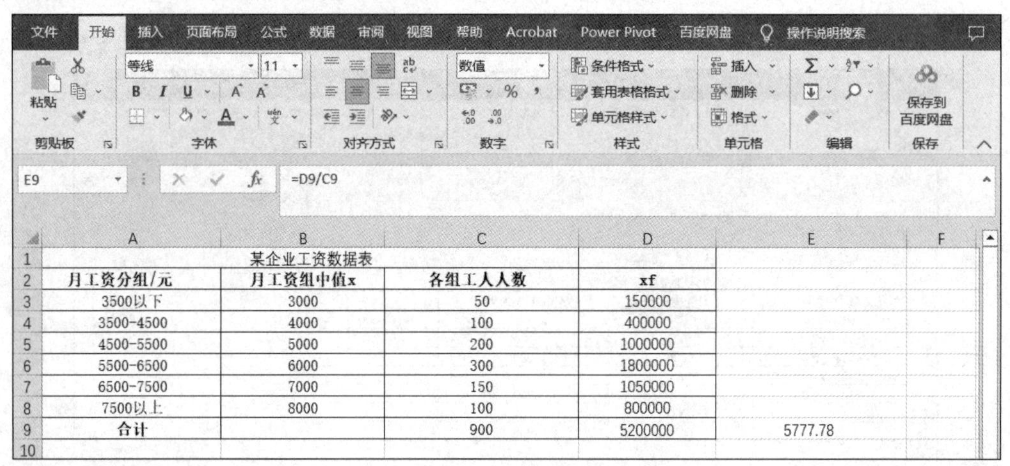

E9　=D9/C9

	A	B	C	D	E	F
1		某企业工资数据表				
2	月工资分组/元	月工资组中值x	各组工人人数	xf		
3	3500以下	3000	50	150000		
4	3500-4500	4000	100	400000		
5	4500-5500	5000	200	1000000		
6	5500-6500	6000	300	1800000		
7	6500-7500	7000	150	1050000		
8	7500以上	8000	100	800000		
9	合计		900	5200000	5777.78	
10						

图 4-43　计算平均工资

能力检测

某企业职工月工资分布情况见表 4-18。

表 4-18　某企业职工月工资分布情况

月工资 / 元	工人数 / 人
3 800 ～ 3 900	6
3 900 ～ 4 000	10
4 000 ～ 4 100	20
4 100 ～ 4 200	10
4 200 ～ 4 300	4
合　计	50

要求：

试利用 Excel 对上述数据进行处理，计算职工的平均工资。

任务五　数据离中趋势处理

任务导入

某企业甲、乙两个班组工人的平均日产量分别为：甲班组为8.5件/人，乙班组为11.9件/人；甲、乙两班组工人日产量的标准差分别为：甲班组$\sigma=2.22$件，乙班组$\sigma=2.69$件。

任务描述

试分析甲乙两班组工人的平均日产量，判断哪一个班组的代表性要强一些？

相关知识

离中趋势是数据分布的又一特征，是指一组数据远离其中心值的程度，表明该组数据值的差异或离散状况。离中趋势常用标志变异指标来进行测度。

一、标志变异指标概念和作用

1. 标志变异指标的概念

标志变异指标是描述数据采集对象各单位标志值差别大小程度的指标，又称标志变动度、离散程度或离中程度。如果说均值是说明总体分布的集中趋势，那么标志变异指标则是说明总体分布的离散趋势。

不同类型的数据有不同的离中程度测度方法，离中趋势测度经常用到的标志变异指标有全距、平均差、方差、标准差、异众比率、四分位差等。

2. 标志变异指标的作用

（1）反映一组数据的离中程度。

（2）标志变异指标是评价平均数代表性的依据。标志变异指标值越大，平均数的代表性越低；反之，平均数的代表性越高。

（3）标志变异指标反映社会经济活动过程的均衡性或协调性。一般来说，标志变异指标值越大，总体各单位变量值分布的离散趋势越高、均衡性越低；反之，总体各单位变量值分布的离散趋势越低、均衡性越高。

二、全距

全距又称极差，是总体各单位标志的最大值和最小值之差，可用来测度数值型数据的离中程度，易受极端值的影响。其计算公式为

全距＝最大变量值－最小变量值

用符号表示为

$$R=x_{\max}-x_{\min}$$

根据原始资料和单项数列计算全距时，可直接用上述公式。但如果掌握的资料是组距数列，则全距的计算公式为

$$全距 = 最大变量值组上限 - 最小变量值组下限$$

由于全距只考虑了两个极端值之间的差距，没有利用全部观测值的信息，所以不能充分反映全部观测值之间的实际差异程度，在应用上有一定的局限性。

三、平均差

（一）平均差的概念

平均差是各变量值与其均值离差绝对值的平均数，它也能全面反映一组数据的离散程度。平均差越大，说明数据的离散程度越大；平均差越小，说明数据的离散程度越小。

平均差计算方法简单，能完整地反映全部数据的分散程度，主要用来测度数值型数据的离中趋势，但由于绝对值计算不方便，故实际中应用较少。

（二）平均差的计算公式

$$A.D = \frac{\sum_{i=1}^{n}|x_i - \overline{x}|}{n} \quad 或 \quad A.D = \frac{\sum_{i=1}^{n}|x_i - \overline{x}|f_i}{\sum_{i=1}^{n}f_i}$$

式中，$A.D$ 是平均差；x_i 是各单位标志值；$\overline{x}$ 是平均数；n 是总体单位数；f_i 是各组的单位数。

（三）平均差的 Excel 处理

下面我们以某计算机公司日销售量为例，利用 Excel 测度平均差。

第一步，将该计算机公司的日销售量资料输入 Excel 工作表，如图 4-44 所示。

按日销售量分组/台	日数（f_i）
100—110	4
110—120	9
120—130	16
130—140	27
140—150	20
150—160	17
160—170	10
170—180	8
180—190	4
190—200	5
合计	120

图 4-44　平均差计算表——建立 Excel 工作表

第二步，分别在 A 列后插入“组中值（x_i）”列，在 C 列后插入“$x_i f_i$”列、“$|x_i - \overline{x}|$”列和“$|x_i - \overline{x}|f_i$”列，如图 4-45 所示。

按日销售量分组/台	组中值(x_i)	日数(f_i)	$x_i f_i$	$\lvert x_i-\bar{x}\rvert$	$\lvert x_i-\bar{x}\rvert f_i$
100—110		4			
110—120		9			
120—130		16			
130—140		27			
140—150		20			
150—160		17			
160—170		10			
170—180		8			
180—190		4			
190—200		5			
合计		120			

图 4-45　平均差计算表——“插入新列”

第三步，根据组中值的计算方法，在 B2 ～ B11 单元格中分别填入相应的组中值；在 D2 中输入“=B2*C2”，点击输出栏的“√”，如图 4-46 所示。

按日销售量分组/台	组中值(x_i)	日数(f_i)	$x_i f_i$	$\lvert x_i-\bar{x}\rvert$	$\lvert x_i-\bar{x}\rvert f_i$
100—110	105	4	=B2*C2		
110—120	115	9			
120—130	125	16			
130—140	135	27			
140—150	145	20			
150—160	155	17			
160—170	165	10			
170—180	175	8			
180—190	185	4			
190—200	195	5			
合计	—	120			

图 4-46　平均差计算表——D2 单元格中输入“=B2*C2”

第四步，选中单元格 D2，把鼠标放在 D2 单元格的右下角，出现“+”，用鼠标拖拽“+”向下拉至 D11，得到各组的销售量；选中单元格 D12，单击“公式”选项卡，选择“自动求和”→“求和”，输入“SUM（D2：D11）”，再单击表上函数栏的“√”，得到 120 天的总销售量 17 400，如图 4-47 所示。

第五步，选中单元格 D13 作为存放平均数的单元格，输入“=D12/C12”，再单击表上函数栏的“√”，得到日销售量均值 145。在 E2 单元格中输入“=ABS(B2–D13)”，依此类推至 E11，得到 $\lvert x_i-\bar{x}\rvert$ 相应的值，如图 4-48 所示数据。

按日销售量分组/台	组中值(x_i)	日数(f_i)	$x_i f_i$	$\lvert x_i-\bar{x}\rvert$	$\lvert x_i-\bar{x}\rvert f_i$
100—110	105	4	420		
110—120	115	9	1035		
120—130	125	16	2000		
130—140	135	27	3645		
140—150	145	20	2900		
150—160	155	17	2635		
160—170	165	10	1650		
170—180	175	8	1400		
180—190	185	4	740		
190—200	195	5	975		
合计	—	120	17400		

图 4-47　平均差计算表——求和

按日销售量分组/台	组中值(x_i)	日数(f_i)	$x_i f_i$	$\lvert x_i-\bar{x}\rvert$	$\lvert x_i-\bar{x}\rvert f_i$
100—110	105	4	420	40	
110—120	115	9	1035	30	
120—130	125	16	2000	20	
130—140	135	27	3645	10	
140—150	145	20	2900	0	
150—160	155	17	2635	10	
160—170	165	10	1650	20	
170—180	175	8	1400	30	
180—190	185	4	740	40	
190—200	195	5	975	50	
合计	—	120	17400	—	
			145		

图 4-48　平均差计算表——计算$\lvert x_i-\bar{x}\rvert$

第六步，选中 F2 单元格，输入“=C2*E2”，单击函数栏上的“√”，把鼠标放在 F2 单元格的右下角，出现“+”，用鼠标拖拽“+”向下拉至 F11，得到各个$\lvert x_i-\bar{x}\rvert f_i$的值，如图 4-49 所示。

第七步，选中 F13 单元格，输入“=F12/C12”，单击函数栏上的“√”，得到平均差 17，如图 4-50 所示。

	A	B	C	D	E	F
1	按日销售量分组/台	组中值（x_i）	日数（f_i）	$x_i f_i$	$\lvert x_i - \bar{x} \rvert$	$\lvert x_i - \bar{x} \rvert f_i$
2	100—110	105	4	420	40	160
3	110—120	115	9	1035	30	270
4	120—130	125	16	2000	20	320
5	130—140	135	27	3645	10	270
6	140—150	145	20	2900	0	0
7	150—160	155	17	2635	10	170
8	160—170	165	10	1650	20	200
9	170—180	175	8	1400	30	240
10	180—190	185	4	740	40	160
11	190—200	195	5	975	50	250
12	合计	—	120	17400	—	2040
13				145		
14						

图 4-49　平均差计算表——计算 $\lvert x_i - \bar{x} \rvert f_i$

F13　=F12/C12

	A	B	C	D	E	F
1	按日销售量分组/台	组中值（x_i）	日数（f_i）	$x_i f_i$	$\lvert x_i - \bar{x} \rvert$	$\lvert x_i - \bar{x} \rvert f_i$
2	100—110	105	4	420	40	160
3	110—120	115	9	1035	30	270
4	120—130	125	16	2000	20	320
5	130—140	135	27	3645	10	270
6	140—150	145	20	2900	0	0
7	150—160	155	17	2635	10	170
8	160—170	165	10	1650	20	200
9	170—180	175	8	1400	30	240
10	180—190	185	4	740	40	160
11	190—200	195	5	975	50	250
12	合计	—	120	17400	—	2040
13				145		17

图 4-50　平均差计算结果

该平均差数值表明，每天的销售量与平均数相比，平均相差 17 台。

四、方差与标准差

（一）方差与标准差的概念

1. 方差

方差是指数据采集对象各单位标志值与其算术平均数的离差平方的算术平均数。

2. 标准差

标准差是指数据采集对象各单位标志值与其算术平均数的离差平方的算术平均数的平方根。

标准差是用来测度数据离中程度的重要指标，标准差越大，说明数据的离散程度越大；标准差越小，说明数据的离散程度越小。

（二）方差与标准差的计算公式

1. 方差的计算公式

$$\sigma^2=\frac{\sum_{i=1}^{N}(x_i-\overline{x})^2}{N} \quad 或 \quad \sigma^2=\frac{\sum_{i=1}^{N}(x_i-\overline{x})^2 f_i}{\sum_{i=1}^{k} f_i}$$

式中，σ^2 是方差；x_i 是各单位标志值；$\overline{x}$ 是平均数；N 是总体单位数；f_i 是各组的单位数。

2. 标准差的计算公式

$$\sigma=\sqrt{\frac{\sum_{i=1}^{N}(x_i-\overline{x})^2}{N}} \quad 或 \quad \sigma=\sqrt{\frac{\sum(x-\overline{x})^2 f}{\sum f}}$$

式中，σ 是标准差；x_i 是各单位标志值；$\overline{x}$ 是平均数；N 是总体单位数；f 是各组的单位数。

（三）标准差的 Excel 处理

仍以上述计算机公司销售情况为例进行标准差的 Excel 的处理，已经计算出算术平均数为 145，如图 4-51 所示。

	A	B	C	D
1	按日销售量分组/台	组中值（x_i）	日数（f_i）	$x_i f_i$
2	100—110	105	4	420
3	110—120	115	9	1035
4	120—130	125	16	2000
5	130—140	135	27	3645
6	140—150	145	20	2900
7	150—160	155	17	2635
8	160—170	165	10	1650
9	170—180	175	8	1400
10	180—190	185	4	740
11	190—200	195	5	975
12	合计	—	120	17400
13				145

图 4-51　某计算机公司销售量数据标准差计算表

第一步，在单元格 E1、F1 与 G1 中分别输入“$x_i-\overline{x}$”“$(x_i-\overline{x})^2$”和“$(x_i-\overline{x})^2f_i$”。选中 E2 单元格，输入“B2-D13”，单击“确定”，依此类推，输入 E3 到 E11 的值，如图 4-52 所示。

	A	B	C	D	E	F	G
1	按日销售量分组/台	组中值(x_i)	日数(f_i)	x_if_i	$x_i-\overline{x}$	$(x_i-\overline{x})^2$	$(x_i-\overline{x})^2f_i$
2	100—110	105	4	420	-40		
3	110—120	115	9	1035	-30		
4	120—130	125	16	2000	-20		
5	130—140	135	27	3645	-10		
6	140—150	145	20	2900	0		
7	150—160	155	17	2635	10		
8	160—170	165	10	1650	20		
9	170—180	175	8	1400	30		
10	180—190	185	4	740	40		
11	190—200	195	5	975	50		
12	合计	—	120	17400	—		
13				145			

图 4-52　标准差计算表——计算$x_i-\overline{x}$

第二步，选中 F2 单元格，输入“=E2^2”，单击函数栏的“√”；选中 F2 单元格，右下角出现“+”，用鼠标拖拽“+”向下拉至 F11，得到各个$(x_i-\overline{x})^2$的值，如图 4-53 所示。

	A	B	C	D	E	F	G
1	按日销售量分组/台	组中值(x_i)	日数(f_i)	x_if_i	$x_i-\overline{x}$	$(x_i-\overline{x})^2$	$(x_i-\overline{x})^2f_i$
2	100—110	105	4	420	-40	1600	
3	110—120	115	9	1035	-30	900	
4	120—130	125	16	2000	-20	400	
5	130—140	135	27	3645	-10	100	
6	140—150	145	20	2900	0	0	
7	150—160	155	17	2635	10	100	
8	160—170	165	10	1650	20	400	
9	170—180	175	8	1400	30	900	
10	180—190	185	4	740	40	1600	
11	190—200	195	5	975	50	2500	
12	合计	—	120	17400	—	—	
13				145			

图 4-53　标准差计算表——计算$(x_i-\overline{x})^2$

第三步，选中 G2 单元格，输入“=F2*C2”，单击函数栏的“√”，选中 G2 单元格，右下角出现“+”，用鼠标拖拽“+”向下拉至 G11，得到各个$(x_i-\overline{x})^2f_i$的值；再选定 G13 单元格，选择“公式”选项卡，单击编辑栏的“自动求和”按钮，输入“SUM（G2:G11）”，如图 4-54 所示。

MEDIAN　=SUM(G2:G11)

	A	B	C	D	E	F	G
1	按日销售量分组/台	组中值(x_i)	日数(f_i)	$x_i f_i$	$x_i-\bar{x}$	$(x_i-\bar{x})^2$	$(x_i-\bar{x})^2 f_i$
2	100—110	105	4	420	-40	1600	6400
3	110—120	115	9	1035	-30	900	8100
4	120—130	125	16	2000	-20	400	6400
5	130—140	135	27	3645	-10	100	2700
6	140—150	145	20	2900	0	0	0
7	150—160	155	17	2635	10	100	1700
8	160—170	165	10	1650	20	400	4000
9	170—180	175	8	1400	30	900	7200
10	180—190	185	4	740	40	1600	6400
11	190—200	195	5	975	50	2500	12500
12	合计	—	120	17400	—	—	=SUM(G2:G11)
13				145			

图 4-54　标准差计算表——计算$(x_i-\bar{x})^2 f_i$

第四步，单击表上函数栏的“√”，得到$(x_i-\bar{x})^2 f_i$的和为 55 400，如图 4-55 所示。

G12　=SUM(G2:G11)

	A	B	C	D	E	F	G
1	按日销售量分组/台	组中值(x_i)	日数(f_i)	$x_i f_i$	$x_i-\bar{x}$	$(x_i-\bar{x})^2$	$(x_i-\bar{x})^2 f_i$
2	100—110	105	4	420	-40	1600	6400
3	110—120	115	9	1035	-30	900	8100
4	120—130	125	16	2000	-20	400	6400
5	130—140	135	27	3645	-10	100	2700
6	140—150	145	20	2900	0	0	0
7	150—160	155	17	2635	10	100	1700
8	160—170	165	10	1650	20	400	4000
9	170—180	175	8	1400	30	900	7200
10	180—190	185	4	740	40	1600	6400
11	190—200	195	5	975	50	2500	12500
12	合计	—	120	17400	—	—	55400
13				145			

图 4-55　标准差计算表——求和

第五步，选中 G13 单元格，输入“=G12/C12”，点击函数栏的“√”，得到方差 461.67，如图 4-56 所示。

第六步，选中 G14 单元格，选择“公式”选项卡，单击“插入函数”按钮，在“搜索函数”中输入“SQRT”，如图 4-57 所示。

第七步，单击“确定”按钮，弹出“函数参数”对话框，在“Number”中输入“G13”，如图 4-58 所示。

G13　=G12/C12

	A	B	C	D	E	F	G
1	按日销售量分组/台	组中值(x_i)	日数(f_i)	$x_i f_i$	$x_i-\bar{x}$	$(x_i-\bar{x})^2$	$(x_i-\bar{x})^2 f_i$
2	100—110	105	4	420	-40	1600	6400
3	110—120	115	9	1035	-30	900	8100
4	120—130	125	16	2000	-20	400	6400
5	130—140	135	27	3645	-10	100	2700
6	140—150	145	20	2900	0	0	0
7	150—160	155	17	2635	10	100	1700
8	160—170	165	10	1650	20	400	4000
9	170—180	175	8	1400	30	900	7200
10	180—190	185	4	740	40	1600	6400
11	190—200	195	5	975	50	2500	12500
12	合计	—	120	17400	—	—	55400
13				145			461.6666667

图 4-56　标准差计算表——计算方差

图 4-57　标准差计算表——输入函数“SQRT”

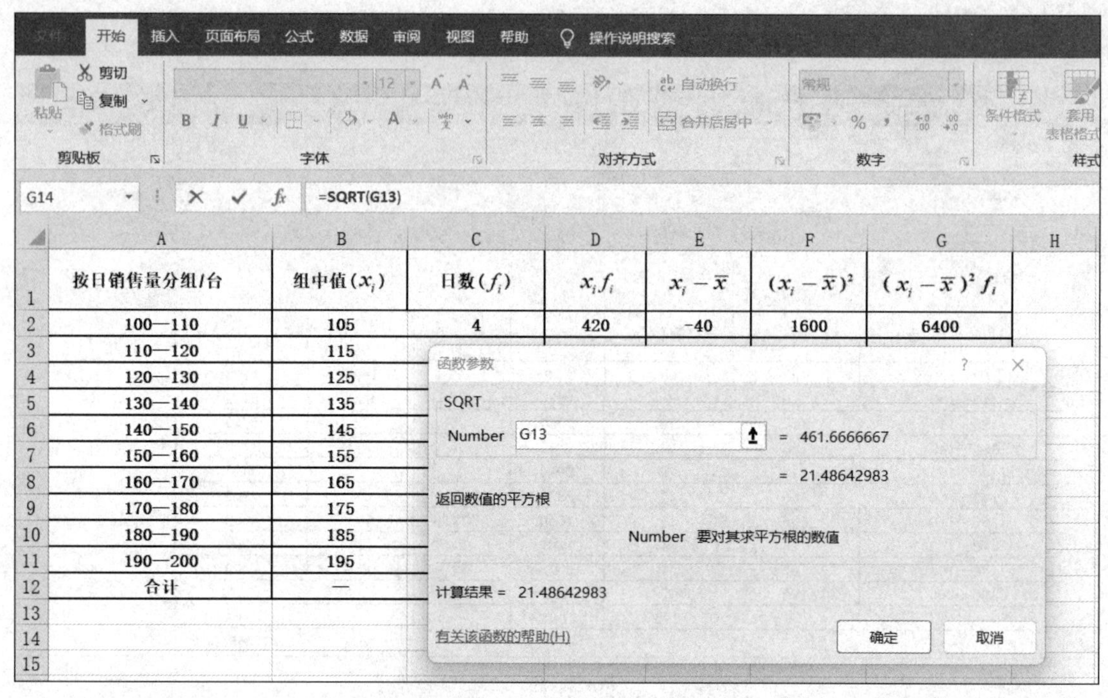

图 4-58 标准差计算表——“函数参数”对话框

第八步，单击“确定”按钮，得到要求的标准差为 21.49，如图 4-59 所示。

按日销售量分组/台	组中值(x_i)	日数(f_i)	$x_i f_i$	$x_i-\overline{x}$	$(x_i-\overline{x})^2$	$(x_i-\overline{x})^2 f_i$
100—110	105	4	420	-40	1600	6400
110—120	115	9	1035	-30	900	8100
120—130	125	16	2000	-20	400	6400
130—140	135	27	3645	-10	100	2700
140—150	145	20	2900	0	0	0
150—160	155	17	2635	10	100	1700
160—170	165	10	1650	20	400	4000
170—180	175	8	1400	30	900	7200
180—190	185	4	740	40	1600	6400
190—200	195	5	975	50	2500	12500
合计	—	120	17400	—	—	55400
			145		方差	461. 6666667
					标准差	21. 48642983

图 4-59 标准差计算表——标准差计算结果

该标准差数值的含义是：每天的销售量与平均数相比，平均相差 21.49 台。

说明：未分组数据的标准差，可借助于 Excel 中的“STDEVP”函数来计算；方差可借助于“VARP”函数来计算（样本方差要使用“VAR”函数），选择的是“统计”类型下的“STEDVP”和“VARP”函数。

五、离散系数

离散系数又称变异系数，主要用于比较性质不同的数据采集对象总体数据的离散程度。常用的离散系数有全距系数、平均差系数、标准差系数等。

离散系数中最为常用的是标准差系数，它是指标准差与其均值的比值，可以消除数据水平高低和计量单位的影响。标准差系数的计算公式为

$$V_\sigma=\frac{\sigma}{\bar{x}}\times100\%$$

式中，V_σ 是标准差系数；σ 是标准差；$\bar{x}$ 是平均数。

六、离中趋势的其他测度量

1. 异众比率

异众比率指非众数值的次数之和占总次数的比重，主要用于对分类数据离散程度的测度，用V_{M_0}表示，其计算公式为

$$V_{M_0}=\frac{N-f_{M_0}}{N}$$

式中，f_{M_0}为众数值次数；N 为总次数。

异众比率数值越大，说明众数的代表性越低，即观测值差异较大；异众比率数值越小，说明众数的代表性越高，即观测值差异较小。

某店铺不同品牌运动鞋销售情况的频次分布见表 4-19。

表 4-19 某店铺不同品牌运动鞋销售情况的频数分布

运动鞋品牌	频 数	比 例	百分比（%）
李宁	150	0.30	30
鸿星尔克	110	0.22	22
安踏	90	0.18	18
361 度	60	0.12	12
特步	90	0.18	18
合计	500	1	100

$$V_{M_0}=\frac{N-f_{M_0}}{N}=\frac{500-150}{500}$$

$$=70\%$$

在所调查的 500 人当中，购买其他品牌运动鞋的人数占 70%，异众比率比较大。因此，用“李宁”代表消费者购买运动鞋品牌的状况，其代表性不是很好。

2. 四分位差

四分位差也称为内距或四分间距，是上四分位数与下四分位数之差，反映中间 50% 数据的离散程度。四分位差主要用于对顺序数据离散程度的测度，对于数值型数据也可以计算四分位差，但不适合分类数据，它不受极端值的影响。其计算公式为

$$Q_D=Q_U-Q_L$$

式中，Q_D 代表四分位差；Q_U 代表第三四分位数，即数据集中 75% 处的数；Q_L 代表第一四

分位数，即数据集中 25% 处的数。

四分位差反映了中间 50% 数据的离散程度，其数值越小，说明中间的数据越集中；其数值越大，说明中间的数据越分散。四分位差主要用于衡量中位数的代表性。

某城市家庭对住房状况评价的频数分布见表 4-20。

表 4-20　某城市家庭对住房状况评价的频数分布

回 答 类 别	频 数 分 布	
	户数 / 户	累 计 频 数
非常不满意	24	24
不满意	108	132
一般	93	225
满意	45	270
非常满意	30	300
合　计	300	—

假设“非常不满意”为 1，“不满意”为 2，“一般”为 3，“满意”为 4，“非常满意”为 5。已知

$$Q_{\mathrm{L}}=\text{不满意}=2$$
$$Q_{\mathrm{U}}=\text{一般}=3$$

则

$$Q_{\mathrm{D}}=Q_{\mathrm{U}}-Q_{\mathrm{L}}$$
$$=3-2=1$$

任务实施

试分析甲乙两班组工人的平均日产量，判断哪一个班组的代表性要强一些？

由于甲乙两班组的工人平均日产量不同，所以不能用标准差来进行对比，必须计算标准差系数来比较。

$$V_{\sigma}=\frac{\sigma}{\bar{x}}$$

甲班组的标准差系数为：

$$V_{\sigma}=\frac{2.22}{8.5}\times 100\%=26.12\%$$

乙班组的标准差系数为：

$$V_{\sigma}=\frac{2.69}{11.9}\times 100\%=22.61\%$$

计算结果表明，乙班组变异系数小于甲班组，所以乙班组工人的平均日产量代表性高。

能力检测

甲、乙两车间工人日产量的均值分别为 58 件和 65 件，标准差分别为 10 件和 13 件。

要求：

试计算其变异系数并分析哪个车间工人平均日产量的代表性大，工人技术熟练程度较均衡。

动态数据处理技术认知

项目分析

本项目主要介绍动态数据的处理技术，具体包括动态数列的概念、作用及种类，以及动态数列的水平指标分析方法、动态数列的速度指标分析方法。

学习目标

知识目标

- 了解动态数列的意义、作用；
- 掌握动态数列的类型；
- 掌握动态数列水平指标的分析方法；
- 掌握动态数列速度指标的分析方法；
- 掌握利用 Excel 进行动态数据的分析方法。

技能目标

- 能操作 Excel 进行动态数据分析；
- 能对动态数列进行适当的分类；
- 能进行简单的动态指标计算；
- 能进行动态数据分析。

素质目标

- 深化学生对动态数列知识的理解与掌握，以便他们能够更好地应用这一数列概念；
- 引导学生树立发展的思维观念，培养他们运用动态视角分析问题的能力和习惯；
- 鼓励学生养成观察数据变化的习惯，并提升他们基于数据变化进行深度分析的能力。

任务一 动态数据处理

任务导入

表 5-1 为 2016—2023 年我国国内生产总值、年末全国人口数、人均国内生产总值以及全国城镇非私营单位就业人员年平均工资情况。

表 5-1 2016—2023 年我国国内生产总值、年末全国人口数、人均国内生产总值以及全国城镇非私营单位就业人员年平均工资情况

年　份	2016	2017	2018	2019	2020	2021	2022	2023
国内生产总值 / 亿元	744 127	827 122	900 309	990 865	1 015 986.2	1 143 670	1 210 207	1 260 582
年末全国人口数 / 万人	138 271	139 008	139 538	140 005	141 178	141 260	141 175	140 967
人均国内生产总值 / 元	53 980	59 660	64 644	70 892	72 000	80 976	85 698	89 358
全国城镇非私营单位就业人员年平均工资 / 元	67 569	74 318	82 461	90 501	97 379	106 837	114 029	—

（资料来源：中国国家统计局网，http://www.stats.gov.cn/sj/）

任务描述

1．表中的数列由哪几部分构成？
2．这样的数列有哪些作用？
3．表中的数列有哪些区别？你能否举几个类似数列的例子？

相关知识

一、动态数列的概念及其构成

1．动态数列的概念

动态数列，又称时间序列，是将某一指标在不同时间上的数值，按时间（如年、季、月等）先后顺序排列而成的统计数列。如将 2013—2022 年苏州市生产总值加以排列可以形成动态数列，见表 5-2。

表 5-2 苏州市 2013—2022 年地区生产总值

年　份	2013	2014	2015	2016	2017	2018	2019	2020	2021	2022
地区生产总值 / 亿元	12 929.78	13 716.95	14 468.68	15 445.26	16 997.47	18 263.48	19 264.8	20 180.45	22 718.34	23 958.3

（资料来源：苏州市人民政府网站）

2．动态数列的构成

动态数列有两个基本要素：一是时间，二是各时间指标值。

二、动态数列的主要作用

事物总是在不断发展变化的，要研究现象的发展变化规律，就必须编制动态数列。编制动态数列并在此基础上计算、研究、分析，在国民经济管理、企业经营等工作中都有着重要的作用。

（1）动态数列可以表明社会经济现象的发展变化趋势及规律性。如把相邻几年各季空调的销售量编制成动态数列，通过比较不仅会发现空调销售量的趋势，而且还会发现销售量的季节变动规律。

（2）可以根据动态数列计算各种时间动态指标值，以便具体深入地揭示现象发展变化的数量特征。

（3）运用动态数列可以预测现象的发展方向和发展速度，为经济决策或经营决策提供重要依据。

（4）通过对不同国家、地区、企业等动态数列的研究，可以将不同国家、地区及企业等同类现象进行对比，取长补短，以便更好地促进经济发展。

例如，2003 年淘宝网刚刚创立时，当年的交易额只有 2 000 万元。随着淘宝网创造性地推出了支付宝和阿里旺旺，解决了网购市场的信任、支付和沟通问题，淘宝网的发展迅速呈现爆发式增长的趋势。2022 年的“双十一”，天猫的销售额已经达到 5 571 亿元，创造了新高。

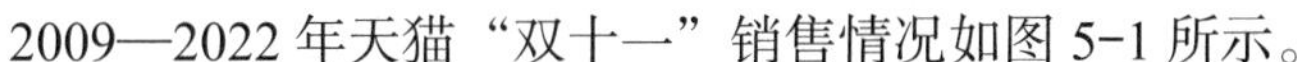
2009—2022 年天猫“双十一”销售情况如图 5-1 所示。

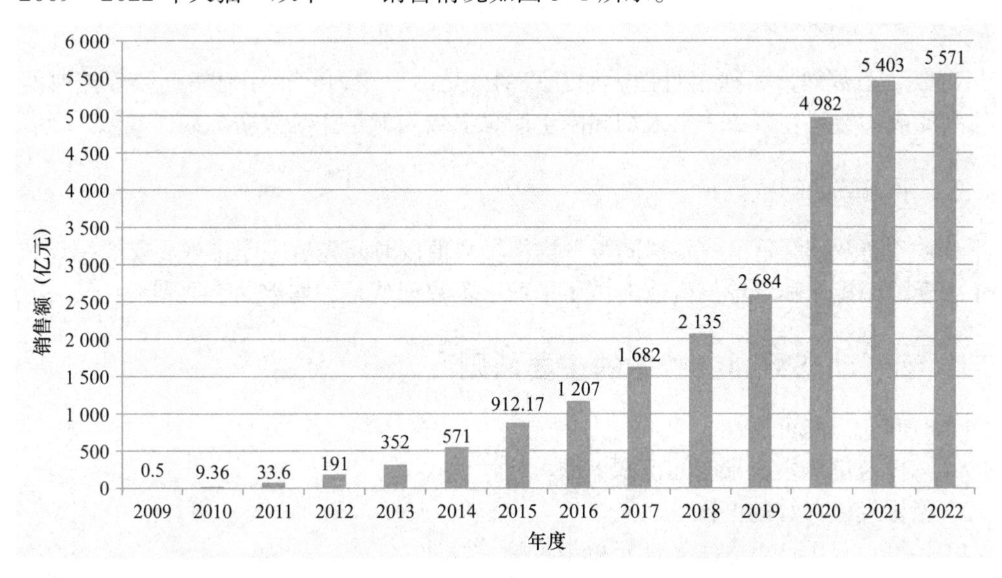

图 5-1　2009—2022 年天猫“双十一”销售情况

三、动态数列的种类

从表 5-1 中可以看出，该表的每一行所表示的动态数列是不同的，动态数列可以分为三种：绝对数动态数列、相对数动态数列以及平均数动态数列，其中绝对数动态数列是基本数列，其余两种是由绝对数动态数列派生出来的动态数列。

（一）绝对数动态数列

绝对数动态数列，又称为总量指标动态数列，是由一系列同类总量指标的数值按时间的先后次序排列而成的动态数列。绝对数动态数列分为时期数列和时点数列。

1. 时期数列

时期数列是指反映某一社会现象在不同时期内发展水平的绝对数动态数列。表 5-1 中国内生产总值数列就是时期数列。

时期数列的特点：

（1）数列中各项指标分别反映现象在某一时期内的总量。

（2）数列中各项指标数值累加的结果，反映现象在更长时期内发展的总量。

（3）数列中各项指标的大小与时期间隔的长短有直接关系。

2. 时点数列

时点数列是指反映某种社会经济现象在一定时点（时刻）上的状况及其水平的绝对数动态数列。表 5-1 中年末全国人口数数列就是时点数列。

时点数列的特点：

（1）数列中的每一项指标数值，都是在某一时刻的特定状况下进行一次性登记取得的。

（2）数列指标的数值大小，与时点间隔的长短无直接关系。

（3）数列中各项指标不能相加，加总后的结果不具有实际意义。

（二）相对数动态数列

相对数动态数列，又称相对指标动态数列，是由一系列同类相对指标数值按时间先后顺序排列而成的数列。表 5-1 中人均国内生产总值数列就是相对数动态数列。

（三）平均数动态数列

平均数动态数列，是由一系列同类平均指标数值按时间先后顺序排列而成的统计数列。表 5-1 中全国城镇非私营单位就业人员年平均工资数列就是平均数动态数列。

四、编制动态数列应遵循的主要原则

（1）时间长短的可比性。

（2）总体范围（主要指空间范围）的可比性。

（3）指标经济内容的可比性。

（4）计算口径（计算方法、计量单位）的一致性。

任务实施

1. 表中的数列由哪几部分构成？

表中动态数列一般由两部分组成：一是时间，二是各时间指标值。

2. 这样的数列有哪些作用？

（1）动态数列可以表明社会经济现象的发展变化趋势及规律性。

（2）可以根据动态数列计算各种时间动态指标值，以便具体深入地揭示现象发展变化的数量特征。

（3）运用动态数列可以预测现象的发展方向和发展速度，为经济决策或经营决策提供重要依据。

（4）可以将不同国家、地区及企业等同类现象进行对比，取长补短，以便更好地促进经济发展。

3．表中的数列有哪些区别？你能否举几个类似数列的例子？

表中主要有三种数列：绝对数动态数列、相对数动态数列以及平均数动态数列，其中，绝对数动态数列又分为时期数列和时点数列。日常生活中，企业历年的销售额、生产数量等都可以组成动态数列。

能力检测

表 5-3 中是我国 2010—2023 年年末的女性人口数。

表 5-3　我国 2010—2023 年年末女性人口数　（单位：万人）

年　份	2010	2011	2012	2013	2014	2015	2016	2017	2018	2019	2020	2021	2022	2023
人口数	65 343	65 667	66 009	66 344	66 703	67 048	67 456	67 871	68 187	68 478	68 855	68 949	68 969	68 935

要求：

根据上述数据，编制我国 2016—2023 年年末的女性人口数的动态数列。

任务二　动态水平指标处理

任务导入

苏州市 2013—2022 年地区生产总值见表 5-4。

表 5-4　苏州市 2013—2022 年地区生产总值

年　份	2013	2014	2015	2016	2017	2018	2019	2020	2021	2022
地区生产总值 / 亿元	12 929.78	13 716.95	14 468.68	15 445.26	16 997.47	18 263.48	19 264.8	20 180.45	22 718.34	23 958.3

（资料来源：苏州市人民政府网站）

任务描述

1．苏州市地区生产总值在 2013—2022 年间有何变化趋势？

2．根据表 5-4，指出哪些是基期水平、报告期水平及中间水平，并理解其含义。

3．计算苏州市地区生产总值在 2013—2022 年间的平均发展水平、逐期增长量、累计增长量和平均增长量。

相关知识

一、发展水平

所谓发展水平，又称发展量，是指动态数列中每一项具体的指标数值。它具体反映社会经济现象在各个不同时期或时点上所达到的规模和水平，通过不同时期发展水平的比较，可以给人具体的、深刻的印象。发展水平是时间意义上的指标值，一般表现为绝对数、相对数和平均数。

注意：发展水平指标在文字叙述上习惯用“增加到”“增加为”或“降低到”“降低为”表示，运用时一定不要把“到”和“为”字漏掉，否则要说明的社会经济现象指标的意义就要发生变化。

例如，2020 年江苏省全省地区生产总值 102 807.68 亿元，2021 年增加到 116 364.20 亿元。又如，某工厂某种产品的单位成本 2019 年为 32 元，2020 年降低到 25 元。

根据各发展水平在动态数列中所处的时间不同，发展水平可有最初水平（a_0）、最末水平（a_n）、报告期水平（a_1）、基期水平（a_0）及中间水平等，各期的发展水平可用符号 a_0，a_1，…，a_n 表示。

二、平均发展水平

平均发展水平又称序时平均数，是指动态数列中不同时期的发展水平采用一定的方法加以加权平均求得的平均数。它表明了现象在一段时间内发展水平达到的一般水平，是根据数列中不同时期（或时点）上的发展水平计算的平均数。

（一）绝对数动态数列序时平均数的计算

1. 依据时期数列计算序时平均数，按照简单算术平均法来计算，其计算公式为

$$\overline{a}=\frac{a_1+a_2+a_3+\cdots+a_n}{n}=\frac{\sum a}{n}$$

式中，$\overline{a}$ 为平均发展水平；a_n 为各期发展水平；n 是时期指标项数。

例：某网店 2021 年各月商品销售额动态资料见表 5-5，试计算月平均销售额。

表 5-5　某网店 2021 年各月商品销售额

月　份	销售额 / 万元	月　份	销售额 / 万元
1 月	100	7 月	140
2 月	110	8 月	130
3 月	120	9 月	150
4 月	120	10 月	160
5 月	110	11 月	150
6 月	130	12 月	170

对于上述数据，可以利用 Excel 计算月平均销售额。

第一步，建立数据工作表，将上述数据按照时间顺序输入工作表内，选中 B14 单元格，

选择“公式”选项卡，单击“插入函数”，弹出“插入函数”对话框，在“选择函数”中选择“AVERAGE”，单击“确定”，如图 5-2 所示。

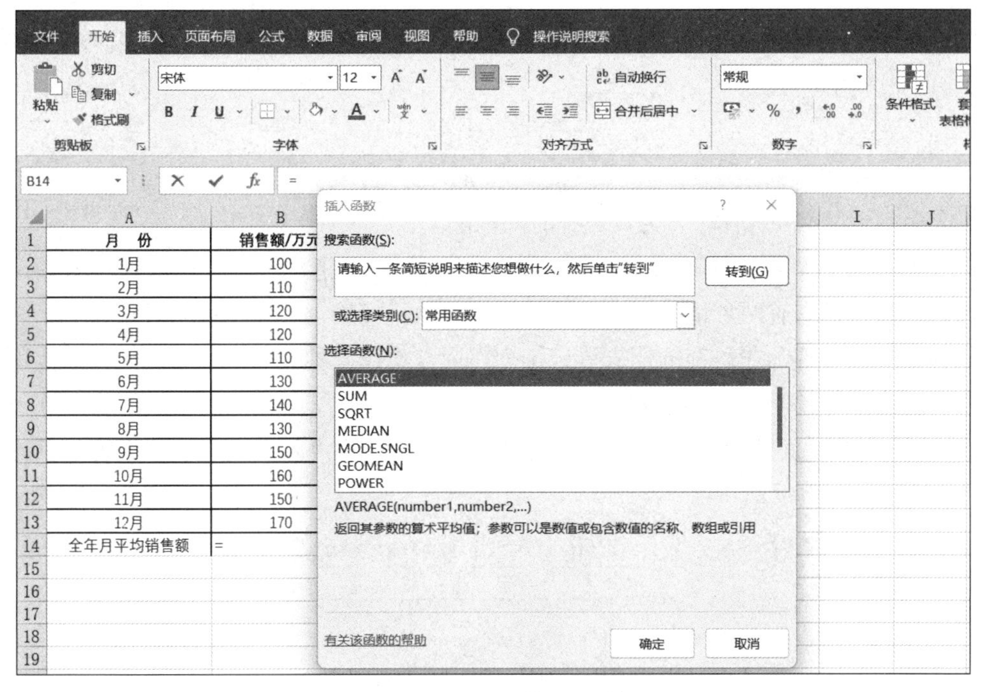

图 5-2　“插入函数”对话框

第二步，在出现的“函数参数”对话框中，将“Number1”设置为“B2:B13”，单击“确定”即可得到全年月平均销售额，如图 5-3 所示。

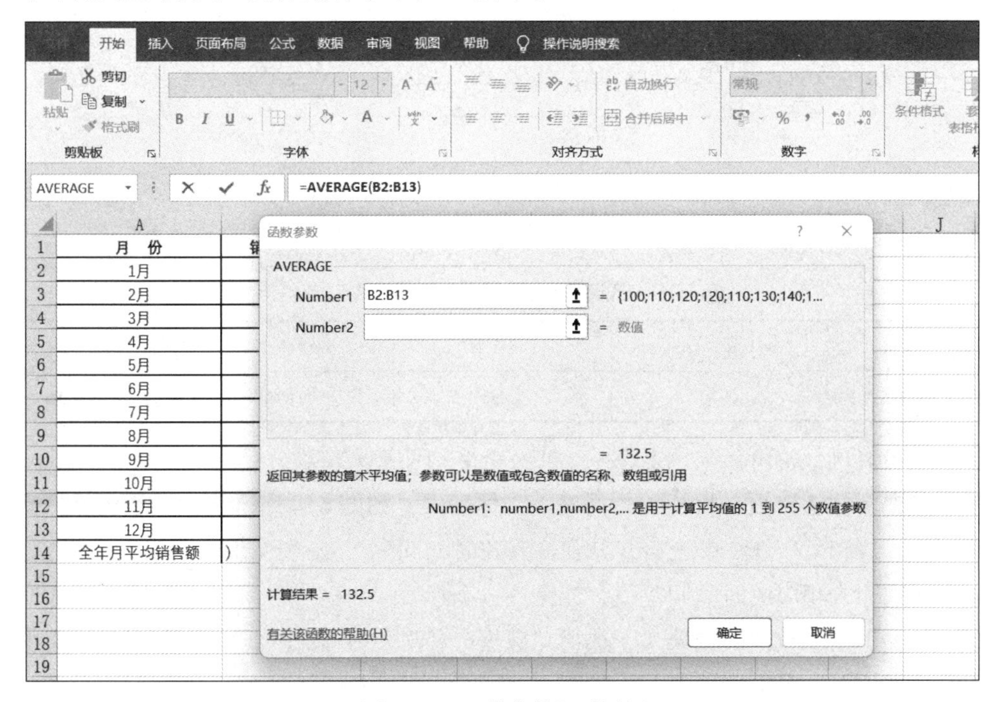

图 5-3　“函数参数”对话框

如需要计算季平均数，方法与计算全年月平均数相同。

2. 依据时点数列计算平均发展水平

（1）连续时点数列的平均发展水平。连续时点数列的序时平均数，采用简单算术平均法来计算，其计算公式为

$$\bar{a}=\frac{\sum a}{n}$$

式中，$\bar{a}$ 为每天的时点水平；n 为天数或时间间隔。

（2）间断时点数列的平均发展水平。间断时点数列是指按月末、季末或年末登记取得资料的时点数列。它有两种情况，一是数列中的各项指标表现为逐期期末登记排列，二是数列中的各项指标表现为非均衡的期末登记排列。通常将前者称为间隔相等的间断时点数列，后者称为间隔不等的间断时点数列。

1）间隔相等的间断时点数列的平均发展水平，采用简单算术平均法来计算，其计算公式为

$$\bar{a}=\frac{\frac{a_1+a_2}{2}+\frac{a_2+a_3}{2}+\cdots+\frac{a_{n-1}+a_n}{2}}{n-1}$$

$$=\frac{\frac{a_1}{2}+a_2+\cdots+a_{n-1}+\frac{a_n}{2}}{n-1}$$

2）间隔不等的间断时点数列的平均发展水平，采用加权算术平均法来计算，其计算公式为

$$\bar{a}=\frac{\frac{a_1+a_2}{2}f_1+\frac{a_2+a_3}{2}f_2+\cdots+\frac{a_{n-1}+a_n}{2}f_{n-1}}{f_1+f_2+\cdots+f_{n-1}}=\frac{\sum\frac{a_i+a_{i+1}}{2}f_i}{\sum f_i}$$

式中，a_i 代表时点水平；f_i 代表两个相邻时点之间的时间间隔长度（i=1，2，…，n–1）。

例：江苏某城市 2022 年的外来人口资料见表 5-6，计算该市平均外来人口数。

表 5-6　江苏某城市 2022 年外来人口资料

时　间	1 月 1 日	5 月 1 日	8 月 1 日	12 月 31 日
外来人口数 / 万人	21.30	21.38	21.40	21.51

针对上述案例，也可以采用 Excel 计算该市平均外来人口数。

第一步，新建工作表，将相关数据输入工作表中，如图 5-4 所示。

第二步，选择 C1、D1 单元格，分别输入“时间间隔”及“移动平均值”，在 C2 至 C5 单元格中分别输入相应的时间间隔值，如图 5-5 所示。

第三步，单击“数据”选项卡，选择“数据分析”，在弹出的“数据分析”对话框中，选择“移动平均”，单击“确定”，如图 5-6 所示。

	A	B	C	D	E	F	G	H	I	J
1	时间	外来人口数								
2	1月1日	21.3								
3	5月1日	21.38								
4	8月1日	21.4								
5	12月31日	21.51								
6										

图 5-4　建立数据工作表

	A	B	C	D	E	F	G	H	I
1	时间	外来人口数	时间间隔	移动平均值					
2	1月1日	21.3	—						
3	5月1日	21.38	4						
4	8月1日	21.4	3						
5	12月31日	21.51	5						
6									

图 5-5　输入“时间间隔”值

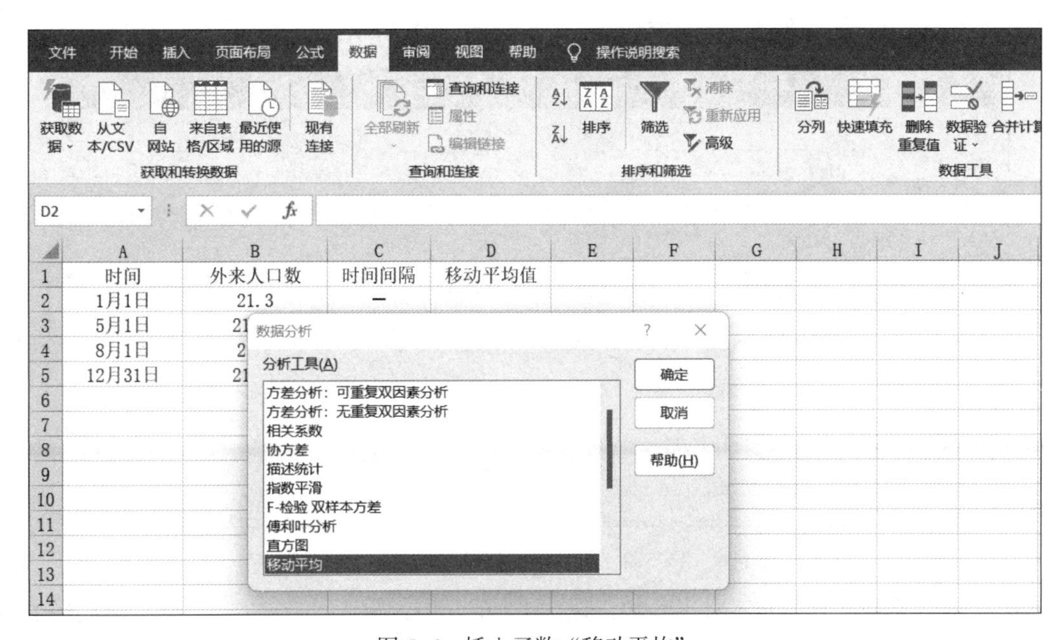

图 5-6　插入函数“移动平均”

第四步，在出现的“移动平均”对话框中，在“输入区域”输入“$B$2:$B$5”，“间隔”输入“2”，“输出区域”输入“$D$2:$D$5”，如图 5-7 所示。

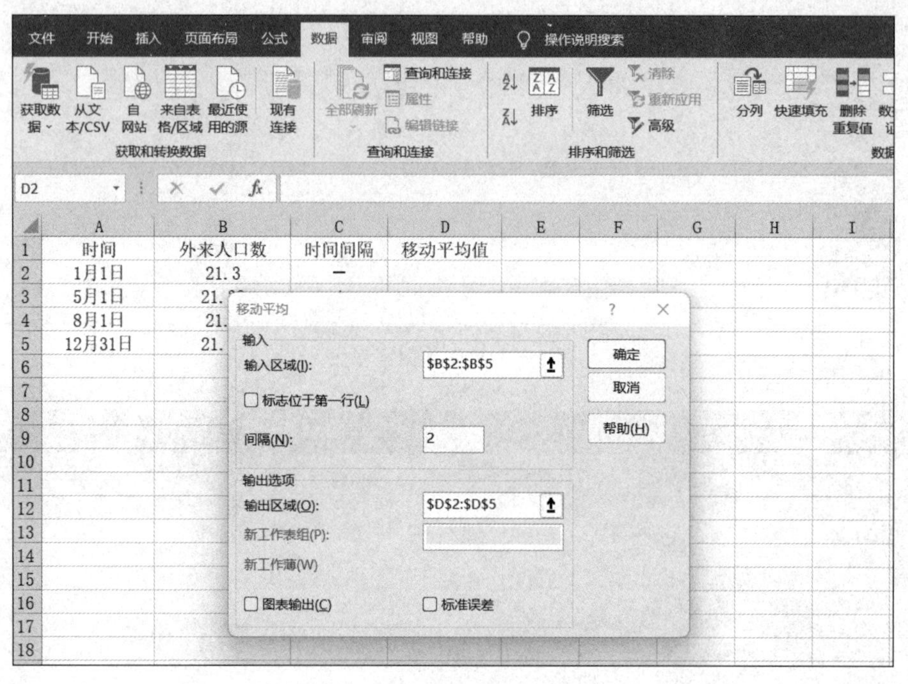

图 5-7　输入数据区域

第五步，单击“确定”，选中 E1 单元格，输入“$\frac{a_{n-1}+a_n}{2}f_{n-1}$”；选中 E3 单元格，输入“=D3*C3”，单击函数栏上的“√”；再次选中 E3 单元格并将光标移至单元格右下角，待出现“+”标志，向下拖至 D5 单元格；然后对输出的数据和时间间隔分别进行求和，单击“公式”选项卡，选中求和的区域；单击“自动求和”，结果如图 5-8 所示。

	A	B	C	D	E	F	G	H
1	时间	外来人口数	时间间隔	移动平均值	$\frac{a_{n-1}+a_n}{2}f_{n-1}$			
2	1月1日	21.3	—	—	—			
3	5月1日	21.38	4	21.34	85.36			
4	8月1日	21.4	3	21.39	64.17			
5	12月31日	21.51	5	21.455	107.275			
6			12		256.805			
7								

图 5-8　求各组的移动平均值

第六步，求时点数列的序时平均数，选中 E7 单元格，输入“E6/C6”，单击函数栏上的“√”，得到该市 2022 年平均外来人口数为 21.40 万人，如图 5-9 所示。

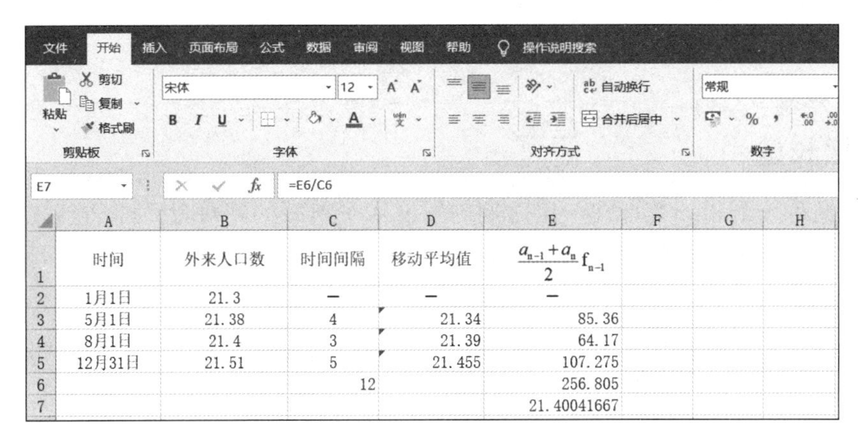

	A	B	C	D	E
1	时间	外来人口数	时间间隔	移动平均值	$\frac{a_{n-1}+a_n}{2}f_{n-1}$
2	1月1日	21.3	—	—	—
3	5月1日	21.38	4	21.34	85.36
4	8月1日	21.4	3	21.39	64.17
5	12月31日	21.51	5	21.455	107.275
6			12		256.805
7					21.40041667

图 5-9　求取平均外来人口数

（二）相对数动态数列序时平均数的计算

相对数动态数列是由两个相互联系的动态数列对比而求得的，而且分子、分母两个指标的时间状况一般不相同，因此要分别计算出分子、分母两个绝对数动态数列的序时平均数，而后加以对比来求得相对数或平均数动态数列的序时平均数。

相对数动态数列序时平均数的计算公式为

$$\bar{c}=\frac{\bar{a}}{\bar{b}}$$

式中，$\bar{c}$ 为相对数动态数列的序时平均数；$\bar{a}$ 为分子数列的序时平均数；$\bar{b}$ 为分母数列的序时平均数。

（三）平均数动态数列序时平均数的计算

（1）静态平均数动态数列序时平均数的计算公式为

$$\bar{c}=\frac{\bar{a}}{\bar{b}}$$

式中，$\bar{c}$ 为静态平均数动态数列的序时平均数；$\bar{a}$ 为分子数列的序时平均数；$\bar{b}$ 为分母数列的序时平均数。

（2）动态平均数动态数列序时平均数的计算公式为

$$\bar{c}=\frac{\sum\bar{a}}{n}$$

或

$$\bar{c}=\frac{\sum\bar{a}f}{\sum f}$$

例：某网商公司 2023 年某商品各季度月均销售额见表 5-7，计算全年的平均月销售额。

表 5-7　网商公司 2023 年某商品各季度月均销售额

季　度	一季度	二季度	三季度	四季度
月均销售额 / 万元	150	200	180	210

$$\bar{c}=\frac{\sum \bar{a}}{n}=\frac{150+200+180+210}{4}=185\text{（万元）}$$

三、增长量

增长量又称增减量，是指在一定时期内发展水平增减的绝对量，即动态数列中报告期水平与基期水平之差，说明社会经济现象在一定时期内增减变化的绝对量。其计算公式为

增长量 = 报告期水平 − 基期水平

逐期增长量也叫环比增长量，是报告期水平与前期水平之差，表明报告期较前期增减变化的绝对量。其计算公式为

逐期增长量 = 报告期水平 − 前一期水平

累计增长量也叫定基增长量，是报告期水平与某一固定基期水平（通常为最初水平）之差，表明报告期较某一固定基期增减变化的绝对量。其计算公式为

累计增长量 = 报告期水平 − 固定基期水平

四、平均增长量

平均增长量，又称平均增减量，是指某一现象在一定时期内平均每期增减变化的数量，即逐期增长量的序时平均数，表明社会经济现象在一定时期内平均每期增长的数量。其计算方法是逐期增长量之和除以逐期增长量的个数，用公式表示为

$$\text{平均增长量}=\frac{\text{逐期增长量之和}}{\text{逐期增长量的个数}}=\frac{\text{累计增长量}}{\text{时间数列项数}-1}$$

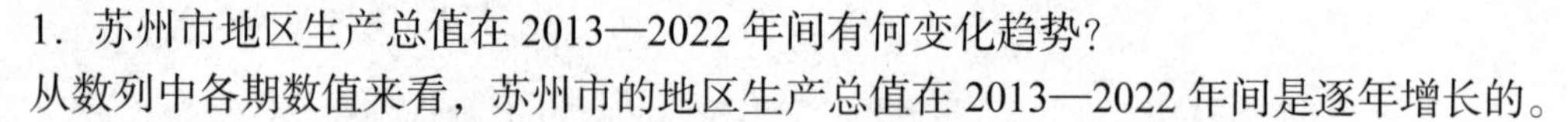

1．苏州市地区生产总值在 2013—2022 年间有何变化趋势？

从数列中各期数值来看，苏州市的地区生产总值在 2013—2022 年间是逐年增长的。

2．根据表 5-4，指出哪些是基期水平、报告期水平及中间水平，并理解其含义。

根据表 5-4 可知，2013 年的地区生产总值 12 929.78 亿元是基期水平，2022 年的地区生产总值 23 958.3 亿元是报告期水平，其他都是中间水平。

3．计算苏州市地区生产总值在 2013—2022 年间的平均发展水平、逐期增长量、累计增长量和平均增长量。

苏州市地区生产总值在 2013—2022 年间的平均发展水平：由于地区生产总值是时期指标，要根据时期数列计算序时平均数的方法计算平均发展水平。

$$\bar{a}=\frac{a_1+a_2+a_3+\cdots+a_n}{n}=\frac{\sum a}{n}$$

$$=\frac{12\,929.78+13\,716.95+14\,468.68+15\,445.26+16\,997.47+18\,263.48+19\,264.8+20\,180.45+22\,718.34+23\,958.3}{10}$$

$$=\frac{177\,943.5}{10}=17\,794.35\text{（亿元）}$$

苏州市2013—2022年地区生产总值及其增长量见表5-8。

表5-8　苏州市2013—2022年地区生产总值及其增长量

年　份	2013	2014	2015	2016	2017	2018	2019	2020	2021	2022
逐期增长量/亿元	—	787.17	751.73	976.58	1 552.21	1 266.01	1 001.32	915.65	2 537.89	1 239.96
累计增长量/亿元	—	787.17	1 538.9	2 515.48	4 067.69	5 333.7	6 335.02	7 250.67	9 788.56	11 028.52

$$\text{平均增长量}=\frac{\text{逐期增长量之和}}{\text{逐期增长量的个数}}=\frac{11\,028.52}{9}=1\,225.39\text{（亿元）}$$

能力检测

某企业产量和职工人数见表5-9。

表5-9　某企业产量和职工人数资料

项　目	时　间		
	四月	五月	六月
产量/件	1 200	1 440	1 050
月初人数/人	60	60	65

要求：

1. 计算该企业二季度平均每月的产品产量。
2. 计算该企业二季度平均每月的职工人数。
3. 计算该企业二季度每名工人平均每月的劳动生产率。

任务三　动态速度指标处理

任务导入

苏州市2013—2022年地区生产总值及其动态指标见表5-10。

表5-10　苏州市2013—2022年地区生产总值及其动态指标一览表

年　份	2013	2014	2015	2016	2017	2018	2019	2020	2021	2022
地区生产总值/亿元	12 929.78	13 716.95	14 468.68	15 445.26	16 997.47	18 263.48	19 264.8	20 180.45	22 718.34	23 958.3
逐期增长量/亿元	—	787.17	751.73	976.58	1 552.21	1 266.01	1 001.32	915.65	2 537.89	1 239.96
累计增长量/亿元	—	787.17	1 538.9	2 515.48	4 067.69	5 333.7	6 335.02	7 250.67	9 788.56	11 028.52
环比发展速度（%）	—	106.09	105.48	106.75	110.05	107.45	105.48	104.75	112.58	105.46
定基发展速度（%）	—	106.09	111.90	119.45	131.46	141.25	149.00	156.08	175.71	185.30
环比增长速度（%）	—	6.09	5.48	6.75	10.05	7.45	5.48	4.75	12.58	5.46
定基增长速度（%）	—	6.09	11.90	19.45	31.46	41.25	49.00	56.08	75.71	85.30

（资料来源：《江苏省统计年鉴（2023）》，江苏省统计局）

任务描述

1. 如何理解环比发展速度和定基发展速度？
2. 你认为环比发展速度和定基发展速度之间有何关系？
3. 如何理解环比发展速度与环比增长速度、定基发展速度与定基增长速度之间的关系？
4. 通过上述数据资料，你对苏州市的发展有何看法？

相关知识

一、发展速度

发展速度是研究某种社会经济现象发展程度的动态分析指标。它是用动态数列中的报告期水平与基期水平之比来求得的，反映某种现象的发展方向和程度，一般用百分数表示，当发展速度较大时，也可以用倍数表示。

$$发展速度=\frac{报告期水平}{基期水平}\times100\%$$

当发展速度大于 100% 时，表示上升；当发展速度小于 100% 时，表示下降。

（1）定基发展速度是报告期水平与某一固定基期水平之比，反映社会经济现象在较长一段时间内总的发展变化程度，故又称总发展速度。

$$定基发展速度=\frac{报告期水平}{某一固定基期水平}\times100\%$$

（2）环比发展速度是报告期水平与前一期发展水平之比，反映社会经济现象逐期发展变化的相对程度。

$$环比发展速度=\frac{报告期水平}{前一期发展水平}\times100\%$$

定基发展速度与环比发展速度的数量关系如下。

（1）定基发展速度等于相应的各个环比发展速度的连乘积。

$$\frac{a_n}{a_0}=\frac{a_1}{a_0}\times\frac{a_2}{a_1}\times\frac{a_3}{a_2}\times\cdots\times\frac{a_n}{a_{n-1}}$$

（2）两个相邻时期的定基发展速度之比，等于相应的环比发展速度。

$$\frac{a_n}{a_{n-1}}=\frac{a_n}{a_0}\div\frac{a_{n-1}}{a_0}$$

二、增长速度

增长速度又称增减速度，是报告期增长量与基期发展水平之比。它是反映社会经济现象在一定时期内增减程度的动态分析指标，一般用百分数或倍数表示。

$$增长速度=\frac{增长量}{基期水平}\times100\%=\frac{报告期水平-基期发展水平}{基期水平}\times100\%=发展速度-1$$

增长速度指标可正可负。当发展速度大于 100%，增长量为正值时，则增长速度为正数，表明为递增速度；当发展速度小于 100%，增长量为负值时，则增长速度为负数，表明为递减速度。

（1）定基增长速度是报告期的累计增长量与某一固定基期的水平（通常为最初水平）之比，表明某种社会经济现象在较长一段时间内总的增长速度。

$$定基增长速度=\frac{累计增长量}{某一固定基期水平}=\frac{报告期水平-某一固定基期水平}{某一固定基期水平}=定基发展速度-1$$

（2）环比增长速度是报告期的逐期增长量与前一期发展水平之比，表明某种社会经济现象逐期的增长速度。

$$环比增长速度=\frac{逐期增长量}{前一期发展水平}=\frac{报告期水平-前一期发展水平}{前一期发展水平}=环比发展速度-1$$

三、动态分析数据的 Excel 处理

根据任务导入表 5-10 的苏州市 2013—2022 年地区生产总值，利用 Excel 计算逐期增长量、累计增长量、环比发展速度、定基发展速度、环比增长速度、定基增长速度。

第一步，计算逐期增长量。在 C4 单元格中输入公式“=C3−B3”，按“回车”键即可计算出逐期增长量为 787.17 亿元，如图 5-10 所示。

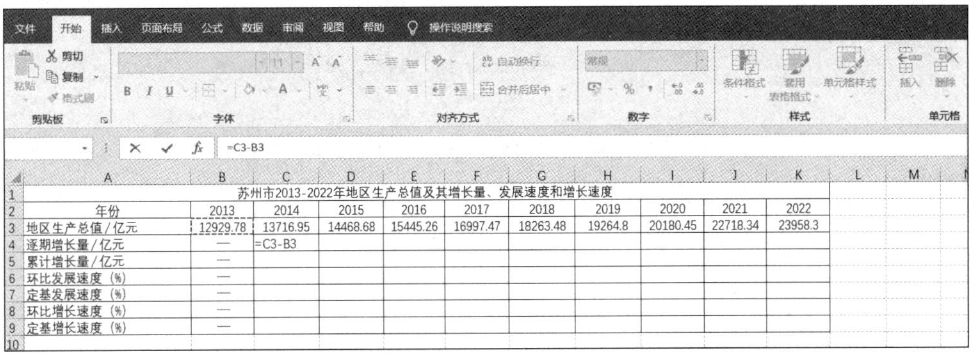

	A	B	C	D	E	F	G	H	I	J	K
1	苏州市2013-2022年地区生产总值及其增长量、发展速度和增长速度										
2	年份	2013	2014	2015	2016	2017	2018	2019	2020	2021	2022
3	地区生产总值/亿元	12929.78	13716.95	14468.68	15445.26	16997.47	18263.48	19264.8	20180.45	22718.34	23958.3
4	逐期增长量/亿元	—	=C3-B3								
5	累计增长量/亿元	—									
6	环比发展速度（%）	—									
7	定基发展速度（%）	—									
8	环比增长速度（%）	—									
9	定基增长速度（%）	—									

图 5-10　计算逐期增长量——输入公式“=C3−B3”

选中 C4 单元格并将光标移至 C4 右下角，在出现“+”字之后按住鼠标左键并向后拖动，从而计算出 2014—2022 年的逐期增长量，如图 5-11 所示。

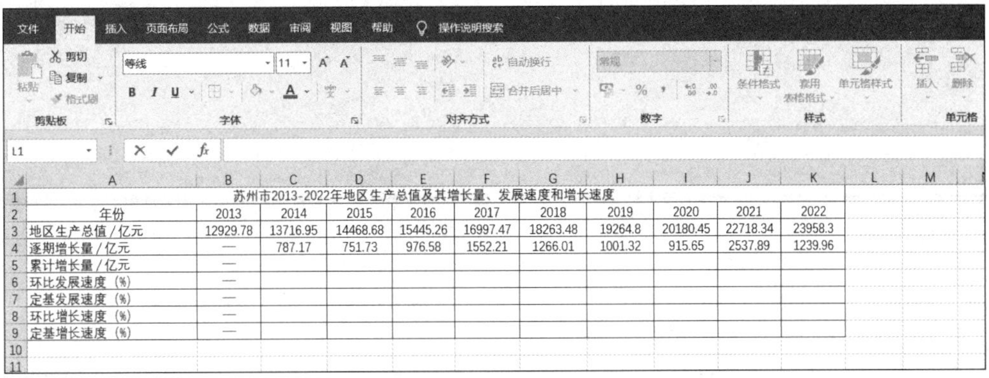

	A	B	C	D	E	F	G	H	I	J	K
1	苏州市2013-2022年地区生产总值及其增长量、发展速度和增长速度										
2	年份	2013	2014	2015	2016	2017	2018	2019	2020	2021	2022
3	地区生产总值/亿元	12929.78	13716.95	14468.68	15445.26	16997.47	18263.48	19264.8	20180.45	22718.34	23958.3
4	逐期增长量/亿元	—	787.17	751.73	976.58	1552.21	1266.01	1001.32	915.65	2537.89	1239.96
5	累计增长量/亿元	—									
6	环比发展速度（%）	—									
7	定基发展速度（%）	—									
8	环比增长速度（%）	—									
9	定基增长速度（%）	—									

图 5-11　计算逐期增长量——2014—2022 年的逐期增长量

第二步，计算累计增长量。在 C5 单元格输入“= C3-$B$3”，按“回车”键即可计算出 2014 年的累计增长量为 787.17 亿元，如图 5-12 所示。

C5 =C3-$B$3

	A	B	C	D	E	F	G	H	I	J	K
1	苏州市2013-2022年地区生产总值及其增长量、发展速度和增长速度										
2	年份	2013	2014	2015	2016	2017	2018	2019	2020	2021	2022
3	地区生产总值/亿元	12929.78	13716.95	14468.68	15445.26	16997.47	18263.48	19264.8	20180.45	22718.34	23958.3
4	逐期增长量/亿元	—	787.17	751.73	976.58	1552.21	1266.01	1001.32	915.65	2537.89	1239.96
5	累计增长量/亿元	—	=C3-$B$3								
6	环比发展速度（%）	—									
7	定基发展速度（%）	—									
8	环比增长速度（%）	—									
9	定基增长速度（%）	—									

图 5-12　计算累计增长量——输入“= C3-$B$3”

选中 C5 单元格并将光标移至 C5 右下角，在出现“+”字之后按住鼠标左键并向后拖动，从而计算出 2014—2022 年的累计增长量，如图 5-13 所示。

	A	B	C	D	E	F	G	H	I	J	K
1	苏州市2013-2022年地区生产总值及其增长量、发展速度和增长速度										
2	年份	2013	2014	2015	2016	2017	2018	2019	2020	2021	2022
3	地区生产总值/亿元	12929.78	13716.95	14468.68	15445.26	16997.47	18263.48	19264.8	20180.45	22718.34	23958.3
4	逐期增长量/亿元	—	787.17	751.73	976.58	1552.21	1266.01	1001.32	915.65	2537.89	1239.96
5	累计增长量/亿元	—	787.17	1538.9	2515.48	4067.69	5333.7	6335.02	7250.67	9788.56	11028.52
6	环比发展速度（%）	—									
7	定基发展速度（%）	—									
8	环比增长速度（%）	—									
9	定基增长速度（%）	—									

图 5-13　计算累计增长量——2014—2022 年的累计增长量

第三步，计算环比发展速度。在 C6 单元格输入公式“=C3/B3*100”，按“回车”键即可计算出 2014 年环比发展速度为 106.09%，如图 5-14 所示。

B3 =C3/B3*100

	A	B	C	D	E	F	G	H	I	J	K
1	苏州市2013-2022年地区生产总值及其增长量、发展速度和增长速度										
2	年份	2013	2014	2015	2016	2017	2018	2019	2020	2021	2022
3	地区生产总值/亿元	12929.78	13716.95	14468.68	15445.26	16997.47	18263.48	19264.8	20180.45	22718.34	23958.3
4	逐期增长量/亿元	—	787.17	751.73	976.58	1552.21	1266.01	1001.32	915.65	2537.89	1239.96
5	累计增长量/亿元	—	787.17	1538.9	2515.48	4067.69	5333.7	6335.02	7250.67	9788.56	11028.52
6	环比发展速度（%）	—	=C3/B3*100								
7	定基发展速度（%）	—									
8	环比增长速度（%）	—									
9	定基增长速度（%）	—									

图 5-14　计算环比发展速度——输入公式“=C3/B3*100”

选中单元格 C6 并将光标移至 C6 右下角，在出现“+”字之后按住鼠标左键并向后拖动，从而计算出 2014—2022 年的环比发展速度，如图 5-15 所示。

苏州市2013-2022年地区生产总值及其增长量、发展速度和增长速度										
年份	2013	2014	2015	2016	2017	2018	2019	2020	2021	2022
地区生产总值/亿元	12929.78	13716.95	14468.68	15445.26	16997.47	18263.48	19264.8	20180.45	22718.34	23958.3
逐期增长量/亿元	—	787.17	751.73	976.58	1552.21	1266.01	1001.32	915.65	2537.89	1239.96
累计增长量/亿元	—	787.17	1538.9	2515.48	4067.69	5333.7	6335.02	7250.67	9788.56	11028.52
环比发展速度（%）	—	106.09	105.48	106.75	110.05	107.45	105.48	104.75	112.58	105.46
定基发展速度（%）	—									
环比增长速度（%）	—									
定基增长速度（%）	—									

图 5-15　计算环比发展速度——2014—2022 年的环比发展速度

第四步，计算定基发展速度。在 C7 单元格输入公式“=C3/$B$3*100”，按“回车”键即可计算出 2014 年定基发展速度为 106.09%，如图 5-16 所示。

=C3/$B$3*100

苏州市2013-2022年地区生产总值及其增长量、发展速度和增长速度										
年份	2013	2014	2015	2016	2017	2018	2019	2020	2021	2022
地区生产总值/亿元	12929.78	13716.95	14468.68	15445.26	16997.47	18263.48	19264.8	20180.45	22718.34	23958.3
逐期增长量/亿元	—	787.17	751.73	976.58	1552.21	1266.01	1001.32	915.65	2537.89	1239.96
累计增长量/亿元	—	787.17	1538.9	2515.48	4067.69	5333.7	6335.02	7250.67	9788.56	11028.52
环比发展速度（%）	—	106.09	105.48	106.75	110.05	107.45	105.48	104.75	112.58	105.46
定基发展速度（%）	—	=C3/$B$3*100								
环比增长速度（%）	—									
定基增长速度（%）	—									

图 5-16　计算定基发展速度——输入公式“=C3/$B$3*100”

选中 C7 单元格并将光标移至 C7 右下角，在出现“+”字之后按住鼠标左键并向后拖动，从而计算出 2014—2022 年的定基发展速度，如图 5-17 所示。

苏州市2013-2022年地区生产总值及其增长量、发展速度和增长速度										
年份	2013	2014	2015	2016	2017	2018	2019	2020	2021	2022
地区生产总值/亿元	12929.78	13716.95	14468.68	15445.26	16997.47	18263.48	19264.8	20180.45	22718.34	23958.3
逐期增长量/亿元	—	787.17	751.73	976.58	1552.21	1266.01	1001.32	915.65	2537.89	1239.96
累计增长量/亿元	—	787.17	1538.9	2515.48	4067.69	5333.7	6335.02	7250.67	9788.56	11028.52
环比发展速度（%）	—	106.09	105.48	106.75	110.05	107.45	105.48	104.75	112.58	105.46
定基发展速度（%）	—	106.09	111.90	119.45	131.46	141.25	149.00	156.08	175.71	185.30
环比增长速度（%）	—									
定基增长速度（%）	—									

图 5-17　计算定基发展速度——2014—2022 年的定基发展速度

第五步，环比增长速度。在单元格 C8 输入公式“=C6−100”，按“回车”键即可计算出 2014 年环比增长速度为 6.09%，如图 5-18 所示。

=C6-100

苏州市2013-2022年地区生产总值及其增长量、发展速度和增长速度										
年份	2013	2014	2015	2016	2017	2018	2019	2020	2021	2022
地区生产总值/亿元	12929.78	13716.95	14468.68	15445.26	16997.47	18263.48	19264.8	20180.45	22718.34	23958.3
逐期增长量/亿元	—	787.17	751.73	976.58	1552.21	1266.01	1001.32	915.65	2537.89	1239.96
累计增长量/亿元	—	787.17	1538.9	2515.48	4067.69	5333.7	6335.02	7250.67	9788.56	11028.52
环比发展速度（%）	—	106.09	105.48	106.75	110.05	107.45	105.48	104.75	112.58	105.46
定基发展速度（%）	—	106.09	111.90	119.45	131.46	141.25	149.00	156.08	175.71	185.30
环比增长速度（%）	—	=C6-100								
定基增长速度（%）	—									

图 5-18　计算环比增长速度——输入公式“=C6−100”

选中 C8 单元格并将光标移至 C8 右下角，在出现“+”字之后单击鼠标左键并向后拖动，从而计算出 2014—2022 年的环比增长速度，如图 5-19 所示。

C8　=C6-100

苏州市2013-2022年地区生产总值及其增长量、发展速度和增长速度										
年份	2013	2014	2015	2016	2017	2018	2019	2020	2021	2022
地区生产总值/亿元	12929.78	13716.95	14468.68	15445.26	16997.47	18263.48	19264.8	20180.45	22718.34	23958.3
逐期增长量/亿元	—	787.17	751.73	976.58	1552.21	1266.01	1001.32	915.65	2537.89	1239.96
累计增长量/亿元	—	787.17	1538.9	2515.48	4067.69	5333.7	6335.02	7250.67	9788.56	11028.52
环比发展速度（%）	—	106.09	105.48	106.75	110.05	107.45	105.48	104.75	112.58	105.46
定基发展速度（%）	—	106.09	111.90	119.45	131.46	141.25	149.00	156.08	175.71	185.30
环比增长速度（%）	—	6.09	5.48	6.75	10.05	7.45	5.48	4.75	12.58	5.46
定基增长速度（%）	—									

图 5-19　计算环比增长速度——2014—2022 年的环比增长速度

第六步，计算定基增长速度。在单元格 C9 输入公式“=C7−100”，按“回车”键即可计算出 2014 年定基增长速度为 6.09%，如图 5-20 所示。

C9　=C7-100

苏州市2013-2022年地区生产总值及其增长量、发展速度和增长速度										
年份	2013	2014	2015	2016	2017	2018	2019	2020	2021	2022
地区生产总值/亿元	12929.78	13716.95	14468.68	15445.26	16997.47	18263.48	19264.8	20180.45	22718.34	23958.3
逐期增长量/亿元	—	787.17	751.73	976.58	1552.21	1266.01	1001.32	915.65	2537.89	1239.96
累计增长量/亿元	—	787.17	1538.9	2515.48	4067.69	5333.7	6335.02	7250.67	9788.56	11028.52
环比发展速度（%）	—	106.09	105.48	106.75	110.05	107.45	105.48	104.75	112.58	105.46
定基发展速度（%）	—	106.09	111.90	119.45	131.46	141.25	149.00	156.08	175.71	185.30
环比增长速度（%）	—	6.09	5.48	6.75	10.05	7.45	5.48	4.75	12.58	5.46
定基增长速度（%）	—	=C7-100								

图 5-20　计算定基增长速度——输入公式“=C7−100”

选中 C9 单元格并将光标移至 C9 右下角，在出现“+”字之后按住鼠标左键并向后拖动，从而计算出 2014—2022 年的定基增长速度，如图 5-21 所示。

C9　=C7-100

	A	B	C	D	E	F	G	H	I	J	K
1	苏州市2013-2022年地区生产总值及其增长量、发展速度和增长速度										
2	年份	2013	2014	2015	2016	2017	2018	2019	2020	2021	2022
3	地区生产总值/亿元	12929.78	13716.95	14468.68	15445.26	16997.47	18263.48	19264.8	20180.45	22718.34	23958.3
4	逐期增长量/亿元	—	787.17	751.73	976.58	1552.21	1266.01	1001.32	915.65	2537.89	1239.96
5	累计增长量/亿元	—	787.17	1538.9	2515.48	4067.69	5333.7	6335.02	7250.67	9788.56	11028.52
6	环比发展速度（%）	—	106.09	105.48	106.75	110.05	107.45	105.48	104.75	112.58	105.46
7	定基发展速度（%）	—	106.09	111.90	119.45	131.46	141.25	149.00	156.08	175.71	185.30
8	环比增长速度（%）	—	6.09	5.48	6.75	10.05	7.45	5.48	4.75	12.58	5.46
9	定基增长速度（%）	—	6.09	11.90	19.45	31.46	41.25	49.00	56.08	75.71	85.30

图 5-21　计算定基增长速度——2014—2022 年的定基增长速度

四、平均发展速度和平均增长速度

（一）平均发展速度

平均发展速度是各时间环比发展速度的序时平均数，它说明社会经济现象在较长一段时间中各期平均发展变化的程度。

由于社会经济现象发展的总速度不等于各年发展速度之和，而等于积年环比发展速度的连乘积，所以平均发展速度不能用算术平均法计算，而要用几何平均法计算。

$$\bar{x}=\sqrt[n]{x_1x_2x_3\cdots x_n}=\sqrt[n]{\Pi x}$$

$$=\sqrt[n]{\frac{a_1}{a_0}\times\frac{a_2}{a_1}\times\frac{a_3}{a_3}\times\cdots\times\frac{a_n}{a_{n-1}}}=\sqrt[n]{\frac{a_n}{a_0}}$$

式中，$\bar{x}$ 为平均发展速度；x 为各期环比发展速度；Π 为连乘符号。

一段时期的定基发展速度即为现象的总速度。如果用 R 表示总速度，则平均发展速度的公式还可以表示为

$$\bar{x}=\sqrt[n]{R}$$

式中，$\bar{x}$ 为平均发展速度；R 为总速度；n 为环比发展速度的项数。

（二）平均增长速度

平均增长速度是指动态数列中各期环比增长速度的平均发展水平，它表明社会经济现象在一个较长时期内逐期增长的平均程度。不过，平均增长速度并不能根据各期环比增长速度直接计算，而是先计算平均发展速度，然后，根据平均发展速度与平均增长速度的关系来计算平均增长速度，即

$$\text{平均增长速度}=\text{平均发展速度}-1$$

平均增长速度为正值，表明发展速度递增；平均增长速度为负值，表明发展速度递减。

任务实施

1．如何理解环比发展速度和定基发展速度？

环比发展速度是报告期水平与前一期发展水平之比，反映社会经济现象逐期发展变化的方向和相对程度，即报告期水平是其前一期发展水平的多少倍或百分之几。

定基发展速度是报告期水平与某一固定基期水平之比，反映社会经济现象在较长一段时间内总的发展变化程度，即报告期水平是某一固定时间发展水平的多少倍或百分之几，故又称总发展速度。

2．你认为环比发展速度和定基发展速度之间有何关系？

第一，定基发展速度等于相应的各个环比发展速度的连乘积。

第二，两个相邻时期的定基发展速度之比，等于相应的环比发展速度。

3．如何理解环比发展速度与环比增长速度、定基发展速度与定基增长速度之间的关系？

定基增长速度是报告期的累计增长量与某一固定基期的水平（通常为最初水平）之比，表明某种社会经济现象在较长一段时间内总的增长速度。

环比增长速度是报告期的逐期增长量与前一期发展水平之比，表明某种社会经济现象逐期的增长速度。

4．通过上述数据资料，你对苏州市的发展有何看法？

从环比增长速度来看，苏州市的地区生产总值每年都是正增长，增长的速度也较快，但增速有所放缓，主要是由于基数越来越大的原因。

能力检测

某企业 2018—2023 年生产总值资料见表 5-11。

表 5-11　某企业 2018—2023 年生产总值资料

年　份	2018	2019	2020	2021	2022	2023
生产总值 / 万元	342	446	519	548	702	785

要求：

1．计算各年的逐期增长量和累计增长量。

2．计算各年的环比发展速度和定基发展速度。

3．计算各年的环比增长速度和定基增长速度。

4．计算 2018—2023 年生产总值的平均发展速度和平均增长速度。

数据可视化及数据分析报告编写

项目分析

本项目主要介绍常见的数据可视化工具、统计表的编制要求、图表的构成与类型、数据转化为图表的工作流程，以及数据分析报告的特点与结构等内容。

学习目标

知识目标

- 了解图表的构成；
- 了解常见的可视化工具；
- 掌握在计算机中利用 Office 办公软件制作统计图表的技术；
- 理解数据分析报告的基本概念和作用；
- 熟悉数据分析报告的特点与结构。

技能目标

- 能对数据进行适当的分类；
- 能画出常见的统计表；
- 能画出常见的统计图；
- 能解读统计图表的含义；
- 能编写数据分析报告。

素质目标

- 培养学生精益求精的工匠精神；
- 提升学生分析问题、解决问题的能力；
- 培养学生的创新能力。

任务一 数据可视化认知

任务导入

数据聚合、汇总和可视化是支撑数据分析领域的三大支柱。其中，数据可视化作为一个强有力的工具，近年来被各行各业广泛使用，并逐渐从二维走向三维。

有效的数据可视化既是一门艺术，也是一门科学。色彩丰富的数据大图和炫酷的动效，让原本看不见、摸不着的数据变得直观易懂，便于分析、决策，还能调动情绪、引发共鸣，甚至能达到一图胜千言的效果。

图 6-1 是一个典型的可视化数据集合面板，非常便于人们日常监控数据的变化。

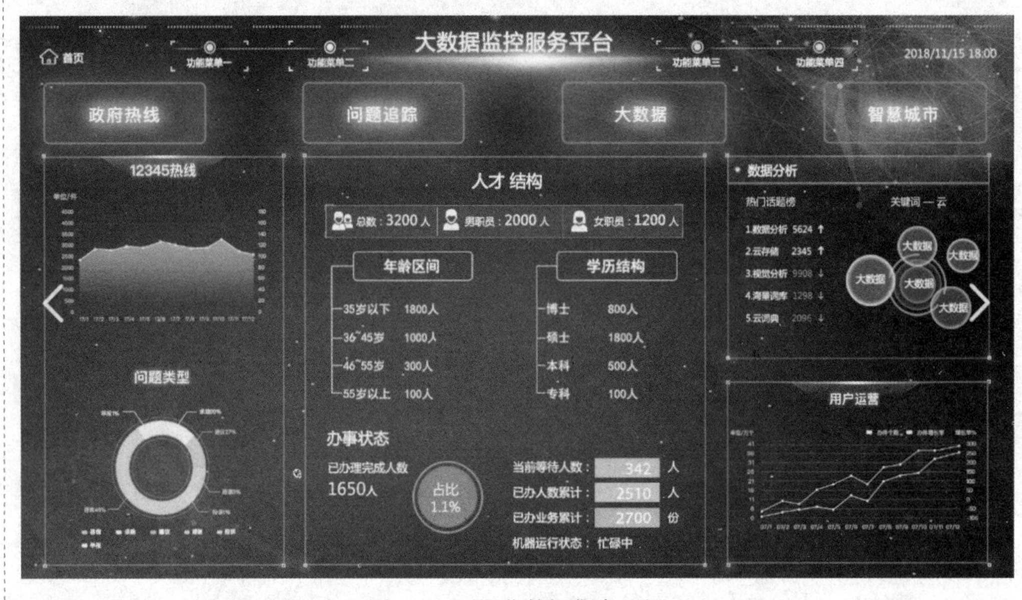

图 6-1 可视化数据集合面板

任务描述

可视化工具有哪些？

相关知识

一、数据可视化的概念和优势

1. 数据可视化的概念

数据可视化就是指将结构或非结构数据转化成适当的可视化图表，然后将隐藏在数据中的信息直接展现于人们面前。随着大数据技术和人工智能技术的不断发展，图表类型表现得更加多样化、丰富化。除了传统的饼图、柱形图、折线图等常见图形，还有气泡图、面积图、省份地图、词云、瀑布图、漏斗图等图表，甚至还有GIS地图。这些种类繁多的图形能满足不同的展示和分析需求。

2. 数据可视化的优势

（1）直观展示，增强说服力。相比传统的用表格或文档展现数据的方式，可视化能将数据以更加直观的方式展现出来，使数据更加客观、更具说服力。在各类报表和说明性文件中，用直观的图表展现数据，显得简洁、可靠。

（2）深度挖掘，一站式分析。在大数据时代，数据的价值在于深入挖掘。可视化图表工具通常与数据分析功能相结合，无法单独应用。数据分析又需要整合数据接入、数据处理、ETL等数据功能，从而发展成为一站式的大数据分析平台，实现数据的深度挖掘和价值提取。

（3）功能易用，操作人性化。科技在进步，社会在发展，数据可视化也要适应时代的需求，除了关注数据处理和数据展示方面的提升，还要强调功能易用性和操作人性化。通过降低学习门槛，可以让更多的业务人员能够了解数据平台和数据可视化技术。

（4）应用广泛，表现力更强。数据可视化的多样性和表现力吸引了许多从业者，而其创作过程中的每一环节都有强大的专业背景支持。无论是动态还是静态的可视化图形，都为我们搭建了新的桥梁，让我们能洞察世界的究竟、发现形形色色的关系，感受每时每刻围绕在我们身边的信息变化，还能让我们理解其他形式下不易发掘的事物。

二、常见的可视化工具

1. WPS和Office

在WPS和Office的“图表”模块中，提供了数据看板功能，并内置了多种展示模板，可以通过修改模板数据内容，自动生成新的图表，使用便捷。

2. DataV

DataV是阿里云和浙江大学合作的数据可视化组件库，其特点是调用便捷，支持阿里云分析型数据库、关系型数据库、本地CSV上传、在线API接入及动态请求。登录阿里云网站https://www.aliyun.com/，在“产品”目录栏的“大数据计算”专栏内可以找到“DataV数据可视化”工具，该工具需付费使用。

3. 腾讯云图

腾讯云图可直接将所要呈现的组件拖拽到画布上进行自由配置和布局，通过单击、拖拽即可调整图层顺序，全程图形化编辑操作，使用简便，无须编码。

4. Tableau

Tableau的设计目标是以可视化的形态呈现关系型数据库之间的关联。用户通过拖拽式操作，便可完成数据分析和可视化图表与报告的创建，并进一步展开探索式数据分析。

三、编码类可视化工具

1. ECharts

百度公司开发的 ECharts 可视化工具是一款开源免费的数据可视化图表库。

登录 ECharts 网站（https://echarts.apache.org），可以查看一系列通过 JavaScript 语言制作的数据可视化图表模板。用户在使用过程中，只需要通过简单的程序配置方式和插件设计，便能定制出符合需求的图表。ECharts 在保证易用性的同时，也提供了一定的可扩展性。

2. R 语言

R 语言是一种被广泛使用的开源统计分析技术，主要是以命令执行操作，用户界面可扩充自带图形，支持多种统计分析、数据分析、矩阵运算及可视化功能。

3. Python

Python 提供了运算高效的数据结构，还能简单有效地面向对象编程，是数据分析领域的主流技术和工具。

Python 简单易用，第三方库强大（如 matplotlib、pandas 等），并提供了完整的数据分析框架，因此深受数据分析人员的青睐。

4. SAS

SAS 是一种用于数据管理和分析的语言，其数据管理、报表、图形、统计分析等功能都可编写 SAS 语言程序调用，并可使用一些高级程序设计语言去进行如分支、循环、数组等处理。

任务实施

可视化工具有哪些？

（1）常见的可视化工具。① WPS 和 Office；② DataV；③ 腾讯云图；④ Tableau。

（2）编码类可视化工具。① ECharts；② R 语言；③ Python；④ SAS。

能力检测

假如你是一名数据助理分析师，具备一定的数据处理技能。请根据你的需求，选择 3 种你认为合适的可视化工具，完成表 6-1。

表 6-1　3 种可视化工具的使用特点和适用人群

可视化工具名称	简要介绍	使用特点	适用人群

任务二　数据专业图表制作

任务导入

某电商平台2017—2022年销售额情况见表6-2。

表6-2　某电商平台2017—2022年销售额情况　　（单位：亿元）

年　份	2017	2018	2019	2020	2021	2022
销售额	2 602	4 672	9 000	13 000	17 000	20 850

任务描述

1. 利用Word制作该电商平台2017—2022年销售额统计表。
2. 利用Excel制作一张该电商平台2017—2022年销售额统计图（柱形图）。

相关知识

图表作为Excel的核心功能之一，具有极其重要的作用。通过数据表生成多样化的图表，能够将原本枯燥无味的数据以更形象、更生动的方式呈现给用户。这种转化不仅让数据更加易于理解和感知，而且通过图表所展示的形态和趋势，能够深入分析数据背后的规律，对未来的发展趋势进行预测。对于决策层而言，这些图表提供了有力的数据支撑和可视化分析，有助于他们做出更为准确和明智的决策。

可以说统计表是图表的数据来源和基础，而图表则是统计表数据的可视化表达。两者相互配合，共同构成了数据分析的完整过程。

在实际应用中，统计表和图表经常一起使用，以达到更好的数据分析和展示效果。通过统计表，可以对数据进行初步的分类和整理；而通过图表，可以更深入地挖掘数据背后的信息，发现数据的变化规律和趋势，为决策提供有力的支持。

一、统计表

统计表是展示、承载统计资料的广泛形式，统计表的设计一般要遵循科学、简练实用的原则，设计重点要突出，使人一目了然，便于分析和比较。这就要求设计统计表之前，要对列入表中的统计数据资料进行全面的分析，研究如何分组、如何设置指标，以及哪些指标放在主词栏、哪些指标放在宾词栏等。统计表编制的具体要求如下。

（一）内容科学

（1）统计表的内容应设计紧凑、重点突出，反映问题要一目了然，避免庞杂。

（2）统计表的标题应简明、确切。标题应概括表的基本内容以及资料所属的时间、地点；防止文字冗余和含糊不清。

（3）统计表的主词和宾词的排列顺序要正确反映出内容之间的逻辑关系，如先有计划，后有实际执行，之后才有计划完成程度。

（4）表中的计量单位要注明。当表中计量单位一致时，应将其写在表的右上角。需要分别注明计量单位时，可在横行标题的右侧专辟一栏，填写计量单位。纵栏计量单位可在纵栏标题的右侧或下方用括号标出。

（二）形式合理

（1）统计表的形式要美观，表的长宽比例要恰当；基线和表格线要清晰，表的上下端应分别用粗体的上基线和下基线画出；表的左右两侧不封口；各纵栏间应用垂直线分开，各横行间可不画线，但合计行与分行间应画线分开。

（2）统计表的栏次较多时，应加编号，主词栏用“甲”“乙”“丙”等文字标号。宾词栏用“（1）”“（2）”“（3）”等阿拉伯数字标号，为了说明各栏间的数字关系，还可以用“加”“减”“乘”“除”标出各栏间的数字运算关系式。

（3）各行需要合计时，合计数一般列在最后。各纵栏合计数一般列在最前面。

（4）在复合分组情况下，横行标题中次一级分组应在前一次分组的各组下，向右移一字或二字填写。纵栏标题中的次一级分组，应在前一次分组中的各栏中分列小栏填写，并在各小栏前加列小计栏。在分组后的各组不必一一列出时，只需在各组后注明“其中”字样，以示所列的是部分组别。

（三）填写规范

（1）表头上的填报单位要求填写全称，不要省略或不填。上报的全部报表要分别填写。

（2）统计表的数字应填写工整、清楚，字码要整齐对位。表内某栏数字无法获得时，要划一字线“—”表示；表内某格免填时，用符号“×”表示；表内某格为空白时，表示不适用。如果各行或各栏中有相同的数字，应全部填写，不可写上“同上”“同左”等字样。

（3）严格按表内要求的计量单位填写，不得随意采用其他计量单位。这是确保数据准确性和一致性的重要原则。任何随意更改计量单位的行为都可能导致数据失真，影响分析和决策的准确性。因此，务必严格遵守表内要求的计量单位，以确保统计表的科学性和有效性。

（4）统计表的资料来源以及需要加以说明的事项，可以在表的下方加“附注”或“说明”，以便查考。

（5）填写完结审核无误后，制表人和主管负责人应签名并加盖本单位公章，以示负责。

二、图表

图表是将统计表中的数据以图像化的形式进行展示，通过点、线、面等图形化元素来呈现数据的变化趋势、对比关系以及内在规律。图表能够更直观、更生动地展示数据，使得数据更易于理解和分析。

（一）图表构成

认识图表的各个组成部分，对于正确选择图表元素和设置图表对象格式来说是非常重要的。图表默认由图表区、绘图区、网格线、数据系列、图表标题、图例水平（类别）轴/垂直（值）轴等元素组成。

1. 图表区

图表区包含了整张图表的所有元素。选择并拖拽图表右上角的空白区域，可以移动整个图表。

2. 绘图区

绘图区是指图表区内的图形表示的区域，即以两个坐标轴为边的长方形区域。选中绘图区时，将显示绘图区边框，并附带用于调整绘图区大小的 8 个控制点。

3. 网格线

绘图区中的横线就是网格线。单击即可选中网格线，网格线的两端出现小圆点，表示已经被选中。

4. 数据系列

图表中的柱形、扇形、折线等，就是数据系列。数据系列最醒目的属性就是颜色。单击即可选中数据系列，再次单击则可以选择单个具体的柱形、扇形或折线等。

5. 图表标题

图表标题位于图表区上方中间位置，起引导说明的作用。

6. 图例

图例用于标识图表数据系列，图例一般在图表的下方。

7. 水平（类别）轴 / 垂直（值）轴

水平轴和垂直轴，又被称作“X 轴”和“Y 轴”，它们确定了表格的两个维度，坐标轴一般包含刻度和最大、最小值。图表构成示例如图 6-2 所示。

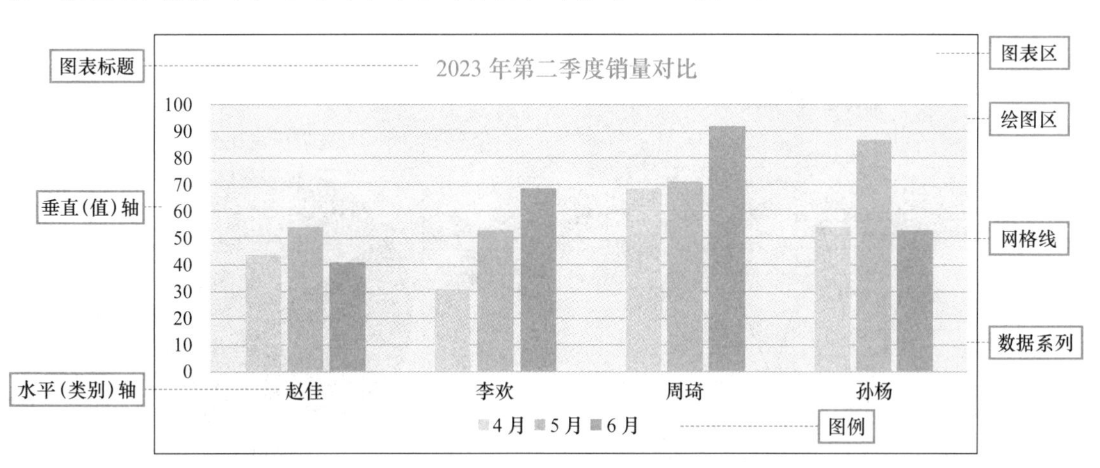

图 6-2　图表构成示例

（二）图表类型

Excel 内置了多种图表类型，包括柱形图、折线图、饼图、条形图、面积图、XY 散点图、地图、股价图、曲面图、雷达图、树状图、旭日图、直方图、箱形图、瀑布图、漏斗图组合图。其中，最常用到的是柱形图、折线图、饼图和条形图。

1. 柱形图

柱形图常用于多个类别的数据比较。例如，使用柱形图展示各员工第二季度销量对比，如图 6-3 所示。

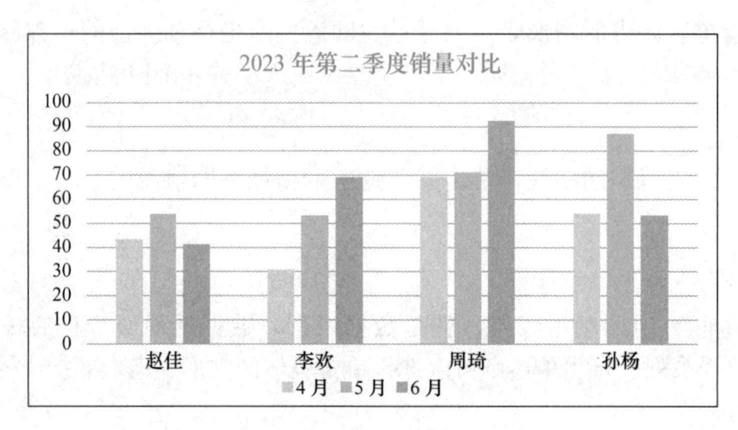

图 6-3　柱形图

2. 折线图

折线图主要用来表现趋势，折线图侧重于展现数据点的数值随时间推移所呈现的大小变化。例如，用折线图展示全年气温变化，如图 6-4 所示。

3. 饼图

饼图常用来表达一组数据的百分比占比关系。例如，使用饼图展示人员学历占比关系，如图 6-5 所示。

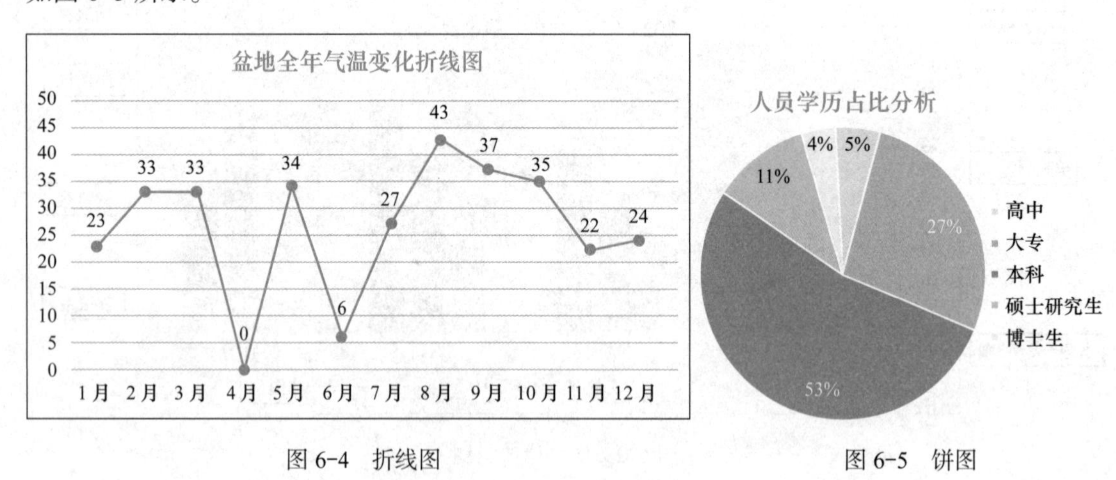

图 6-4　折线图

图 6-5　饼图

4. 条形图

条形图更加适合多个类别的数值大小比较，常用于表现排行名次。例如，使用条形图展示不同城市某品牌空调销量排名，如图 6-6 所示。

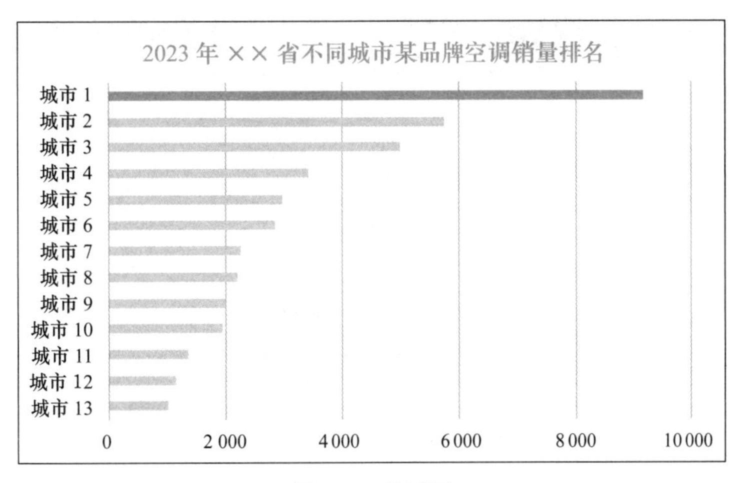

图 6-6 条形图

任务实施

1. 利用 Word 制作该电商平台 2017—2022 年销售额统计表。

（1）新建一个 Word 文档，在第一行输入统计表的表头“某电商平台 2017—2022 年销售额情况表”，然后单击“居中”按钮；在第二行输入计量单位（单位：亿元），单击“右对齐”按钮，结果如图 6-7 所示。

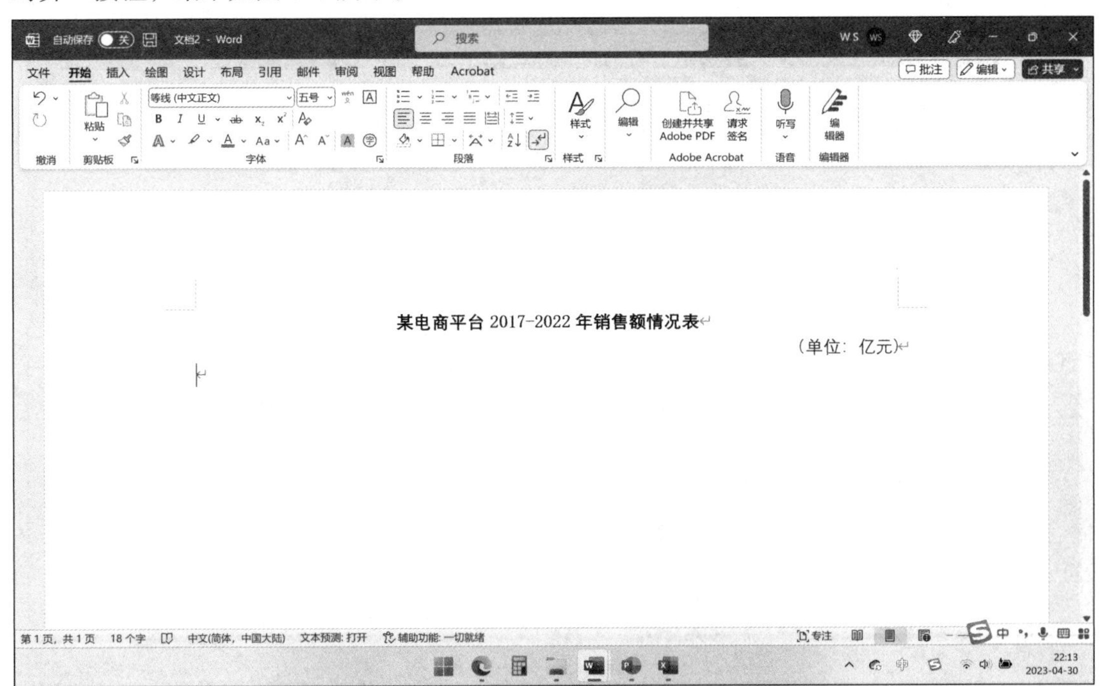

图 6-7 输入表格标题及单位

（2）光标移动到第三行，在“插入”菜单中单击“表格”按钮，选择“插入表格”，在弹出的对话框中将“列数”设置为“7”，将“行数”设置为“2”，然后单击“确认”按钮，结果如图 6-8 所示。

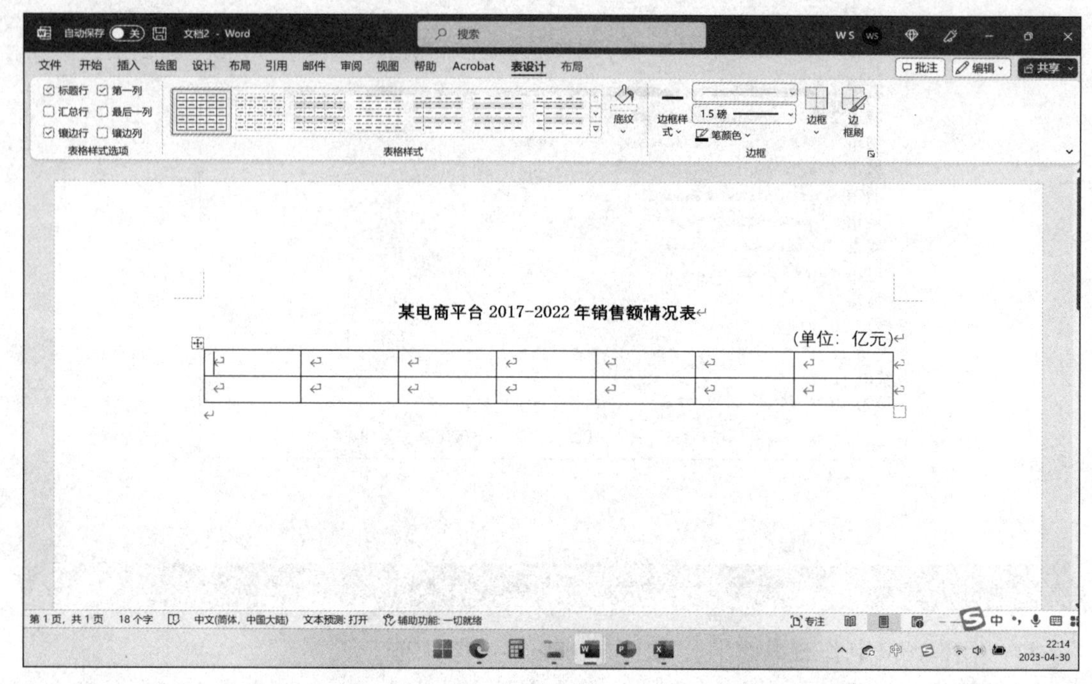

图 6-8　绘制数据表

（3）在空白的表格里，输入纵栏标题、横行标题和各项数字资料，然后进行居中处理，如图 6-9 所示。

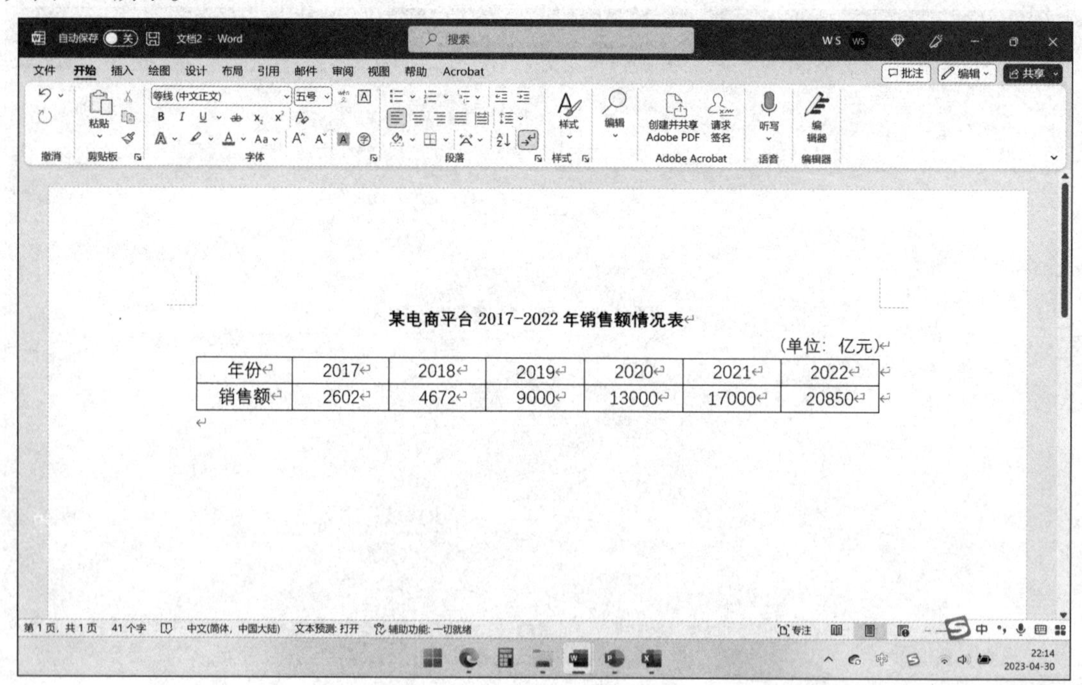

图 6-9　输入数据

（4）选中表格，单击“表设计”选项卡→“边框”按钮，在弹出的下拉列表中取消左右边框；然后单击“边框刷”按钮，在弹出的对话框中调整边框宽度，最后单击“确定”按钮，结果如图 6-10 所示。

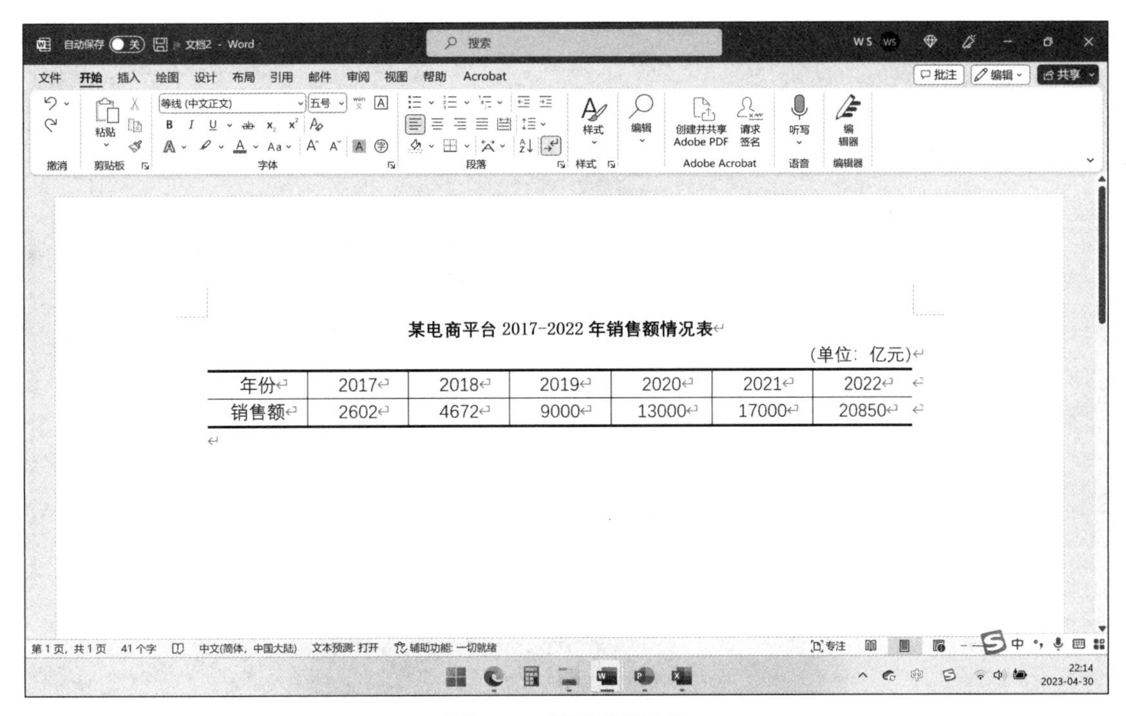

某电商平台 2017-2022 年销售额情况表

（单位：亿元）

年份	2017	2018	2019	2020	2021	2022
销售额	2602	4672	9000	13000	17000	20850

图 6-10　设置表格边框

2．利用 Excel 制作该电商平台 2017—2022 年销售额统计图（柱形图）。

Excel 中统计图的种类很多，常用于辅助统计分析的有趋势图、xy 散点图、柱形图、饼图等，可以根据数据要求和审图习惯来确定采用哪种图形进行可视化。

本题以柱形图为例进行展示，具体操作过程如下。

（1）制作表格

1）打开 Excel 软件，创建一个新的工作表。

2）输入数据，再根据需要调整表格样式。

（2）制作柱形图

1）选择数据。单击并拖动鼠标，选择包含表题、年份和销售额的单元格区域“A1:G4”。

2）插入柱形图。选择 Excel 的“插入”选项卡，单击“图表”功能区中的“柱形图”图标，从下拉菜单中选择一个柱形图样式，例如“簇状柱形图”，图表将自动插入工作表中，如图 6-11 所示。

3）调整图表。可以通过单击并拖动图表的边缘来调整其大小。双击图表中的某个部分（如图表标题、轴标签、数据系列等）可以编辑其属性，例如添加标题、更改颜色、调整数据标签等。

4）设置图表标题和轴标签。单击图表上的标题区域，输入“某电商平台 2017—2022 年销售额情况”。确保 X 轴标签显示年份，Y 轴标签显示销售额。如果需要调整，可以单击轴标签进行编辑。

5）保存工作表。单击工具栏上方的🖫按钮，保存工作表，结果如图 6-12 所示。

以上步骤是一个基本的指南，具体的操作可能会因 Excel 版本的不同而略有差异。

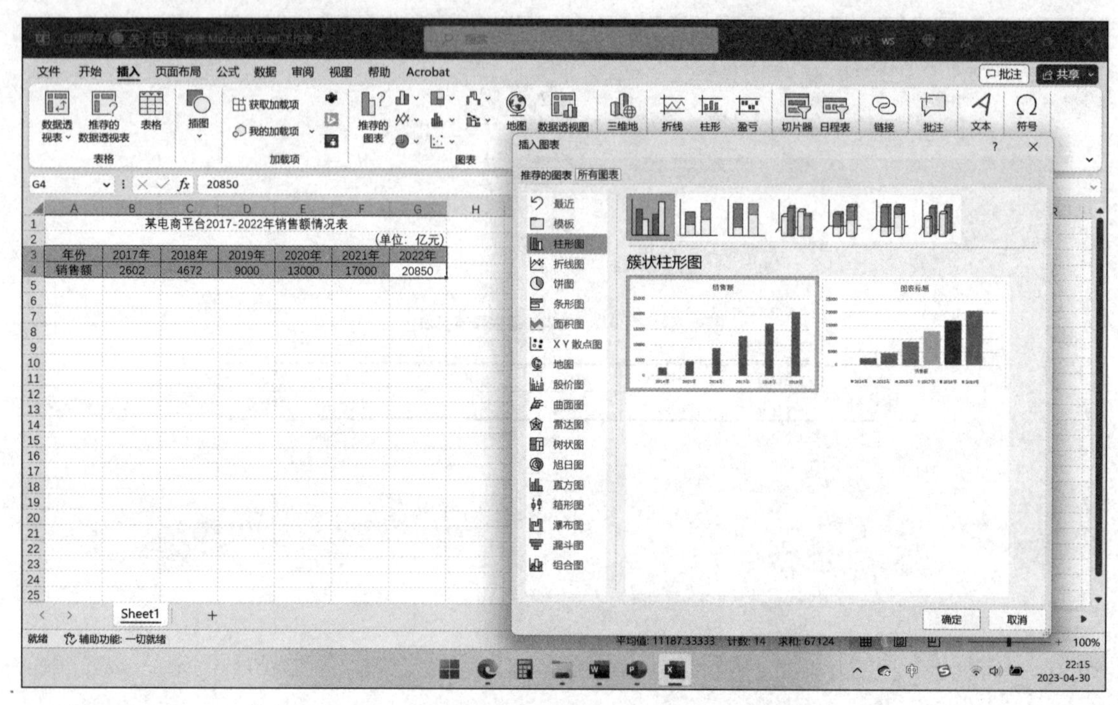

图 6-11　插入簇状柱形图

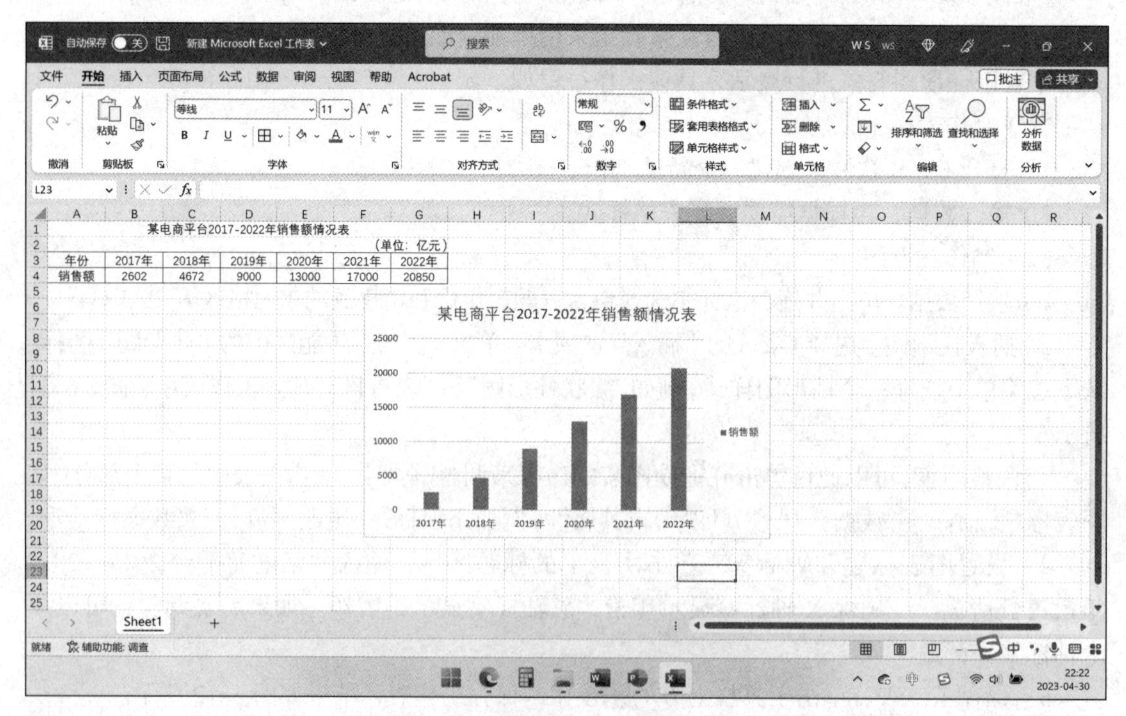

图 6-12　簇状柱形图的绘制结果

能力检测

初步核算，2023 年全年国内生产总值 1 260 582 亿元，比上年增长 5.2%。其中，第一产业增加值 89 755 亿元，比上年增长 4.1%；第二产业增加值 482 589 亿元，增长 4.7%；第三产业增加值 688 238 亿元，增长 5.8%。第一产业增加值占国内生产总值比重为 7.1%，第二产业增加值比重为 38.3%，第三产业增加值比重为 54.6%。最终消费支出拉动国内生产总值增长 4.3 个百分点，资本形成总额拉动国内生产总值增长 1.5 个百分点，货物和服务净出口向下拉动国内生产总值 0.6 个百分点。分季度看，一季度国内生产总值同比增长 4.5%，二季度增长 6.3%，三季度增长 4.9%，四季度增长 5.2%。2023 年全年人均国内生产总值 89 358 元，比上年增长 5.4%。国民总收入 1 251 297 亿元，比上年增长 5.6%。全员劳动生产率为 161 615 元 / 人，比上年提高 5.7%。

（资料来源：根据《中华人民共和国 2023 年国民经济和社会发展统计公报》内容整理）

要求：

1. 请根据上述数据制作我国 2023 年三个产业增加值占比情况图表（以饼图形式展示）。
2. 根据上述数据，我们能从中获取到关于我国 2023 年经济发展的哪些方面的信息？

任务三 数据分析报告编写

任务导入

2023 年，全市上下在市委市政府的坚强领导下，深入学习贯彻习近平新时代中国特色社会主义思想、党的二十大精神和习近平总书记对江苏工作重要讲话重要指示精神，认真贯彻落实党中央、国务院和省委、省政府决策部署，全面落实“四个走在前”“四个新”重大任务，坚决扛起“走在前、挑大梁、多做贡献”责任担当，锚定“三中心一枢纽一高地”主攻方向，一体推进淮海经济区中心城市和省域副中心城市建设。全市经济实力显著提升，产业转型稳步推进，就业物价总体平稳，民生福祉不断增强，高质量发展取得新成效新进展。

经济实力稳步增长。初步核算，2023 年，全市实现地区生产总值（GDP）8 900.44 亿元，按可比价计算，比上年增长 7.1%。其中，第一产业增加值 770.97 亿元，增长 3.7%；第二产业增加值 3 622.34 亿元，增长 7.0%；第三产业增加值 4 507.13 亿元，增长 7.8%。三次产业结构调整为 8.7∶40.7∶50.6。全市人均地区生产总值 93 227 元，增长 7.2%。

主导产业运行稳健。全市“343”创新产业集群产值（营业收入）比上年增长 2.8%。分产业看，绿色低碳能源和新材料分别增长 8.1% 和 1.4%，集成电路与ICT、医药健康和安全应急分别增长 11.2%、9.5% 和 3.9%，高端纺织和食品及农副产品加工分别增长 38.8% 和 8.3%，数字经济核心产业营业收入增长 9.1%。

市场主体持续增多。年末全市共登记市场主体 137.90 万户、增长 6.0%，其中企业

31.29 万户、个体经营户 106.61 万户，分别增长 9.7%、5.0%。全年工商新登记企业 5.85 万户、增长 11.6%，其中新增私营企业 5.20 万户、增长 12.8%，新增个体户 11.67 万户、增长 6.3%。

就业形势保持稳定。全年城镇新增就业 8.61 万人，增长 4.4%；城镇失业人员就业 5.05 万人，城乡就业困难人员就业 1.35 万人。支持成功自主创业、引领大学生创业、扶持农民自主创业分别为 3.42 万人、4 179 人、1.97 万人。全年城乡劳动者就业技能培训、新生代农民工技能培训分别为 9.77 万人、2.08 万人。新增数字技能人才 2.25 万人。

居民消费价格微增。全市居民消费价格比上年上涨 0.4%。分类别看，八大类商品价格“六升二降”，食品烟酒、衣着、生活用品及服务、教育文化和娱乐、医疗保健、其他用品和服务价格分别上涨 0.4%、0.3%、1.4%、4.5%、1.6%、3.5%，居住、交通和通信价格分别下降 0.1%、2.9%。食品类商品中，粮食、食用油、禽肉、干鲜瓜果价格分别上涨 1.2%、3.3%、3.1%、2.7%，畜肉、水产品、蛋类价格分别下降 6.2%、0.6%、2.2%，菜及食用菌价格持平。

任务描述

1. 如何理解数据分析报告？
2. 你了解数据分析报告的特点吗？
3. 你知道数据分析报告的结构与内容吗？

相关知识

一、数据分析报告的概念

数据分析报告是依据数据采集与处理的原理和方法，运用数据来反映、分析社会经济活动的现状、成因、本质和规律，并得出结论，提出解决方法的一种应用文体。

对数据分析报告概念的理解应注意以下几点。

（1）数据分析报告的基本特色是运用大量数据。让数据说话，以数字语言直观反映事物之间各种复杂的联系，以确凿的数据来揭示问题，提出建议、办法和措施。

（2）数据分析是数据分析报告写作的前提和基础。

（3）数据分析报告作为一种应用文体，既要遵循一般文章写作的普遍规律和要求，同时，在写作格式、写作方法、数据运用等方面也有其自身的特点和要求。

二、数据分析报告的特点

1. 运用科学分析方法

数据分析报告运用多种科学分析方法（如对比分析法、帕累托分析、动态分析法、因素分析法、象限分析法、ABtest 分析法、漏斗分析法、路径分析法、统计推断等），全面、深刻地分析社会经济现象的发展变化。

2. 运用图表语言

数据分析报告运用各类统计图、表来描述和分析社会经济现象的变化情况，通过确凿、翔实的数字和简练、生动的文字进行诠释和分析。

3. 注重定量分析

数据分析报告从数量方面来表现事物的规模、水平、构成、速度、质量、效益等情况，并把定量分析与定性分析结合起来。

4. 针对性强

数据分析报告针对某一特定问题进行分析，针对性强。

5. 注重准确性

准确性是数据分析报告的根基，数据分析报告的准确性要求数据准确，不能有丝毫差错；结论正确，不能出现谬误；建议、措施可行，不能脱离现实。

6. 重视时效性

数据分析报告具有很强的时效性，失去了时效性，数据分析报告也失去了意义。

7. 实用性强

数据分析报告是数据分析工作的最终成果，能够揭示存在的问题，提出建议、办法和措施，满足企业战略制定、计划编制、运营管理等各方面的实际需要。

三、数据分析报告的作用

1. 展示分析结果

数据分析报告会以某一种特定的形式将数据分析结果清晰地展示给使用者，方便使用者迅速理解、分析、研究问题的基本情况、结论与建议。

2. 验证分析质量

从某种角度上说，分析报告也是对整个数据分析项目的总结。通过报告中对数据分析方法的描述、对数据结果的处理与分析等几个方面来验证数据分析的质量，并且让使用者能感受到整个数据分析过程是科学且严谨的。

3. 为决策者提供参考依据

科学的决策脱离不了真实、准确、有效数据的支撑，数据分析报告是数据分析工作的结晶，数据分析报告的结论与建议是决策者在决策时的一个重要参考依据。

四、数据分析报告常见类型

1. 日常工作类报告

日常工作类报告通常是数据分析业务的日常展现，通过产品数据，了解数据发生的原因，然后进行具体的分析判断，得出一些可行性的建议和措施。当然，此类报告的搭建需要符合数据分析业务场景，需要一定的指标作为支撑，通常以日报、周报、月报、季报、年报形式来呈现，帮助决策人员掌握最新的数据动态。

2. 专题分析类报告

专题分析类报告旨在通过对现有场景进行具体分析，将数据挖掘的方法和技术应用于实际中，没有固定的时间周期，但是会确定好大的方向目标，具有一定的针对性。电商销量异常分析、活跃数据异常分析、用户流失分析等就是其中的典型代表，想要写好此类报告，数据分析人员除了需要对现有场景有深入的了解，还需要具备较强的数据分析思维及数据敏感度，能够不断进行数据挖掘，使业务向着好的方向发展。

3. 综合研究类报告

常见的综合研究类报告有人口普查报告、企业运营分析报告等，此类报告分析维度较为全面，一般需要建立在指标体系之上，去挖掘潜在的内部和外部关系，对于数据某一场景能够全面进行评价，还能站在全局的角度进行场景分析，做出整体的评价。

五、数据分析报告的结构与内容

一份好的数据分析报告，首先需要有一个好的分析框架，并且图文并茂、层次明晰，能够让读者一目了然。结构清晰、主次分明可以使读者正确理解报告内容；图文并茂可以令数据更加生动活泼，增强视觉冲击力，有助于读者更形象、直观地看清楚问题和结论。

数据分析报告具有独特的结构，如果忽视这些结构，会显得报告杂乱无章，内容不紧密，不利于决策者阅读和参考。当然，数据分析报告的结构并不是一成不变的，会根据公司业务、需求的变化而进行调整，要具体情况具体分析。

最经典的结构是“总—分—总”，主要包括开篇（标题、目录和前言）、正文（具体分析过程）、结尾（结论、建议和附录）。

（一）开篇部分

1. 标题

好的报告标题应该满足确切、简洁、新颖三个核心要求。

标题常见的拟定方式有以下几种：

（1）以分析目的为标题，这是数据分析报告标题的基本形式。

（2）以主要论点为标题，这种方式突出了分析报告的主题。

（3）以主要结论为标题，这种方式既突出了主题又亮明了作者的观点。

（4）以提问的方式拟定标题，这种方式能引起读者的好奇心并制造悬念，使读者产生阅读的欲望。

2. 目录

目录可以帮助读者一目了然地了解报告的大概内容，便于读者快速找到所需的内容。目录列出来的主要是章的名称以及小节的名称。如果是在 Word 中撰写报告，必须在每一级目录后面加上页码，对于比较重要的二级目录也可将其列出来。数据分析报告目录示例如图 6-13 所示。

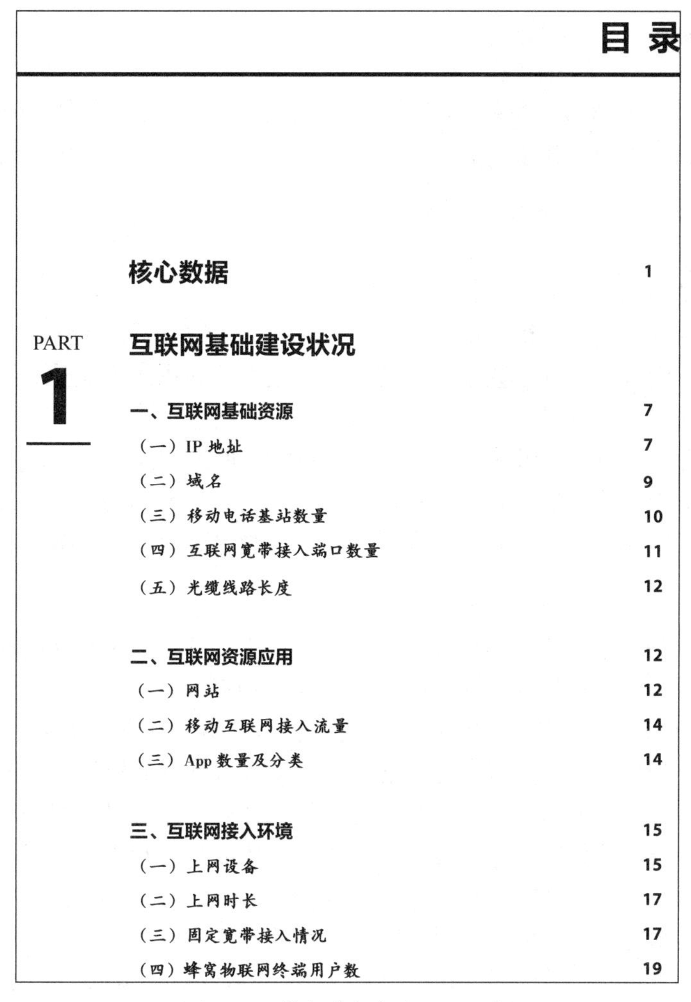
目录

图 6-13　数据分析报告目录示例

3. 前言

前言是数据分析报告重要组成部分，前言对最终报告是否能解决企业业务问题、是否能作为企业决策者的参考资料，起了决定性作用。所以，前言的写作一定要经过深思熟虑才能下笔，一定要体现出数据分析报告的分析背景、分析目的、分析思路，甚至是分析的结果。

（1）分析背景。对数据分析背景进行说明，主要是为了让读者对分析研究项目的整体情况有所了解，主要阐述此项分析的主要原因、分析的意义及相关信息。

（2）分析目的。对数据分析目的进行说明，主要是为了让读者知道此次分析有什么作用，可以解决什么问题。

（3）分析思路。分析思路是指导数据分析人员完成整个分析项目的关键。这一部分将详细阐述如何开展数据分析，包括分析的方法和步骤、逻辑顺序的安排等，以确保分析过程有条不紊、条理清晰。

（二）正文部分

正文是整个数据分析报告的核心部分，它可以系统、全面地将数据分析过程与结果呈现出来，正文最好采用图文并茂的方式，这样才能让读者更加深入了解分析的过程与结果。

（三）结尾部分

1. 结论与建议

数据分析报告的核心在于得出明确的结论，缺乏结论的分析将无法称之为真正的分析，也丧失了报告存在的价值。进行数据分析的初衷就是为了寻找或验证某个结论，因此，明确结论至关重要，切勿本末倒置。

此外，分析报告的另一个关键要素是提出具体的建议或解决方案。决策者不仅需要了解存在的问题，更需要获得切实可行的建议，以便他们在制定决策时作为参考。因此，报告不仅要揭示问题，更要提供解决问题的策略和方案，为决策者的行动提供有力支持。

2. 附录

附录也是数据分析报告的基本组成部分，它是对正文没有具体诠释的部分做一个补充，可以使读者更加深入了解报告的资料获取途径、内容知识等。

附录并非数据分析报告的基础结构中的必要部分，其是否包含在报告中完全取决于数据分析者的需求。如果数据分析者认为有必要对正文进行补充或提供额外的信息，那么可以添加附录；反之，如果正文内容已经完整，无须额外补充，那么附录部分可以省略。因此，附录的添加与否应视具体情况而定，以确保报告的整体完整性和可读性。

数据分析报告实质上是对整个数据分析流程的精炼总结与直观呈现。它详尽地展示了数据分析的起因、执行过程、所得结果以及针对性的建议，旨在为决策者提供全面而深入的参考。通过数据分析报告，数据分析者运用全方位的科学分析方法，精准评估企业的运营质量，进而为决策者提供科学、严谨的数据支撑。这不仅有助于降低企业运营过程中的潜在风险，更能助力企业提升核心竞争力，实现可持续发展。

六、数据分析报告编写示例

2021 年我国绿色食品行业发展现状报告

一、总体概况

我国经济快速、持续、稳定发展，居民人均可支配收入持续增长，人均消费支出稳定增加，人们的生活水平、生活质量不断提升。随着人们可支配收入的持续增加和生活条件的不断改善，人们对美好生活的愿望越来越迫切，对于健康生活的需要也越来越强烈。习近平总书记强调：“必须以满足人民日益增长的美好生活需要为出发点和落脚点，把发展成果不断转化为生活品质，不断增强人民群众的获得感、幸福感和安全感。”

我国拥有 14 亿多人口，是全球最具活力的农产品市场。近年来，随着我国居民收入的不断攀升，人们更加注重生活质量，对健康日益重视，对食品质量、安全问题呼声不断增大，对绿色食品的需要日益旺盛。食品企业应不断提高食品质量，加大绿色食品的生产、供应，满足人民日益增长的美好生活需要。2012—2021 年我国居民人均可支配收入与人均消费支出如图 6-14 所示。

图 6-14　2012—2021 年我国居民人均可支配收入与人均消费支出

绿色食品是我国对无污染、安全、优质食品的总称，是指产自优良生态环境、按照绿色食品标准生产、实行土地到餐桌全程质量控制，按照《绿色食品标志管理办法》规定的程序获得绿色食品标志使用权的安全、优质食用农产品及相关产品。

二、发展现状

1. 企业数

随着人们生活水平的不断提高和消费理念的转变，绿色食品越来越受到人们的青睐，绿色食品产业也得到了快速发展，2021 年我国绿色食品行业有效用标单位数量达 23 493 家，较 2020 年增加了 4 172 家，同比增长 21.59%。从图 6-15 可以看出，2018—2021 年，有效用标单位同比增长均在 20% 以上，增长趋势迅猛。

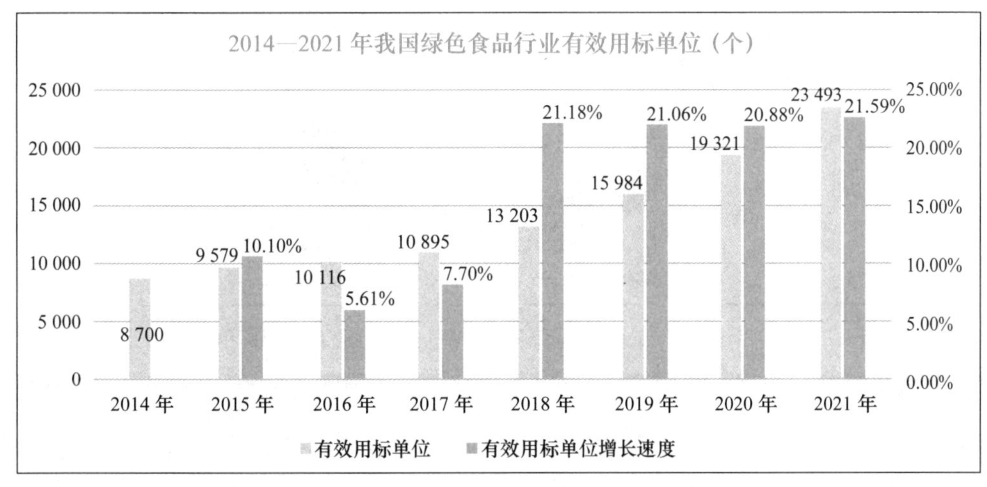

图 6-15　2014—2021 年我国绿色食品行业有效用标单位

分地区来看，2021 年江苏有效用标绿色食品单位数量达 2 272 家，占全国有效用标绿色食品单位总数的 9.67%，全国排名第一；安徽有效用标绿色食品单位数量达 1 990 家，占全国有效用标绿色食品单位总数的 8.47%，全国排名第二；山东有效用标绿色食品单位数量达 1 788 家，占全国有效用标绿色食品单位总数的 7.61%，全国排名第三。各省（自治区、直辖市）有效用标单位发展不平衡，如图 6-16、图 6-17 所示。

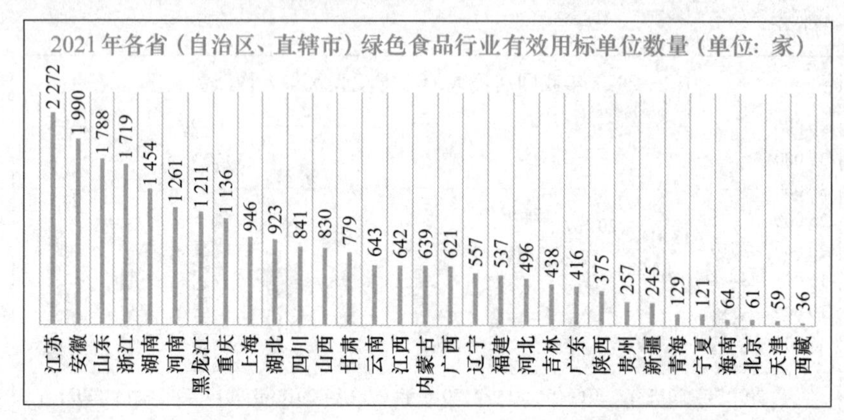

图 6-16　2021 年各省（自治区、直辖市）绿色食品行业有效用标单位数量

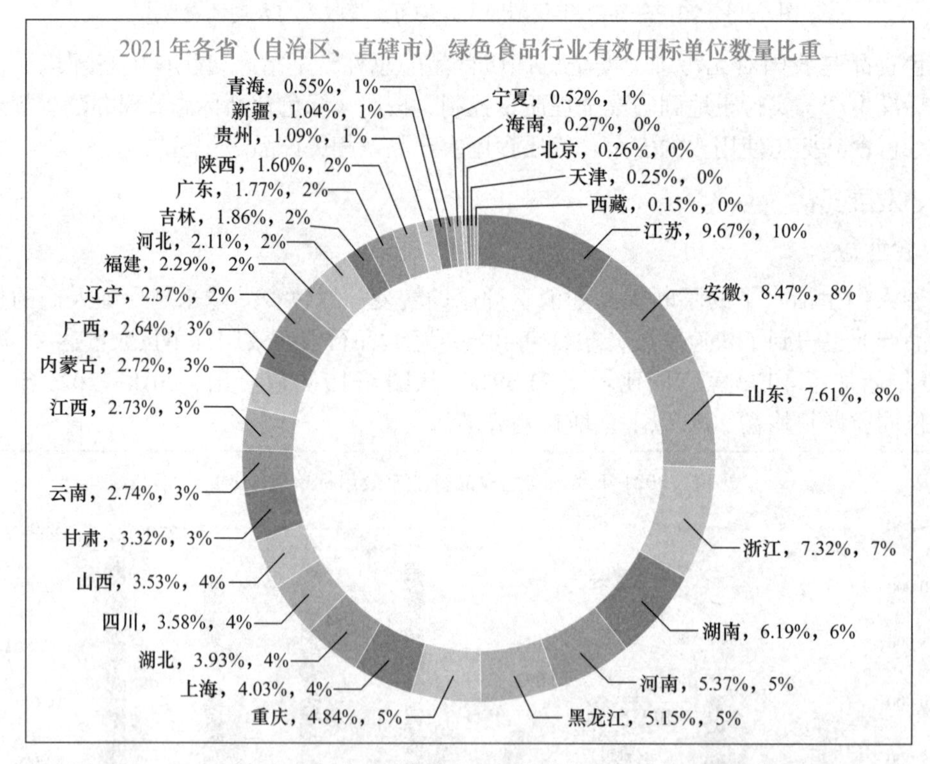

图 6-17　2021 年各省（自治区、直辖市）绿色食品行业有效用标单位数量比重

2. 产品数

随着我国绿色食品生产企业的增加，产品数量也随之增长，2021 年我国绿色食品行业有效用标产品数量达 51 071 个，较 2020 年增加 8 332 个，同比增长 19.50%。从图 6-18 可以看出，2018—2021 年，绿色食品行业有效用标产品数量增长迅速，每年均增长 17.5% 以上。

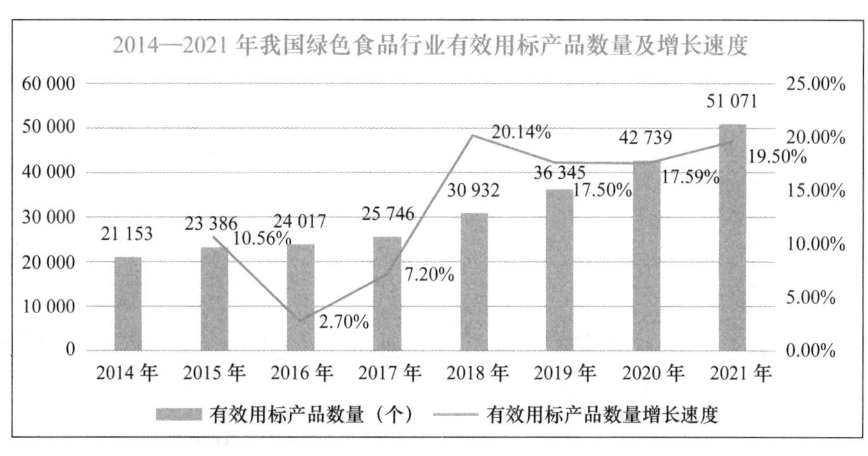

图 6-18　2014—2021 年我国绿色食品行业有效用标产品数量及增长速度

分地区来看，2021 年江苏有效用标绿色食品产品数量达 5 055 个，占全国有效用标绿色食品产品总数的 9.9%，全国排名第一；山东有效用标绿色食品产品数量达 4 137 个，占全国有效用标绿色食品产品总数的 8.1%，全国排名第二；安徽有效用标绿色食品产品数量达 3 788 个，占全国有效用标绿色食品产品总数的 7.4%。全国排名第三，江苏、山东和安徽占到全国有效用标绿色食品产品总数的 25.4%，各地区间发展不平衡，如图 6-19 所示。

图 6-19　2021 年各省（自治区、直辖市）绿色食品行业有效用标产品数量

3. 产品产量

从产品结构来看，2021 年我国绿色农林及加工产品 41 248 个，占全国绿色食品产品总数的 80.77%，占比最大；饮品类产品 5 477 个，占全国绿色食品产品总数的 10.72%；畜禽类产品 1 837 个，占全国绿色食品产品总数的 3.60%；其他产品 1 806 个，占全国绿色食品产品总数的 3.54%；水产类产品 703 个，占全国绿色食品产品总数的 1.38%，畜禽类产品、其他产品和水产类产品占比明显偏低，如图 6-20 所示。

从产品类别来看，2021 年我国绿色蔬菜获证产品数量为 13 081 个，全国排名第一；绿色鲜果获证产品数量为 11 816 个，全国排名第二；绿色大米获证产品数量为 7 220 个，全国排名第三，如图 6-21 所示。

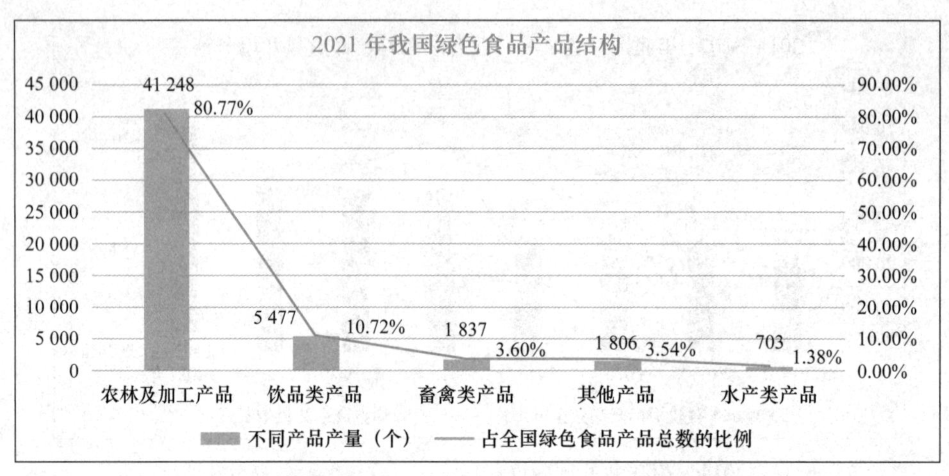

图 6-20 2021 年我国绿色食品产品结构

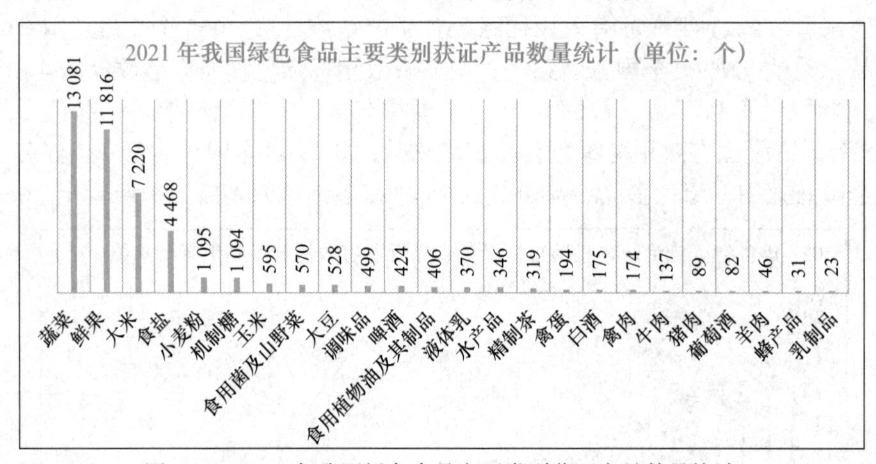

图 6-21 2021 年我国绿色食品主要类别获证产品数量统计

从获证产品产量来看，蔬菜、鲜果、大米产量名列前茅，2021 年我国绿色蔬菜获证产品产量为 1 990.82 万吨；绿色鲜果获证产品产量为 1 601.84 万吨；绿色大米获证产品产量为 1 521.24 万吨，水产品、禽蛋、禽肉、牛肉、猪肉、羊肉、乳制品等产量明显较低，如图 6-22 所示。

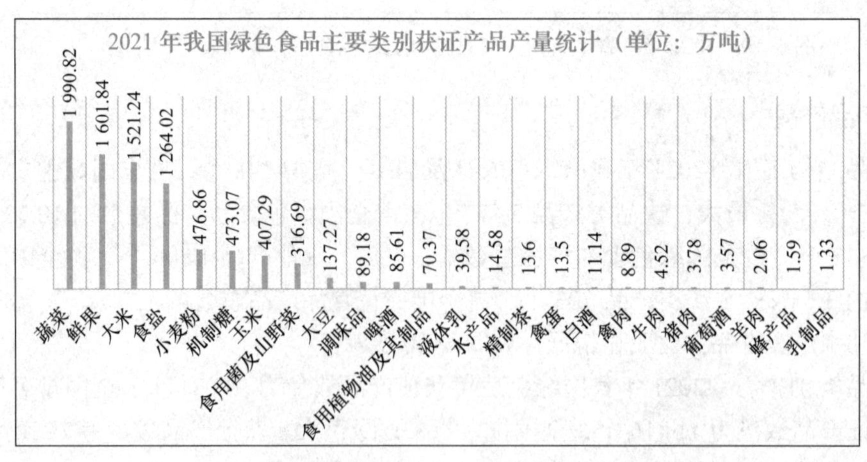

图 6-22 2021 年我国绿色食品主要类别获证产品产量统计

4. 销售额

从图 6-23 可以看出，2021 年我国绿色食品行业销售额增长速度放缓，达 5 218.63 亿元，较 2020 年增加了 142.98 亿元，同比增长 2.82%。

图 6-23　2014—2021 年我国绿色食品行业销售额

5. 出口额

从图 6-24 可以看出，2019 年我国绿色食品行业出口额达 41.31 亿美元，较 2018 年增加了 9.21 亿美元，同比增长 28.7%。2020 年我国绿色食品行业出口额开始下滑，2021 年我国绿色食品行业出口额为 29.12 亿美元，较 2020 年减少了 7.66 亿美元，同比减少 20.83%。

图 6-24　2014—2021 年我国绿色食品行业出口额

三、建议

1. 政府加强绿色食品生产引导

民以食为天，食品安全关系民生。把增加绿色优质农产品供给放在突出位置，狠抓农产品标准化生产、品牌创建、质量安全监管，打造一批富有特色、优质安全的农产品品牌。绿色食品在各省（自治区、直辖市）之间发展极不平衡，用标企业、产品品种在各省（自治区、直辖市）之间发展也不平衡，且绿色食品结构不合理。2021 年，我国人口为 14.13 亿，人均绿色食品消费仅有 369.33 元，销量也较低，政府应加强绿色产品生产引导、扶持，确保食品质量安全，推进绿色食品发展。发展绿色食品产业是助推国民消费升级和培育绿色消费市场的有力举措。

2. 食品企业要顺应民意，走绿色发展之路

我国资源丰富，物资供应充沛，食品企业间竞争激烈，低端产品的供应已不能满足人们对健康的渴望和对美好生活的追求。企业要顺应广大消费者的需求，满足人们对优质、安全、绿色食品的需要，实施差异化营销，走出价格竞争的怪圈，走上绿色发展之路。随着我国经济飞速发展，城乡居民收入水平不断提高，食品质量安全意识不断增强，消费档次逐渐升级，人们对优质、放心、品牌农产品的需求逐年增长，层次化、个性化、品质化的消费需求已成大势，发展绿色食品是顺应时代发展的必然趋势。

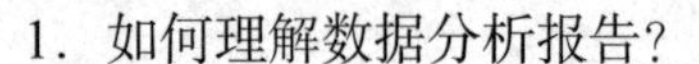

1. 如何理解数据分析报告？

对数据分析报告概念的理解应注意以下几点。

（1）数据分析报告的基本特色是运用大量数据。让数据说话，以数字语言直观反映事物之间各种复杂的联系，以确凿的数据来揭示问题，提出建议、办法和措施。

（2）数据分析是数据分析报告写作的前提和基础。

（3）数据分析报告作为一种应用文体，既要遵循一般文章写作的普遍规律和要求，同时，在写作格式、写作方法、数据运用等方面也有其自身的特点和要求。

2. 你了解数据分析报告的特点吗？

（1）运用科学分析方法。

（2）运用图表语言。

（3）注重定量分析。

（4）针对性强。

（5）注重准确性。

（6）重视时效性。

（7）实用性强。

3. 你知道数据分析报告的结构与内容吗？

最经典的结构是“总—分—总”，主要包括开篇（标题、目录和前言）、正文（具体分析过程）、结尾（结论、建议和附录）。

能力检测

利用问卷星制作职业学校学生学习情况调查表并发布，在全校范围内进行调查，收集相关数据。请同学们在此基础上撰写职业学校学生学习情况调查报告。

任务四　数据分析报告实训

任务导入

根据任务实施中的A企业电热水器销售数据分析报告（2021—2023年），完成以下任务。

任务描述

1. 哪些工具可以用于撰写数据分析报告？

2. 数据分析报告撰写完毕后，是否需要检查？从哪些方面进行检查？

3. 补全部分图表的分析结果，完成一份数据分析报告，重点分析近几年产品的销量、均价、热销产品等指标，为企业下一步的经营提供参考。

相关知识

一、撰写数据分析报告的工具

目前，大部分企业都会使用Word、PowerPoint（PPT）或Excel制作数据分析报告。其中，Excel主要用于图表的制作，它可以将制作好的图表用到Word或PowerPoint中，通常较少出现单独使用Excel制作报告的情况。这三种工具各有优劣势，适用情况也有所不同，数据分析师可以根据实际情况灵活选用（见表6-3）。

表6-3　三种工具的优劣势及适用情况

项　目	Word	PPT	Excel
优势	易于排版 可打印并装订成册 可用足够的文字详细描述	展示性较强 交互性较强	可含有动态图表 可实时更新结果
劣势	交互性较弱	不适合大量文字	不适合演示汇报
适用情况	需要用大量文字详细描述分析过程 需要上交并成册存档	需要精简、概括地呈现报告内容 需要公开演示讲解	日常数据通报

（一）使用Word撰写数据分析报告

1. 撰写流程

使用Word制作数据分析报告的典型流程如下。

（1）输入文本。根据需要输入标题、段落和文本内容。

（2）插入对象。在合适的位置插入表格、图形、Excel图表等对象。

（3）设置格式。对报告的内容进行格式设置，例如文本格式、段落格式和各种图形对象格式等。

（4）添加辅助信息。辅助信息可以帮助报告使用者更好地使用报告，例如页眉、页脚、页码、脚注和尾注等补充介绍。

2. 撰写要点

（1）层次分明。通过 Word 撰写的数据分析报告往往含有大量的文本内容，要让报告阅读者快速掌握报告的逻辑框架和重点信息，就必须使报告层次分明。

（2）内容清晰。报告阅读者往往不会过多地关注分析的过程，他们更关注分析的结果，因此，无论报告的篇幅大小，数据分析师都需要将复杂的内容表现得清晰易懂、简洁明了。

（二）使用 PPT 撰写数据分析报告

当数据分析报告需要在内部或外部进行演示时，数据分析师往往会以 PPT 为工具来制作报告。PPT 具备较强的展示性和交互性，能够更直观地将信息传递给报告阅读者。

1. 撰写流程

使用 PPT 制作数据分析报告的典型流程如下。

（1）编辑内容。在幻灯片中依次输入标题、正文等内容。

（2）插入对象。在合适的位置插入表格、图形、Excel 图表、视频、音频等对象。

（3）设置格式。对报告内容进行格式设置，例如主题效果、配色、字体、布局等。

（4）添加动画。根据演示需要，设置合适的幻灯片动画效果。

2. 撰写要点

（1）动静结合。PPT 的动画可以在很大程度上增加报告的生动性和互动性，相较于枯燥的文字，更能够吸引报告阅读者的注意。但是，要谨记动画的作用是为了辅助分析师更好地传递信息，切记不可把过多的精力用于动画设置，否则会起到喧宾夺主、适得其反的反作用。

（2）生动形象。在 PPT 中可以使用动画、形状、色彩、音频、视频等更多的展示元素，这些元素能让枯燥乏味的报告内容变得生动有趣。但是，要注意避免引起报告阅读者的视觉疲劳、分散注意力等不良情况，应该以最终目的为依托，做到让报告阅读者能够通过生动形象的表现方式高效地接收到有价值的信息。

二、撰写数据分析报告的自检清单

一份合格的数据分析报告，其形式和内容都要符合标准，初学者可能会在撰写过程中出现一些低级错误，下面提供一份自检清单，帮助初学者对照改进。

（1）文中不可出现错别字、病句，不可漏字、多字；用语规范，慎用网络词语和口语化的表达方式。

（2）排版符合基本格式规范，如段首缩进两个汉字；全文在字体、字号、缩进、行距等方面尽量保持统一。

（3）避免冗长的句子，尝试将一句话中的逗号和句号控制在 3 个以内；标点符号使用规范。

（4）段落切分长度适中，每段表达一个意思，段落间有适度的过渡性文字串联。

（5）有充分的过渡和总结，是一篇完整的文章，而不是一系列需要报告阅读者自己厘清关系的素材的堆砌。

（6）善用章节、小标题和列表来凸显逻辑结构，尤其是并列和从属关系。

（7）全文的图形要统一编号并加注标题，编号和标题一般位于图形下方；全文的表格要统一编号并加注标题，编号和标题一般位于表格上方，尽量避免图表及其标题跨页。

（8）报告中展示的图表在文字中必须有所引用，引用图表时应说明其编号，章节的起始部分应安排文字，不可直接放置图表。

（9）引用图表要注意符合规范、格式美观、简洁易懂，全文图表风格保持一致。

（10）图表中的文字、数字标签等元素的字号大小与正文保持相近，并保证能清晰阅读。

（11）图表和文字中涉及的变量名称和分类标签，应尽量使用具有明确业务意义的中文，避免使用不规范的简写、编码、英文原始变量名。

（12）图形配色要考虑所有可能的应用场景（如黑白／彩色打印稿、各类电子显示屏、投影仪等），慎用相近的浅色或深色，以避免因设备偏色等原因导致在某些场景下颜色发生混淆。

（13）若需使用大篇幅表格、公式和指标计算方法的详细介绍、模型优化的完整检验过程、代码等专业内容，则可统一放在附录，在正文中通过编号引用。

任务实施

1．哪些工具可以用于撰写数据分析报告？

Word、PPT 和 Excel 都可以用于制作数据分析报告，较为常用的是 Word 和 PPT，数据分析师需要根据报告阅读者的身份、层级、展示场景等因素来选择恰当的撰写工具。

2．数据分析报告撰写完毕后，是否需要检查？从哪些方面进行检查？

数据分析师撰写完数据分析报告后，需要对报告进行全面检查，可以从报告的格式、文字的规范性、报告的布局、图表的选用、内容的严谨性等多个方面进行自我检查，避免出现错别字、逻辑混乱等低级错误。

3．补全部分图表的分析结果，完成一份数据分析报告，重点分析近几年产品的销量、均价、热销产品等指标，为企业下一步的经营提供参考。

A 企业电热水器销售数据分析报告
（2021—2023 年）

一、总体概况

A 企业的主营业务为销售电热水器，已知企业 2021—2023 年近三年的销售数据，本报告将对电热水器的销售情况进行深入分析，以发现各区域办事处经营中存在的问题，为后续的经营改进提供依据和建议。

二、电热水器年度销售情况

1．2021 年度销售情况分析

已知 A 企业 2021 年度全年合计销售电热水器 28 661 台，销售总金额为 32 898 926.28 元，均价为 1 147.86 元，下面对销量、产品均价和热销产品等进行分析。

（1）销量分析。全国各区域办事处 2021 年销量占比如图 6-25 所示，由各办事处销量情况占比可以粗略了解各区域电热水器的市场整体销售情况。

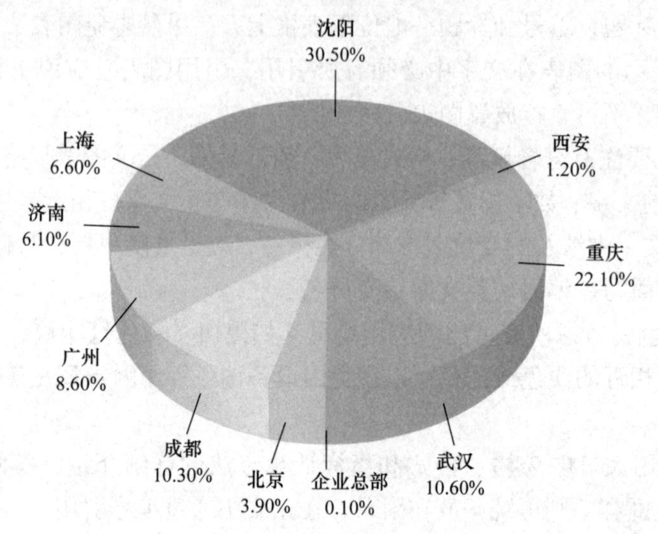

图 6-25　2021 年各区域办事处销量占比情况

由图 6-25 可知，2021 年南方办事处下属区域中，重庆、武汉、成都、广州、上海的整体销量约占 A 企业整体销量的 58.2%，可见南方办事处市场整体较为强势，对电热水器的需求较高，其中重庆的销量占 A 企业整体销量的 22.1%，为南方办事处的重点销售城市，后面需要密切关注重庆办事处的销量走势；北方办事处下属区域中，沈阳的销量占比最高，占 A 企业整体销量的 30.5%，西安的销量占比最低，仅占 A 企业整体比重的 1.2%，对于强势市场的沈阳办事处应密切关注其销量变化，尽可能保持其市场优势，而对于销量最低的西安办事处，推测影响其销量的主要因素是该区域的燃气资源较为丰富，使用成本低于电热水器，致使电热水器市场难以开拓，因此后期对该办事处应尝试进行针对式投放，从而避免资源浪费。除此之外，市场销量占比较低也可能与该区域的渠道通路、市场品牌竞争程度等其他因素有关，需要结合当地企业渠道开发情况、竞品的市场销量等数据进行二次分析。

（2）产品均价分析。由于不同区域的用户群体、消费水平、市场基础、用水习惯等因素不同，各区域的产品销售价格也有所不同，图 6-26 所示为 2021 年各区域产品的销售均价对比。

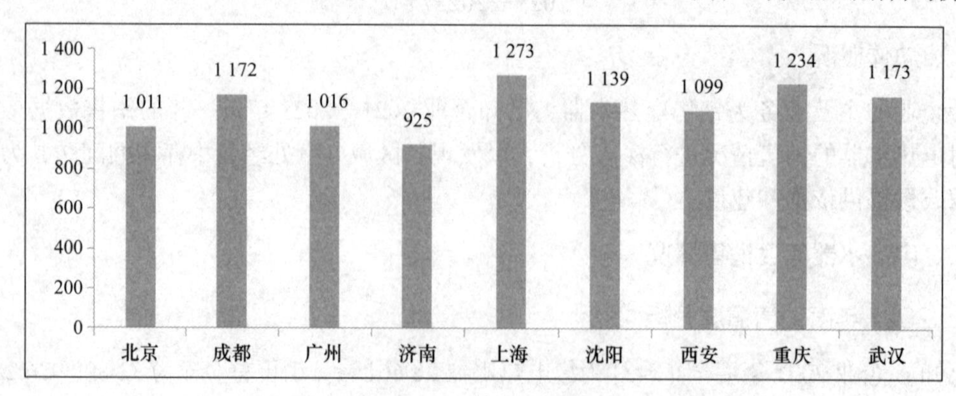

图 6-26　2021 年各区域产品销售均价对比图

由图 6-26 可知，上海办事处产品的销售均价最高，一方面可能是上海办事处区域电热水器销售单价相对较高，另一方面也可能是上海办事处区域产品结构方面中高端产品占比较高等原因造成的。同样地，作为消费水平与上海办事处类似的北京办事处，产品均价较低，也说明了区域销售产品结构中，可能中低端产品占比过高，需要对销售产品结构进行优化，考虑用户的需求差异，进行产品的改进。以均价高低为基础考核，对该区域产品容积、型号等数据进行二次分析，以便从中具体了解该区域市场消费习惯、用水习惯及市场主流产品趋势等信息。

（3）热销产品分析。企业在销电热水器产品型号有 150 款左右，2021 年各区域及企业综合销量前五名的产品情况见表 6-4。

表 6-4 2021 年各区域及企业综合销量前五名产品数据

区域及企业综合	第一名	第二名	第三名	第四名	第五名	前五名销量合计	前五名销量占比
北京	L08	H050-02	H055-03D	H055-03	L028-03	646	57.58%
成都	H080-03B	H060-03B	L08	L320-08	H040-02	2 284	77.69%
广州	H040-03B	H050-03B	H120-03A	L02	H055-03D	1 364	55.49%
济南	H050-02	L060-05	H040-02	L08	L028-03	1 334	75.84%
上海	L08	H050-02	H040-02	L120-07	H055-03D	1 037	54.75%
沈阳	L08	H050-02	H045-03	H055-03	L060-03	4 841	55.43%
西安	H050-02	L08	H065-03	H060-03	L320-08	240	68.77%
重庆	H060-03B	L120-05	H090-03	L120-05A	H085-02	3 198	50.39%
武汉	H080-03	L08	H055-03	H060-03B	H050-02	1 772	58.33%
企业综合	L08	H050-02	H060-03B	H045-03	H080-03B	11 099	38.73%

由表 6-4 可知，L08 由于其独特的功能性和市场定位的差异性，在全国各区域均取得不错的销售成绩，L08 的综合销量居企业第一位。同时，虽然各区域前五名的销量占比均超过了 50%，但是企业综合销量前五名占比却低于 50%，仅占 38.73%。由此可见，各区域在市场需求、用水习惯等方面存在差异，并且综合销量前五的产品型号和各区域销量前五的型号重合度较高。这为后期产品改进提供了明确方向。

2. 2022 年度销售情况分析

已知 A 企业 2022 年度全年合计销售电热水器 28 335 台，销售总金额为 33 609 945.17 元，均价为 1 186.16 元，下面对销量、产品均价和热销产品等进行分析。

（1）销量分析。全国各区域办事处 2022 年具体销量占比如图 6-27 所示。与 2021 年相比，各区域销量同比增长率见表 6-5。

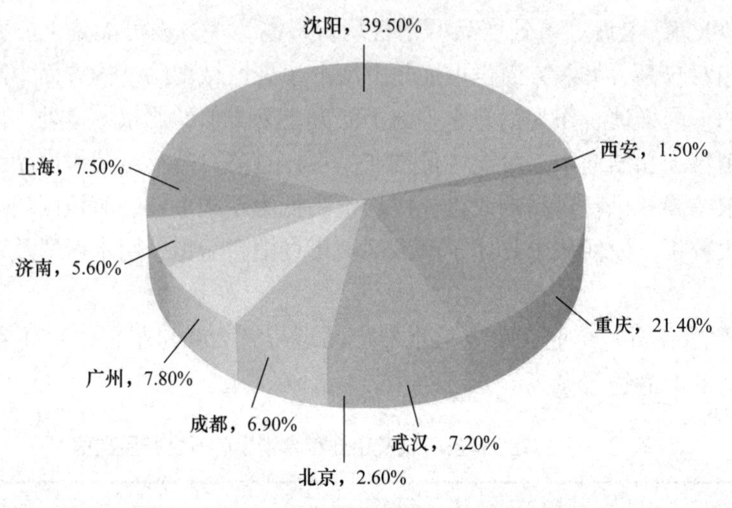

图 6-27　2022 年各区域办事处销量占比情况

表 6-5　2022 年度各区域销量同比增长率

区　域	增 长 率
北京	−33.42%
成都	−33.20%
广州	−10.41%
济南	11.67%
上海	28.13%
沈阳	20.92%
西安	−4.55%
重庆	−32.95%
武汉	−1.14%

图表解读：从图 6-27 和表 6-5 可以得到哪些分析结果？

（2）产品均价分析。各区域办事处 2022 年与 2021 年产品均价对比情况如图 6-28 所示。

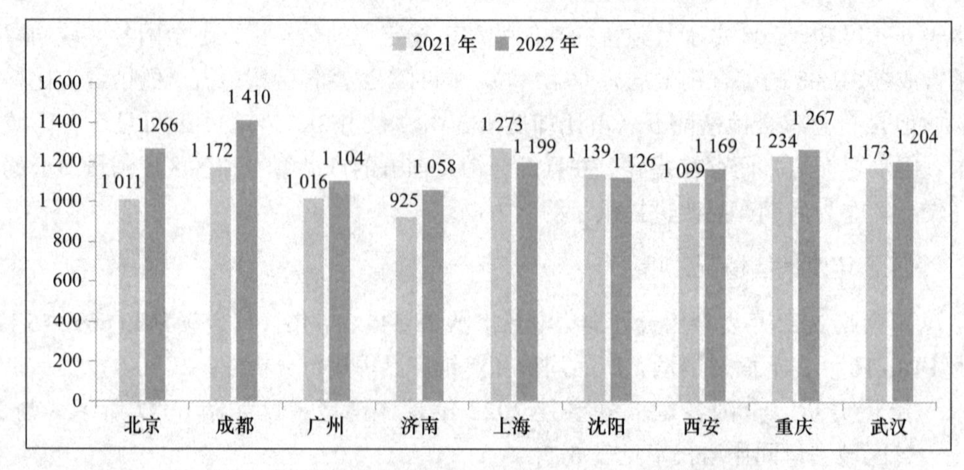

图 6-28　各区域办事处 2022 年与 2021 年产品均价对比

图表解读：从图 6-28 可以得到哪些分析结果？

（3）热销产品分析。2022 年各区域及企业综合排名前五位的产品及销量情况见表 6-6。

表 6-6　2022 年各区域及企业综合排名前五位的产品及销量情况

区域及企业综合	第一名	第二名	第三名	第四名	第五名	前五名销量合计	前五名销量占比
北京	H050-02	L08	H090-03	H040-02	L320-08	543	72.69%
成都	L08	H080-03D	H060-03B	L320-08	H080-03B	1 178	59.98%
广州	H040-03B	H050-03B	H060-03B	L090-08	H120-03	1 314	59.67%
济南	H050-02	L060-05	L028-03	L08	L120-05	1 293	82.04%
上海	L08	H050-02	H040-02	H065-E	H080-E	1 276	60.33%
沈阳	L08	H050-02	L090-03	H055-03	H045-E	6 168	55.12%
西安	H050-02	L08	L060-03	H065-E	L120-05	285	67.54%
重庆	H100-05B	L08	H100-E	L120-05	H080-03B	3 797	62.69%
武汉	H080-03	H055-03	L08	H050-02	H080-E	1 274	62.54%
企业综合	L08	H050-02	H100-05B	H055-03	H100-E	11 419	40.30%

图表解读：从表 6-6 可以得到哪些分析结果？

---

3. 2023 年度销售情况分析

已知 A 企业 2023 年度全年合计销售电热水器 26 523 台，销售总金额 32 575 134.41 元，均价为 1 228.18 元，下面对销量、产品均价和热销产品等进行分析。

（1）销量分析。全国各区域办事处 2023 年销量占比如图 6-29 所示。与 2022 年相比，各区域销量同比增长率见表 6-7。

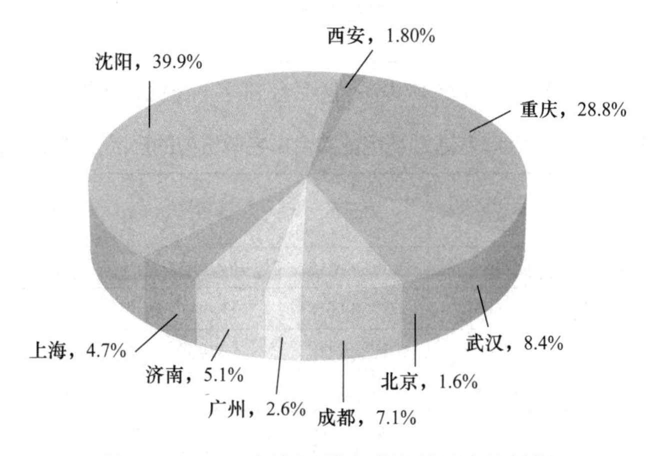

图 6-29　2023 年各区域办事处销量占比情况

表 6-7　2023 年度各区域销量同比增长率

区　域	增　长　率
北京	–42.84%
成都	–3.97%
广州	–68.12%
济南	–13.45%
上海	–40.95%
沈阳	–5.39%
西安	10.90%
重庆	26.07%
武汉	7.51%

图表解读：从图 6-29 和表 6-7 可以得到哪些分析结果？

（2）产品均价分析。各区域办事处 2023 年与 2022 年产品均价对比情况如图 6-30 所示。

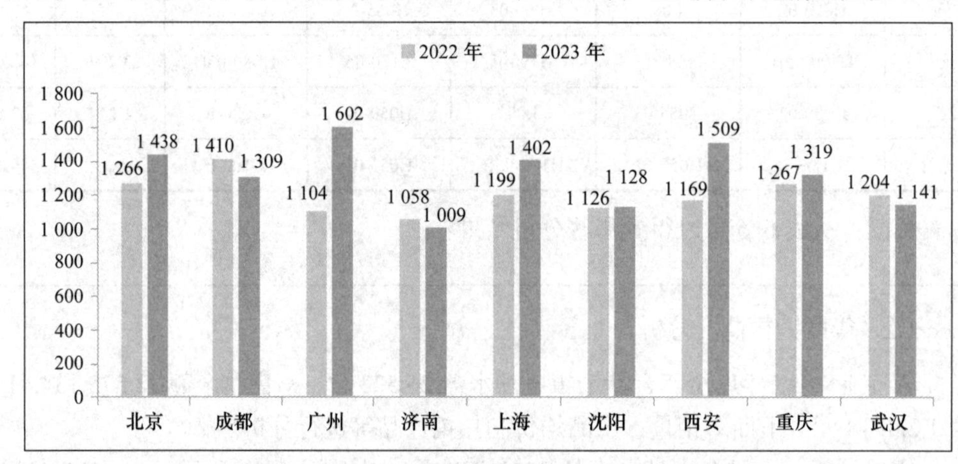

图 6-30　各区域办事处 2023 年与 2022 年产品均价对比

图表解读：从图 6-30 可以得到哪些分析结果？

（3）热销产品分析。2023 年各区域及企业综合排名前五位的产品及销量情况见表 6-8。

表 6-8　2023 年各区域及企业综合排名前五位的产品及销量情况

区域及企业综合	第一名	第二名	第三名	第四名	第五名	前五名销量合计	前五名销量占比
北京	H055-F	L08	L028-03	H060-03B	L320-08	240	56.12%
成都	L08	H080-03B	H060-03B	H040-E	H100-03B	1 025	54.35%
广州	H040-02	L090-08B	H050-02	L320-08	L150-05	480	68.38%
济南	L060-05	L028-03	L040-03	L08	H065-E	989	72.51%
上海	L08	H080-F	H0050-02	H040-02	H055-E	599	47.96%
沈阳	H050-02	L08	H055-E	H080-03B	H045-03	5 278	49.85%

（续）

区域及企业综合	第一名	第二名	第三名	第四名	第五名	前五名销量合计	前五名销量占比
西安	L08	L028-03	L060-03	H055-E	H050-02	87	39.96%
重庆	H090-03B	H120-05	H100-E	H080-03B	H060-03B	4 444	58.20%
武汉	H040-02	L08	H055-03	H060-03B	H080-E	1 328	60.64%
企业综合	L08	H090-03B	H050-02	H080-03B	H040-02	14 228	53.64%

图表解读：从表 6-8 可以得到哪些分析结果？

三、电热水器历年销售整体数据综合分析

1. 历年销量整体情况分析

图 6-31 显示了 2021—2023 年企业各月份产品的销量变化情况。

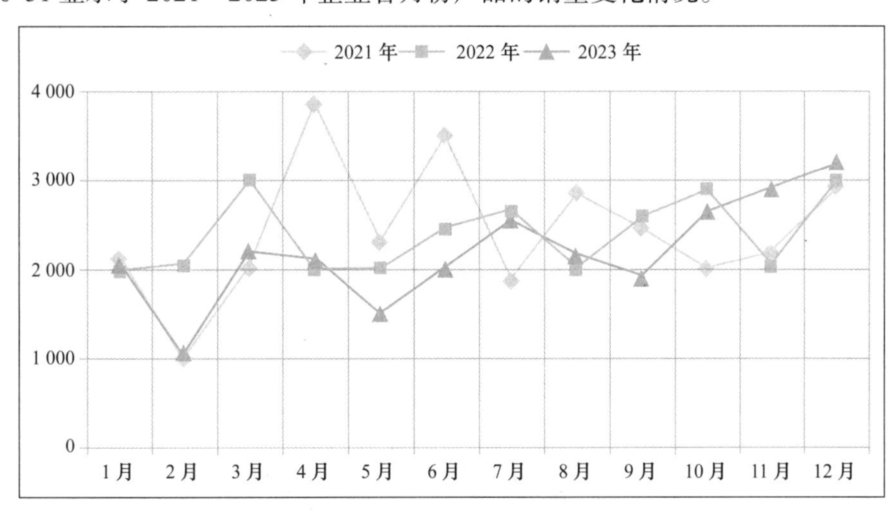

图 6-31　2021—2023 年企业各月份产品的销量变化情况

图表解读：从图 6-31 中可以得到哪些分析结果？

2. 历年产品单价变化情况分析

表 6-9 为部分产品 2021—2023 年单价的变化数据汇总，图 6-32 则显示了 2021—2023 年部分产品单价年均增长情况。

表 6-9　2021—2023 年部分产品的单价汇总

型　号	2021 年单价 / 元	2022 年单价 / 元	2023 年单价 / 元
L08	389	393	398
H050-02	807	825	833
H040-02	761	810	749
H060-03B	802	742	922

（续）

型　号	2021 年单价 / 元	2022 年单价 / 元	2023 年单价 / 元
H080-03B	1 007	1 025	842
H055-03	1 027	1 035	1 133
H045-03	912	934	971
H080-E	1 448	1 534	1 577
H100-E	1 565	1 618	1 674
H065-E	1 194	1 264	1 263
L120-05	2 136	2 334	2 495
H055-E	1 129	1 199	1 165
H080-03	1 423	1 401	1 468
L320-08	4 596	4 747	4 836
L060-03	1 557	1 733	1 781
L060-05	1 211	1 388	1 391
H045-E	1 019	1 091	1 060
H120-05	2 251	2 391	2 507
L028-03	701	729	728
L150-05	2 625	2 759	2 757

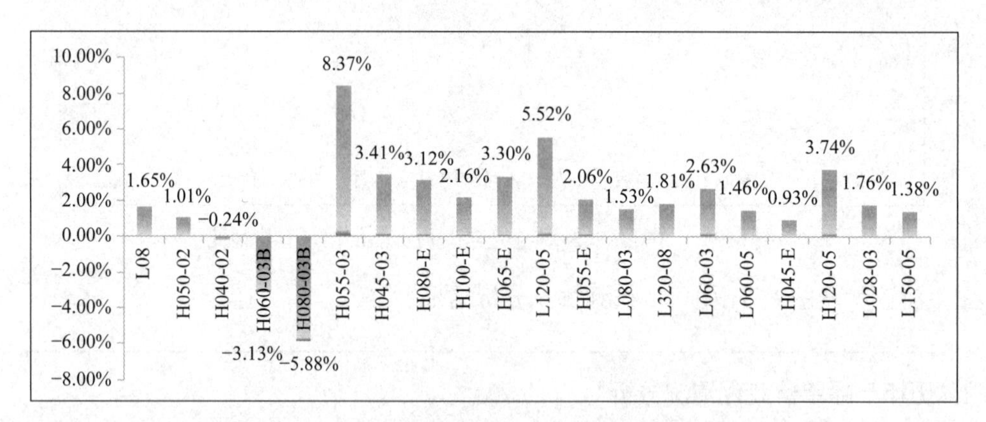

图 6-32　2021—2023 年部分产品单价年均增长情况

价格的变化对产品的销量有着非常直接的影响，由表 6-9 和图 6-32 可知，企业产品线除个别型号外，整体单价均有不同幅度的上涨，结合前文中销量贡献率的排名情况，可以看到，销量贡献率排名前三的产品单价波动幅度较小（H040-02 单价有略微下跌），价格相对稳定，而销量靠前的 03B 系列有 3% ～ 6% 的跌幅，在原材料上涨等大环境因素下，此系列产品价格连续数年保持 3% ～ 6% 的跌幅，需要结合生产线生产工艺的改进、企业产品市场政策的制定等方面进行二次分析。

另外，单价变动时，对产品市场销量变化的影响也比较直观。例如 H055-03 产品，价格年均增长率高于 8%，市场销量增长率出现了负增长，再结合具体的年度数据可以看到，2021 年及 2022 年单价基本保持一致，而 2021 年及 2022 年销量差异较小，销量维持在 1 100 ～ 1 200 台，而 2023 年在前期单价基础上涨近 100 元，销量则缩水 55%，说明此款机型目前市场价位过高，已经严重影响销售，后期企业要么控制成本降低价格，要么就只能进行新品替换，对此款产品进行退市处理。

3. 历年热销产品分析

2021—2023 年企业综合销量前五名产品数据见表 6-10。

表 6-10 2021—2023 年企业综合销量前五名产品数据

年份	第一名	第二名	第三名	第四名	第五名	前五名销量合计	前五名销量占比
2021	L08	H050-02	H060-03B	H045-03	H080-03B	11 099	38.73%
2022	L08	H050-02	H100-05B	H055-03	H100-E	11 419	40.30%
2023	L08	H090-03B	H050-02	H080-03B	H040-02	14 228	53.64%

图表解读：从表 6-10 和图 6-32 可以得到哪些结果？

____

四、总结建议

通过以上数据的分析，总结 A 企业电热水器的总体销售情况，并提出企业下一步的经营建议。

____

____

能力检测

如果一份数据分析报告的数据图表非常美观，分析逻辑很严谨，分析方法也非常适用。但是，工作人员在清洗数据时不小心操作失误，造成了大约 5% 的数据出现失真。请问这份数据分析报告是否还能保留使用？为什么？

商务数据分析与应用

项目分析

本项目主要介绍行业分析、客户分析、产品分析及运营分析常用的商务数据分析模型、商务数据分析的一般方法等内容。

学习目标

知识目标

- 熟悉常用的商务数据分析模型；
- 掌握商务数据分析的一般方法；
- 熟悉商务数据分析在商业活动中的具体应用。

技能目标

- 能够根据企业发展需求，选择正确的数据分析方法；
- 能够根据数据分析结果，提出相应的建议、措施。

素质目标

- 培养学生数据分析能力；
- 培养学生系统分析问题、解决问题的能力。

任务一 商务数据基本分析方法认知

任务导入

2022 年我国国民经济和社会发展统计公报（节选）

2022 年是党和国家历史上极为重要的一年。党的二十大胜利召开，擘画了全面建设社会主义现代化国家、以中国式现代化全面推进中华民族伟大复兴的宏伟蓝图。面对风高浪急的国际环境和艰巨繁重的国内改革发展稳定任务，在以习近平同志为核心的党中央坚强领导下，各地区各部门坚持以习近平新时代中国特色社会主义思想为指导，按照党中央、国务院决策部署，统筹国内国际两个大局，统筹疫情防控和经济社会发展，统筹发展和安全，坚持稳中求进工作总基调，完整、准确、全面贯彻新发展理念，加快构建新发展格局，着力推动高质量发展，加大宏观调控力度，应对超预期因素冲击，经济保持增长，发展质量稳步提升，创新驱动深入推进，改革开放蹄疾步稳，就业物价总体平稳，粮食安全、能源安全和人民生活得到有效保障，经济社会大局保持稳定，全面建设社会主义现代化国家新征程迈出坚实步伐。

初步核算，全年国内生产总值 1 210 207 亿元，比上年增长 3.0%。其中，第一产业增加值 88 345 亿元，比上年增长 4.1%；第二产业增加值 483 164 亿元，增长 3.8%；第三产业增加值 638 698 亿元，增长 2.3%。第一产业增加值占国内生产总值比重为 7.3%，第二产业增加值比重为 39.9%，第三产业增加值比重为 52.8%。全年最终消费支出拉动国内生产总值增长 1.0 个百分点，资本形成总额拉动国内生产总值增长 1.5 个百分点，货物和服务净出口拉动国内生产总值增长 0.5 个百分点。全年人均国内生产总值 85 698 元，比上年增长 3.0%。国民总收入 1 197 215 亿元，比上年增长 2.8%。全员劳动生产率为 152 977 元 / 人，比上年提高 4.2%。

全年居民消费价格比上年上涨 2.0%。工业生产者出厂价格上涨 4.1%。工业生产者购进价格上涨 6.1%。农产品生产者价格上涨 0.4%。12 月份，70 个大中城市中，新建商品住宅销售价格同比上涨的城市个数为 16 个，持平的为 1 个，下降的为 53 个；二手住宅销售价格同比上涨的城市个数为 6 个，下降的为 64 个。

任务描述

1. 你认为上述公报中采用了哪些数据分析方法？
2. 通过对上述国民经济的相关数据进行分析，你对我国 2022 年的经济发展有何看法？

相关知识

一、描述性数据分析法

描述性数据分析法即对调查总体所有变量的有关数据进行直观性描述，简单来说就是将一系列复杂的数据集用几个有代表性的数据进行描述，进而能够直观地解释数据的变动。描述性数据分析法包括直接数据观察法、描述性特征值分析法。

（一）直接数据观察法

所谓直接数据观察法，是指借助各种数据平台展示的数据内容，直接观察数据的大小、异常等情况。一般而言，对于基础的数据分析来说，利用直接数据观察法，能有效提高数据信息处理的效率。

以某公司销售人员某月某数码产品销售情况为例，通过观察数据或趋势图表，能够迅速了解销售人员的销售业绩情况，如图 7-1 所示。

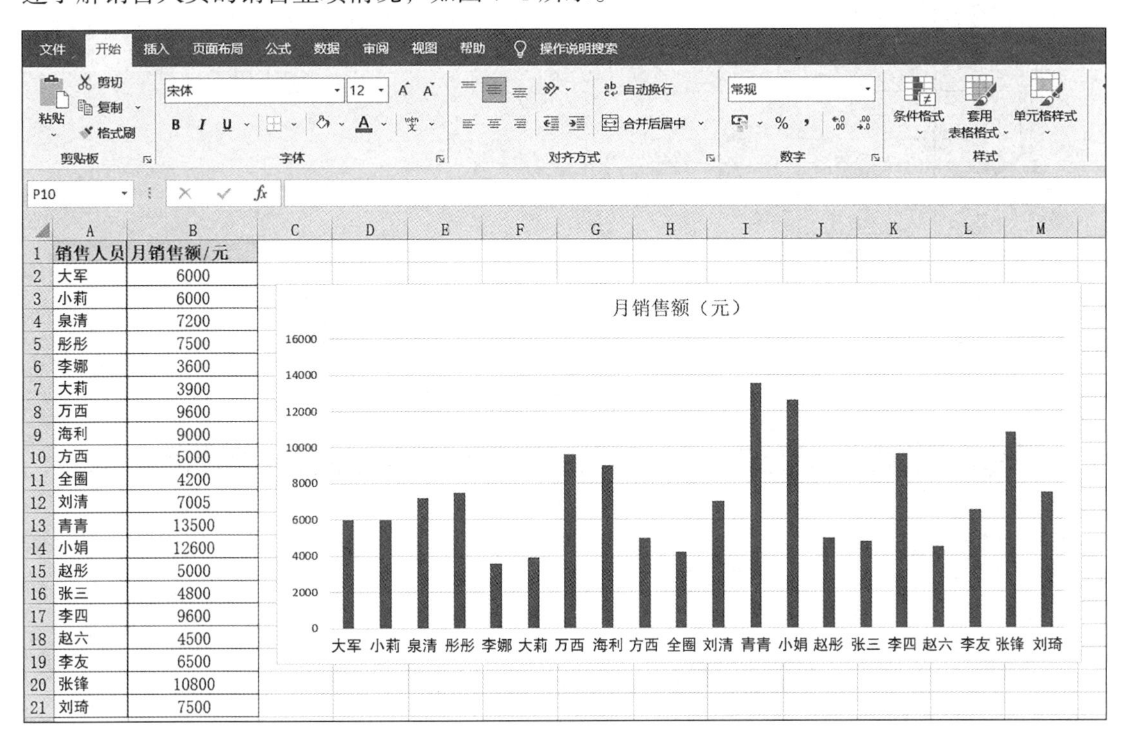

销售人员	月销售额/元
大军	6000
小莉	6000
泉清	7200
彤彤	7500
李娜	3600
大莉	3900
万西	9600
海利	9000
方西	5000
全圈	4200
刘清	7005
青青	13500
小娟	12600
赵彤	5000
张三	4800
李四	9600
赵六	4500
李友	6500
张锋	10800
刘琦	7500

图 7-1 公司销售人员某月某数码产品销售情况直方图

从上图来看，销售人员月销售额相差较大，这可以为后续该公司销售人员的培养提供依据。

（二）描述性特征值分析法

描述性特征值包括均值、标准差、最大值、最小值、极差、中位数、众数、变异系数等。仍以上述某公司销售人员某月某数码产品销售情况为例，通过描述性特征值进行分析。

第一步，数据准备。打开 Excel 表格，准备一些需要操作的数据，如图 7-2 所示。

第二步，在左上角单击“文件”，选择“选项”，在弹出的“Excel 选项”对话框中选择“加载项”，单击“转到”，如图 7-3 所示。

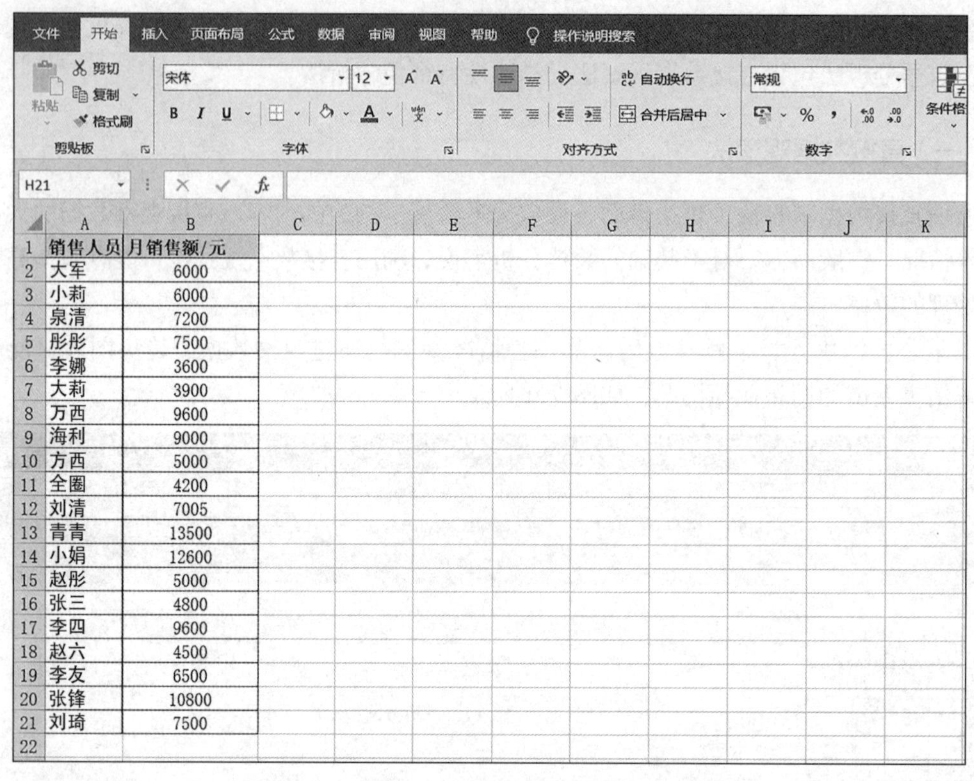

销售人员	月销售额/元
大军	6000
小莉	6000
泉清	7200
彤彤	7500
李娜	3600
大莉	3900
万西	9600
海利	9000
方西	5000
全圈	4200
刘清	7005
青青	13500
小娟	12600
赵彤	5000
张三	4800
李四	9600
赵六	4500
李友	6500
张锋	10800
刘琦	7500

图 7-2 公司销售人员某月某数码产品销售情况

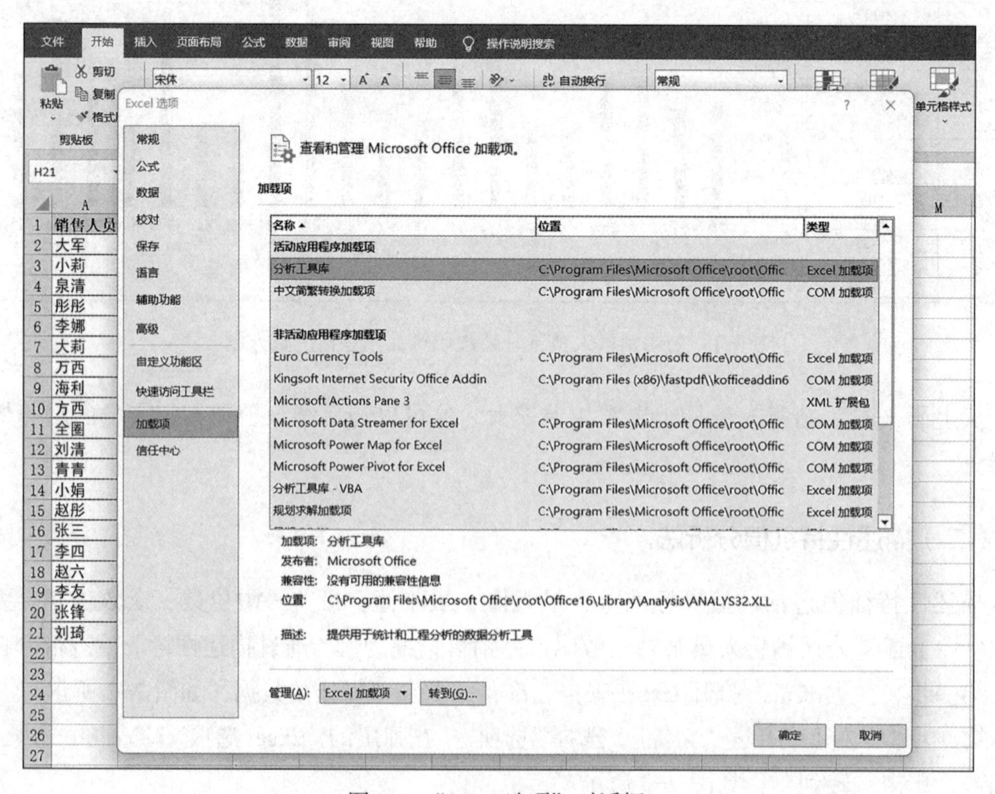

图 7-3 “Excel 选项”对话框

第三步，在“加载项”对话框中勾选“分析工具库”和“分析工具库 -VBA”，设置完成后单击“确定”按钮，如图 7-4 所示。

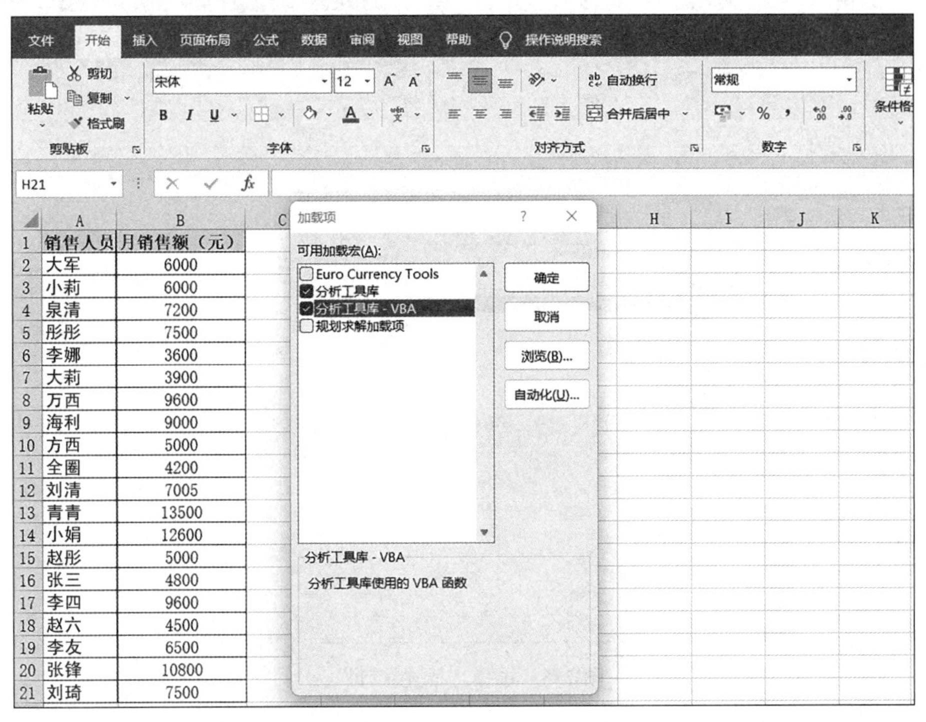

图 7-4 “加载项”对话框

第四步，选择“数据”选项卡，单击“数据分析”，如图 7-5 所示。

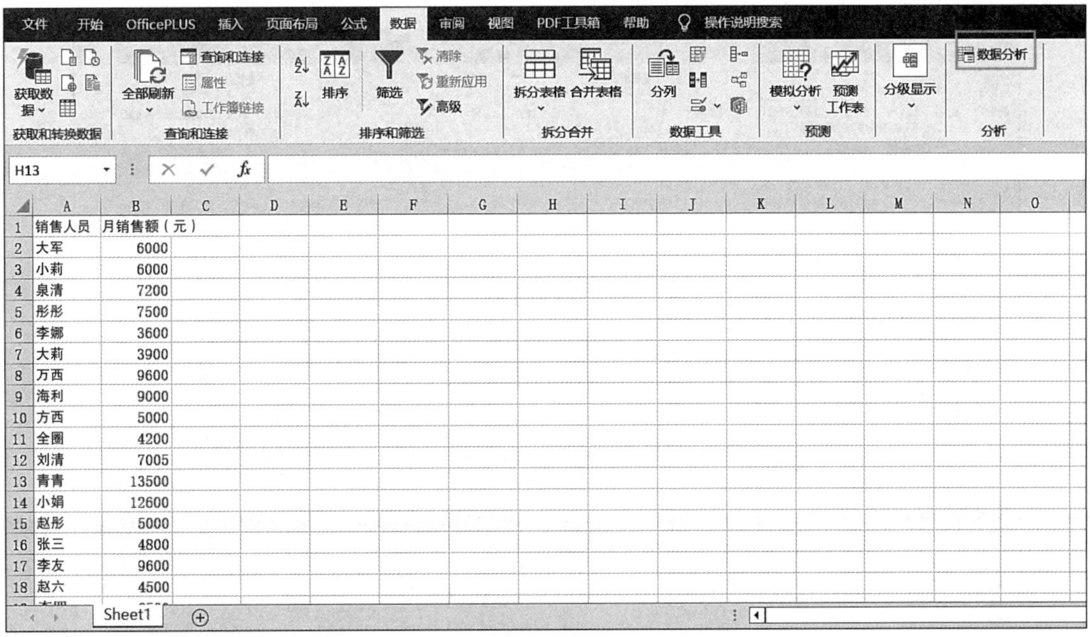

图 7-5 “数据”选项卡——“数据分析”

第五步，在弹出的“数据分析”对话框中选择“描述统计”，然后单击“确定”按钮，如

图 7-6 所示。

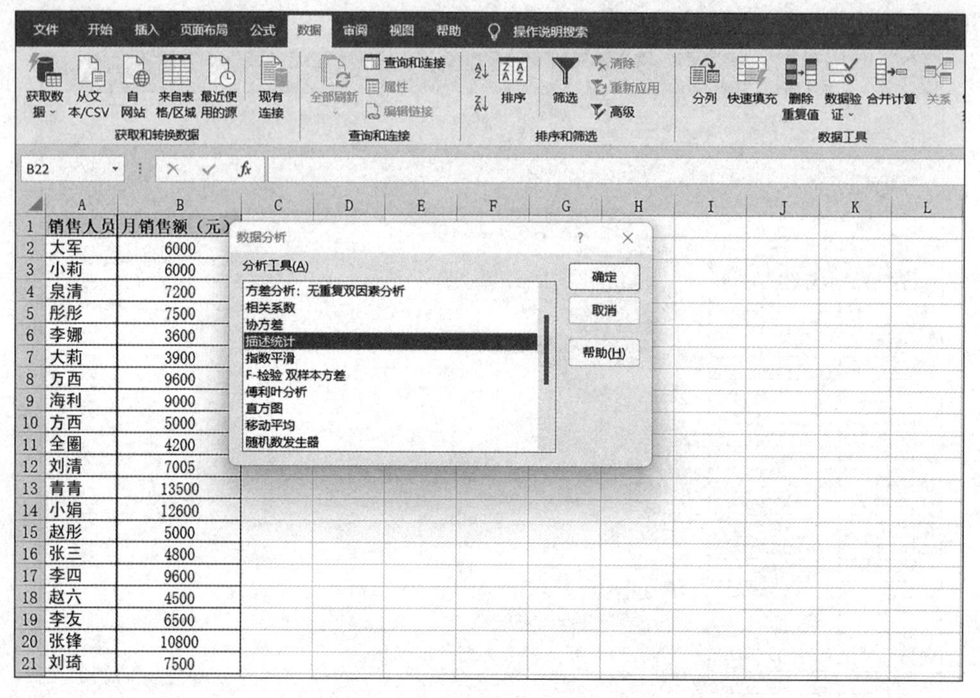

图 7-6 选择“描述统计”

第六步，在弹出的“统计描述”对话框中，在“输入区域”选择要统计的数据区域，设置输出区域为“新工作表组”，再勾选“汇总统计”“平均数置信度”“第 K 大值”“第 K 小值”，如图 7-7 所示。

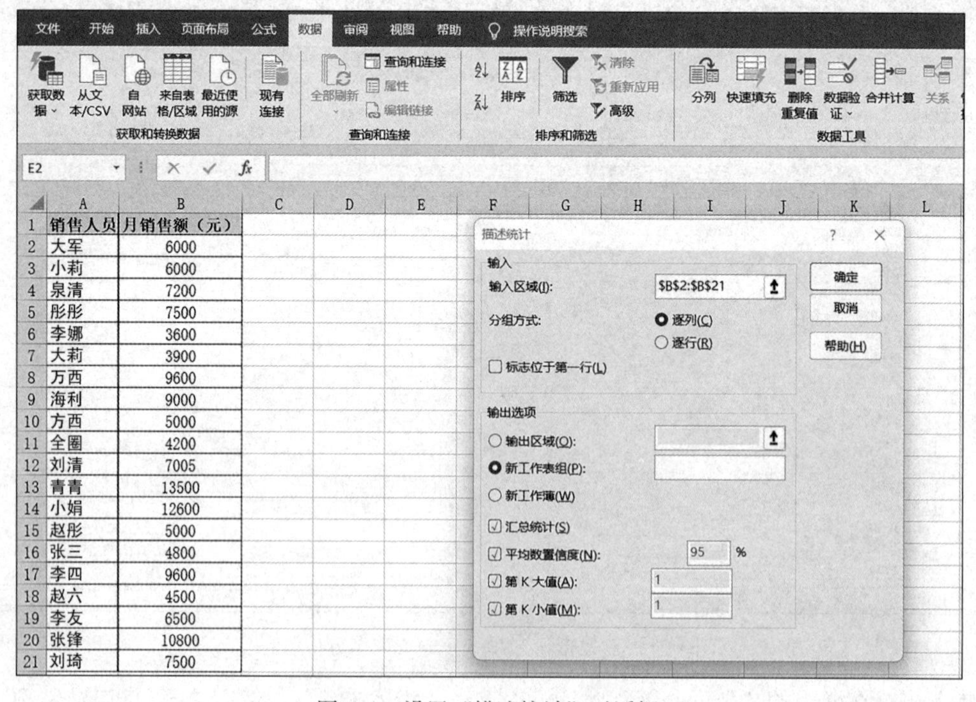

图 7-7 设置“描述统计”对话框

第七步，单击“确定”按钮，即可在 Excel 表中查看描述性统计分析结果，如图 7-8 所示。

	A	B
1	列1	
2		
3	平均	7190.25
4	标准误差	640.1811498
5	中位数	6752.5
6	众数	6000
7	标准差	2862.977138
8	方差	8196638.092
9	峰度	-0.111267424
10	偏度	0.807546394
11	区域	9900
12	最小值	3600
13	最大值	13500
14	求和	143805
15	观测数	20
16	最大(1)	13500
17	最小(1)	3600

图 7-8　描述性统计分析结果

通过计算，可以得到该公司销售人员的销售平均值、中位数、众数、标准差、最大值、最小值等，这些数据可以为公司制定销售政策提供数据支持。

二、结构分组分析法

结构分组分析法是在数据分组的基础上，将组内数据与总体数据进行对比的分析方法。结构分组分析法分析各组占总体的比例，属于相对指标。以客户的忠诚度为例，若老用户的复购率达到 50%，说明老用户对于企业的产品足够满意、放心，这个时候企业就可以把重心放在开发新用户上。

三、比较分析法

（一）比较分析法的概念

比较分析法是将两个或两个以上的数据进行对比，分析差异进而揭示这些数据所代表的规律，以了解各方面数据指标的一种分析方法。比较分析法是商务数据分析的常用方法，例如分析竞争结构时，可以将自己的数据与竞争对手的数据进行比较，了解双方的优势与劣势，以便调整或制定相应的策略。

（二）比较分析法的种类

比较分析法包括横向比较及纵向比较。

1. 横向比较

横向比较即同一时间条件下不同数据采集对象指标的对比，如某品牌空调与其他品牌空调销售量比较，不同书店的销售额对比等。

2. 纵向比较

纵向比较即不同时间条件下同一数据采集对象指标的对比，如某品牌空调本月销售量与上月销售量进行对比，本月成本数与上月成本数进行对比等。

（三）比较分析法的应用维度

对于商务数据而言，进行比较分析时，可以从以下几个维度考虑。

1. 与竞争对手或行业对比

通过将自身数据与竞争对手或行业的大盘数据进行对比，企业能了解自己在该行业中所处的位置，并进一步分析出现问题的原因，这是一种横向对比。例如，某网店发现自己的网页成交转化率低于竞争对手，该网店就应该分析成交转化率过低的原因，并及时采取优化措施以提高成交转化率。

2. 企业自身不同时期的数据对比

通过对自身不同时期的数据进行比较，企业可以了解自己的发展状况，从而推出相应的改进措施。例如，将本月订单量与去年同月份的订单量进行对比，就能明确本月订单的增减情况和增减幅度。

3. 开展活动的前后期数据对比

为提升销售额，企业往往会不定期地开展各种活动，此时就需要对活动前后的各项数据指标进行对比，这样能够判断出活动开展的效果及活动策划的优点与不足等，为下一次活动策划提供数据支持，进一步优化活动的效果。

4. 优化前后的数据对比

在网店数据化运营过程中，网店会经常对运营策略进行调整，如修改关键词、优化推广图片、修改商品详情页等，此时应进行优化前后的比较，否则就无法判断调整的效果。

通过比较分析，可以直接观察到目前的运营水平，一方面可以找到当前已经处于优秀水平的方面，后续予以保持；另一方面可以及时发现当前的薄弱环节，重点突破。

四、相关分析法

（一）相关分析法的概念

相关分析法是研究两个或两个以上随机变量之间相关依存关系的方向和密切程度的方法。

相关分析旨在研究现象之间是否存在某种依存关系，并进一步剖析这种依存关系的相关方向以及相关程度。相关关系是一种非确定性的关系，具有随机性，因为影响现象发生变化的因素不止一个，并且总是围绕某些数值的平均数上下波动。

（二）相关系数

相关系数是反映变量之间线性关系强弱程度的指标，相关系数的绝对值越大，相关性越强。相关系数绝对值越接近于 1 或 -1，相关性越强；相关系数绝对值越接近于 0，相关性越弱。

相关系数绝对值在 0.8 ～ 1.0 之间，两变量间极强相关；相关系数绝对值在 0.6 ～ 0.8 之间，两变量间强相关；相关系数绝对值在 0.4 ～ 0.6 之间，两变量间中等程度相关；相关系数绝对值在 0.2 ～ 0.4 之间，两变量间弱相关；相关系数绝对值在 0.0 ～ 0.2 之间，两变量极弱相关或无相关。

利用 Excel 数据工具库中的相关分析，能找出变量之间存在的相关系数。

五、回归分析法

回归分析法通过研究事物发展变化的因果关系来预测事物发展走向，它是研究变量间相互关系的一种定量预测方法，又称回归模型预测法或因果法。回归分析又可分为线性回归分析和非线性回归分析。回归分析法一般与相关分析法结合在一起进行运用。

六、时间序列分析法

（一）时间序列分析法的概念

时间序列分析法是应用数理统计方法对相关数据进行处理，以预测未来事物发展变化的一种方法。时间序列预测一般反映三种实际变化规律：趋势变化、周期性变化、随机性变化。

（二）时间序列的测定

时间序列往往是几类变化形式的叠加或耦合：长期趋势、季节变动、循环波动和不规则波动。

1. 长期趋势

长期趋势是指时间序列在一段较长的时期内呈现出来的持续向上或持续向下的变动状况。长期趋势常用平滑法和回归分析法来测定。

2. 季节变动

季节变动是指时间序列在一年内重复出现的周期性波动。它是受到气候条件、生产条件、节假日或人们的风俗习惯等各种因素影响的结果。季节变动常用按季平均法和按月平均法等来测定。

3. 循环波动

循环波动是指社会经济活动以若干年为周期发生的盛衰起伏交替的波动，分为长周期、中周期和短周期三种类型。测定循环波动常用残余法，即先从时间数列中剔除长期趋势和季节变动，再消除不规则波动，其剩余结果便是循环波动。

4. 不规则波动

不规则波动是指由于意外的自然或社会的偶然因素引起的无周期性波动。

任务实施

1．你认为上述公报中采用了哪些数据分析方法？

公报中主要采用了直观数据描述分析法、结构分组分析法、时间序列分析法。

2．通过对上述国民经济的相关数据进行分析，你对我国 2022 年的经济发展有何看法？

通过对上述相关数据进行分析，我们可以看出我国 2022 年经济总体上保持增长发展的态势，发展质量稳步提升，三次产业结构比较合理，就业物价总体平稳，经济社会大局保持稳定。消费与投资需求旺盛，货物和服务净出口发展较好，全年人均国内生产总值迈上新台阶。

能力检测

你认为应如何进行长期趋势的测定？

任务二　行业分析

任务导入

小王大学毕业后，选择在某知名电商平台销售家乡特产木耳、香菇等。在进入农产品电商这个行业前，小王如何对这个行业进行分析呢？

任务描述

1．行业分析的内容有哪些？

2．行业分析常用的模型有哪些？

相关知识

一、行业分析的概念和任务

行业是为满足同一类型市场需求而进行产品生产的制造企业和进行产品销售服务的商业机构的总和，如服装行业、金融行业、餐饮行业、建材行业等。

行业分析是指根据经济学原理，综合应用统计学、计量经济学等分析工具对行业经济的运行状况、产品生产、销售、消费、技术、行业竞争力、市场竞争格局、行业政策等行业要素进行深入的分析，从而发现行业运行的内在经济规律，进而进一步预测行业未来发展的趋势。

行业分析的任务是分析行业本身所处的发展阶段及其在国民经济中的地位，分析影响行业发展的各种因素并判断各因素对行业的影响程度，预测并引导行业的未来发展趋势，判断行业投资价值，揭示行业投资风险，为政府部门、投资者以及其他机构提供决策依据。

二、行业分析的内容

行业分析是发现和洞悉行业运作规律，把握行业的发展状况及所处的行业生命周期的位置，并据此做出正确的经营决策，对指导行业内企业的经营规划和发展具有决定性的意义。行业分析一般包括行业基本状况分析、行业一般特征分析、行业结构分析和行业影响因素分析。

1. 行业基本状况分析

行业基本状况分析主要包括行业发展史、现状与格局分析、发展趋势分析等。

2. 行业一般特征分析

行业一般特征分析主要包括市场类型分析、行业类型分析和行业生命周期分析。

（1）市场类型分析。

1）完全竞争市场又称纯粹竞争市场或自由竞争市场，是指一个行业中有非常多的生产销售企业，它们都以同样的方式向市场提供同类的、标准化的产品的市场。卖方和买方对于商品或劳务的价格均不能控制。在这种竞争环境中，由于买卖双方对价格都无影响力，只能是价格的接受者，企业的任何提价或降价行为都会招致对本企业产品需求的骤减或利润的不必要流失。因此，产品价格只能随供求关系而定。

2）垄断竞争市场是指一个市场中有许多厂商生产和销售有差别的同种产品的市场组织。垄断竞争的特征：市场中具有众多的生产者和消费者，而且消费者具有明显的偏好，商品与服务“非同质”；市场的进入与退出是完全自由的；各生产者提供的众多商品有差别，但并没有本质区别。

3）完全垄断又称“独家垄断”，是指整个行业的市场供给完全由独家企业所控制的状态。

4）寡头垄断是介于垄断竞争和完全垄断之间的一种市场模式，是指某种产品的绝大部分由少数几家大企业控制的市场。每个大企业在相应的市场中占有相当大的份额，对市场的影响举足轻重。

（2）行业类型分析。

1）增长型行业的运动形态与经济活动总水平的周期及其振幅无关。这些行业的收入增长速度相对于经济周期的变动来说，并未出现同步影响，因为它们主要依靠技术进步、新产品推出及更优质的服务，从而使其经常呈现出增长形态。

2）周期型行业是指和国内或国际经济波动相关性较强的行业，其中典型的周期性行业包括大宗原材料（如钢铁、煤炭等）、工程机械、船舶等。

3）防守型行业一般是指产品需求或服务需求相对稳定的行业，并不受经济周期衰退的影响。与周期型行业相反，防守型行业的经营和业绩波动基本不受宏观经济涨落的影响，不会随经济周期大起大落。

（3）行业生命周期分析。行业生命周期指行业从出现到完全退出社会经济活动所经历的时间。行业的生命发展周期主要包括四个发展阶段：幼稚期、成长期、成熟期、衰退期。

在行业生命周期的不同阶段，市场需求、市场需求增长率、产品品种、竞争者状况、进入壁垒及退出壁垒、技术水平、用户购买行为等因素各不相同，企业的策略也不同。

3. 行业结构分析

行业结构分析包括行业进入障碍分析、替代品分析、行业中现有企业的竞争程度分析等。

进入障碍又称进入壁垒或进入门槛，它是指产业内已有厂商对准备进入或正在进入该产业的新厂商所拥有的优势，或者说是新厂商在进入该产业时所遇到的不利因素和限制。

替代品是指两种商品在满足消费者同一类型的需要时具有相同或相近的功效。替代品的存在往往会对行业内的产品定价、市场需求和竞争格局产生影响，因此对其进行深入分析有助于企业更准确地把握市场动态和竞争态势。

此外，行业内现有企业的竞争程度也是行业结构分析的重要组成部分。这包括企业间的市场份额、营销策略、技术创新能力以及成本控制等方面的比较和评估，从而揭示出行业内的竞争态势和潜在机会。

通过对行业结构的全面分析，企业可以更加清晰地了解行业的竞争格局和发展趋势，为制定有效的市场策略和竞争战略提供有力支持。

4. 行业影响因素分析

行业影响因素分析主要包括技术进步、行业组织创新、政府政策、经济全球化、社会习惯的改变等。

三、行业分析常用模型

行业分析主要是针对行业环境和自身优劣势进行分析，常用的分析模型有 PEST 模型、波特五力分析模型和 SWOT 模型。

（一）PEST 模型

1. PEST 模型理论

PEST 分析，即宏观环境分析，是指针对一切影响行业和企业的宏观因素进行的综合评估。不同行业和企业具有各自独特的特性和经营需要，因此在进行 PEST 分析时，分析的具体内容会有所差异。通常情况下，应对政治、经济、社会和技术这四大类影响企业的主要外部环境因素进行分析。

（1）政治环境。构成政治环境的主要指标有政治体制、经济体制、财政政策、税收政策、产业政策、法令等。

（2）经济环境。经济环境主要包括宏观和微观两个方面的内容。

宏观经济环境是指一国或一地区的总体经济环境。如国民生产总值、国民收入总值、国民经济增长率等反映国民经济状况的指标；消费总额、消费结构、居民收入、存款余额、物价指数等描述社会消费水平和消费能力的指标；经济政策、财政政策、消费政策、金融政策等产业政策方面的情况等。

微观经济环境主要是指所在地区或所服务地区的消费者的收入水平、可支配收入、消费偏好、储蓄情况、就业程度等因素。

（3）社会环境。社会环境包括一个国家或地区的居民受教育程度、文化水平、宗教信仰、生活方式、风俗习惯、价值观念、审美观点等。文化水平会影响居民的需求层次；宗教信仰和风俗习惯会禁止或抵制某些活动的进行；生活方式会影响居民的消费行为；价值观念会影响居民对组织目标、组织活动以及组织存在本身的认可与否；审美观点则会影响人们对组织活动内容、活动方式以及活动成果的态度。

构成社会文化环境的关键指标有人口规模、性别比例、年龄结构、出生率、死亡率、种族结构、妇女生育率、生活方式、购买习惯、教育状况、宗教信仰状况等。

（4）技术环境。技术环境是指组织所在国家或地区的技术水平、技术条件、先进技术在生产中的应用程度、技术手段的现代化程度、技术政策以及技术发展的动向与潜力等。

技术环境分析除了要考察与企业所处领域的活动直接相关的技术手段的发展变化外，还应了解技术更新速度、技术传播速度、技术商品化速度、国家重点支持项目、国家投入的研发费用、专利个数、专利保护情况等因素。

2. PEST 模型运用示例

新能源汽车产业发展的 pest 分析

一、新能源汽车行业定义及分类

高速增长的汽车工业与汽车保有量使能源与环境面临着严峻挑战，面对能源安全、环境污染和全球气候变暖的紧迫形势，节能减排已成为汽车产业的首要任务，发展节能与新能源汽车也成为汽车工业的战略方向和重要战略举措。新能源汽车是指采用非常规的车用燃料作为动力来源（或使用常规的车用燃料、采用新型车载动力装置），综合车辆的动力控制和驱动方面的先进技术，形成的技术原理先进，具有新技术、新结构的汽车。电动汽车是新能源汽车的典型代表，电动汽车是指由车载储能元件提供能源，用电动机驱动车辆行驶的汽车。电动汽车主要分为纯电动汽车、混合动力汽车及燃料电池汽车。

二、新能源汽车行业发展历程

自从 1998 年丰田混动车 Pruis 上市重启全球电动汽车市场，各国政府纷纷制定新能源发展计划和配套政策，全球汽车电气化方向明确。2008 年，特斯拉 Roadster 量产按下全球电动汽车发展加速键，引爆全球电动汽车潮流，各大传统车企迅速切入。2017 年，超过十款新车型密集发布。海外新能源汽车 2017 年以来放量趋势明确，在特斯拉 Model3 投产规划明确的引领下，各大海外车企电动车新车型推出的速度超出预期，奔驰、宝马、保时捷等都有新车型推出，同时加紧对电动汽车智能化的配套深度，加大新车型布局力度。

三、中国新能源汽车行业发展环境分析

我国是汽车生产消费大国，汽车保有量不断增加，能源消耗急剧增长，使得环境保护面临挑战。可以预见，这样的高污染、高消耗的发展模式必将遭到淘汰。而随着国家新能源汽车扶持政策的实施，以及新产品、新技术的不断成熟，新能源汽车革命悄然兴起。2015 年，我国出台了《中国制造 2025》行动纲领，纲领将节能和新能源汽车列为未来十大重点发展领域之一。在全球变暖、温室效应加剧、国家政策的大力驱动以及人们环保意识增强的背景下，新能源汽车也成为行业发展的必然趋势，其未来的发展前景受到各方的广泛关注。

1. 政策环境

2015 年 5 月，国务院出台《中国制造 2025》；2016 年 12 月，国务院出台《“十三五”国家战略性新兴产业发展规划》；2017 年 4 月，工信部、国家发改委、科技部出台《汽车产业中长期发展规划》；2020 年 4 月，财政部、税务总局、工信部出台《关于新能源汽车免征车辆购置税有关政策的公告》；2020 年 7 月，工信部、财政部、商务部、海关总署、市场监管总局出台《乘用车企业平均燃料消耗量与新能源汽车积分并行管理办法》；2020年1月，中国汽车工程学会发布《节能与新能源汽车技术路线图2.0版》；2020年11月，国务院出台《新能源汽车产业发展规划（2021—2035年）》；2021年3月全国人大出台《"十四五"规划和2035年远景目标纲要》等一系列政策、法规，扶持新能源汽车发展。

我国提出的"2030年碳达峰、2060年碳中和"的总体目标，实际也为新能源汽车发展指明了方向、拓展了空间，带来了重要机遇。

2. 经济环境

就业物价形势稳定，2022年我国人均可支配收入达3.69万元，居民消费水平持续上涨，2022年人均消费支出为2.45万元。随着中国居民人均可支配收入的不断增加，消费能力也随之提升，为新能源汽车行业的发展提供了强劲的动力。

随着国家经济的发展，我国汽车千人保有量逐年增长，2022年已达226辆。但与国外发达国家相比，我国汽车保有量仍处于较低水平，约占美国的27%、日本的35.4%。这说明，我国汽车行业发展还有较大的市场空间，而新能源汽车作为未来新的增长极，市场空间值得期待。

3. 社会环境

2019年我国原油对外依存度突破70%，远超50%的国际警戒线。多个国家已通过禁售燃油车法案，减轻对石油的依赖；我国海南省也制定了在2030年禁止销售燃油车的发展目标。

进入21世纪以来，汽车在我国社会的普及度越来越高，全国汽车驾驶人数也在逐年上升，截至2021年9月，中国机动车驾驶人数达4.76亿人，汽车驾驶人4.39亿人，新领证机动车驾驶人0.27亿人，每年新增驾驶员数量较多，为新能源汽车的销售提供了一个潜在的市场。

2020年，中国二氧化碳排放量达9 893.5百万吨，较2019年增加了87.47百万吨，同比增长0.9%。传统汽车多使用柴油、汽油等石油提炼物，其排放的尾气造成了雾霾、酸雨、气候变暖等生态问题，对人类社会的可持续发展造成了较大的威胁，这些唤起了人们保护环境的意识。随着国家的积极宣传及我国国民素质的不断提高，人们开始关注身边的环境问题，并积极响应国家政策，选择绿色出行，面对环境问题，坚持低碳出行的社会氛围为新能源汽车在社会上的推广奠定了思想基础。

4. 技术环境

在发展新能源汽车的相关技术上，中国已取得很好的成绩，总体来看，中国新能源汽车行业申请专利量呈增长趋势。自2016年起，中国新能源汽车行业申请专利量增幅更为明显，2020年中国新能源汽车行业申请专利量达11 208件，较2019年增加了1 816件，同比增长19.3%，2021年1—10月中国新能源汽车行业申请专利量为3 206件，新技术的不断涌现，推动新能源汽车行业高质量发展。

（二）波特五力分析模型

1. 波特五力分析模型理论

波特五力分析模型由迈克尔·波特（Michael Porter）于20世纪80年代初提出，对企业战略制定产生了全球性的深远影响。波特五力分析模型用于竞争战略的分析，可以有效地分析客户的竞争环境。五力分别是：供应商的议价能力、购买者的议价能力、潜在竞争者进入的能力、替代品的替代能力、行业内现有竞争者的竞争能力。五种力量的不同组合变化最终影响行业利润潜力变化。

（1）供应商的议价能力。供方主要通过其提高投入要素价格与降低单位价值质量的能力，来影响行业中现有企业的盈利能力与产品竞争力。供方力量的强弱主要取决于他们所提供给买主的是什么投入要素，当供方所提供的投入要素其价值构成了买主产品总成本的较大比例、对买主产品生产过程非常重要，或者严重影响买主产品的质量时，供方对于买主的潜在议价能力就大大增强。一般来说，满足如下条件的供方具有比较强大的议价能力。

1）供方行业为一些具有比较稳固市场地位而不受市场激烈竞争困扰的企业所控制，其产品的买主很多，以至于每一单个买主都不可能成为供方的重要客户。

2）供方各企业的产品各具有一定特色，以至于买主难以转换或转换成本太高，或者很难找到可与供方企业产品相竞争的替代品。

3）供方能够方便地实行前向联合或一体化，而买主难以进行后向联合或一体化。

（2）购买者的议价能力。购买者主要通过其压价与要求提供较高的产品或服务质量的能力，来影响行业中现有企业的盈利能力。一般来说，满足如下条件的购买者可能具有较强的议价能力。

1）购买者的总数较少，而每个购买者的购买量较大，占了卖方销售量的很大比例。

2）卖方行业由大量相对来说规模较小的企业所组成。

3）购买者所购买的基本上是一种标准化产品，同时向多个卖主购买产品在经济上也完全可行。

4）购买者有能力实现后向一体化，而卖主不可能前向一体化。

（3）潜在竞争者进入的能力。潜在竞争者在给行业带来新生产能力、新资源的同时，也希望在已被现有企业瓜分完毕的市场中赢得一席之地，这就有可能会与现有企业发生原材料与市场份额的竞争，最终导致行业中现有企业盈利水平降低，严重的话还有可能危及这些企业的生存。竞争性进入威胁的严重程度取决于两方面的因素，即进入新领域的障碍大小与预期现有企业对于进入者的反应情况。

进入障碍主要包括规模经济、产品差异、资本需要、转换成本、销售渠道开拓、政府行为与政策、不受规模支配的成本劣势、自然资源、地理环境等方面，这其中有些障碍是很难借助复制或仿造的方式来突破的。

在预期现有企业对进入者的反应时，需要重点考虑其采取报复行动的可能性。这一可能性大小取决于有关厂商的财力情况、报复记录、固定资产规模、行业增长速度等。

总之，新企业进入一个行业的可能性大小，取决于进入者主观估计进入所能带来的潜在利益、所需花费的代价与所要承担的风险这三者的相对大小情况。

（4）替代品的替代能力。两个处于不同行业中的企业，可能会由于所生产的产品互为替代品，从而产生相互竞争行为，这种源自替代品的竞争会以各种形式影响行业中现有企业的竞争战略。

1）现有企业产品售价以及获利潜力的提高，将由于存在着能被用户方便接受的替代品而受到限制。

2）由于替代品生产者的侵入，使得现有企业必须提高产品质量，或者通过降低成本来降低售价，或者使其产品具有特色，否则其销量与利润增长的目标就有可能受挫。

3）源自替代品生产者的竞争强度，受产品买主转换成本高低的影响。

总之，替代品价格越低、质量越好、用户转换成本越低，其所能产生的竞争压力就越强；而这种来自替代品生产者的竞争压力的强度，可以具体通过考察替代品销售增长率、替代品厂家生产能力与盈利扩张情况来加以描述。

（5）行业内现有竞争者的竞争能力。大部分行业中，企业相互之间的利益都是紧密联系在一起的，作为企业整体战略一部分的企业竞争战略，其目标都在于使得自己的企业获得相对于竞争对手的优势，所以，在实施中就必然会产生冲突与对抗现象，这些冲突与对抗就构成了现有企业之间的竞争。现有企业之间的竞争常常表现在价格、广告、产品介绍、售后服务等方面，其竞争强度与许多因素有关。

2. 波特五力分析模型运用

五力模型是由波特提出的一种产业分析模型，通过对产业内外部环境的五大力量进行分析，来评估产业的吸引力和竞争激烈程度。下面以电子产品企业为例，对其所处的产业环境进行五力模型分析。

供应商的议价能力。在电子产品产业中，供应商通常是指芯片、零部件等原材料供应商。电子产品公司通常会与多家供应商合作，因此供应商的议价能力相对较弱。而且，电子产品公司通常会通过多元化的供应链来降低对某一供应商的依赖，从而进一步削弱供应商的议价能力。

购买者的议价能力。在电子产品市场上，购买者往往是大型的零售商或者终端消费者。由于电子产品市场竞争激烈，产品同质化严重，因此购买者的议价能力较强。此外，购买者对于电子产品的需求也相对弹性较大，因此对于价格的敏感度也较高。

行业内现有竞争者的竞争能力。在电子产品行业中，竞争对手众多，而且竞争激烈，各大品牌纷纷推出新品，进行市场营销和促销活动，以便争夺更多的市场份额。因此，同行竞争的激烈程度较高，企业需要不断提升自身的产品和服务水平。

替代品的替代能力。随着科技的不断发展，电子产品市场的替代品不断涌现，如智能手机，集通信、游戏、拍照、导航、影视、音乐、电子阅读、办公等于一体，消费者对游戏机、数码相机、导航仪、视听播放器、电子阅读、计算机等产品的需求下降。替代品的威胁增大，这对于电子产品公司来说是一个不可忽视的因素。

潜在竞争者进入的能力。电子产品产业的技术门槛较高，需要大量的资金投入和技术支持。因此，潜在竞争者的威胁相对较小，此外，电子产品已经形成了一定的规模效应和品牌效应，对于潜在竞争者来说，要想在市场上立足并非易事。

（三）SWOT 模型

1. SWOT 模型理论

所谓 SWOT 分析，即基于内外部竞争环境和竞争条件下的态势分析，就是将与研究对象密切相关的各种主要内部优势、劣势和外部的机会和威胁等列举出来，并依照矩阵形式排列，然后用系统分析的思想，把各种因素相互匹配起来加以分析，从中得出一系列相应的结论，而结论通常带有一定的决策性。

运用这种方法，可以对研究对象所处的情景进行全面、系统、准确的研究，从而根据研究结果制定相应的发展战略、计划以及对策等。

S（strengths）是优势、W（weaknesses）是劣势、O（opportunities）是机会、T（threats）是威胁。运用各种调查研究方法，分析出公司所处的各种环境因素，即外部环境因素和内部能力因素。外部环境因素包括机会因素和威胁因素，它们是外部环境对公司的发展直接有影响的有利和不利因素，属于客观因素；内部环境因素包括优势因素和劣势因素，它们是公司在其发展中自身存在的积极和消极因素，属主观因素。

优势，是组织机构的内部因素，具体包括：有利的竞争态势、充足的财政来源、良好的企业形象、技术力量、规模经济、产品质量、市场份额、成本优势、广告攻势等。

劣势，也是组织机构的内部因素，具体包括：设备老化、管理混乱、缺少关键技术、研究开发落后、资金短缺、经营不善、产品积压、竞争力差等。

机会，是组织机构的外部因素，具体包括：新产品、新市场、新需求、外国市场壁垒解除、竞争对手失误等。

威胁，也是组织机构的外部因素，具体包括：新的竞争对手、替代产品增多、市场紧缩、行业政策变化、经济衰退、客户偏好改变、突发事件等。

SWOT 模型的优点在于考虑问题全面，是一种系统思维，而且可以把对问题的“诊断”和“开处方”紧密结合在一起，条理清楚，便于检验。

2. SWOT 模型运用示例

拼多多 SWOT 分析

（1）优势。

1）精准定位市场：拼多多成功地找到了自己的市场切入点，主要针对二、三、四线城市的中低端消费人群，与淘宝、京东等平台形成差异化竞争。

2）良好的获客途径：通过微信分享、抖音推广、拼团模式，拼多多吸引了大量新用户，降低了用户获取成本。

3）利用成熟网络生态圈：利用微信平台，拼多多简化了用户注册和支付流程，提高了用户体验。

（2）劣势。

1）假冒伪劣问题：由于平台准入门槛较低，导致假货和仿冒品泛滥，损害了消费者对平台的信任。

2）经营成本高：为了保持高速增长和活跃用户数，拼多多不得不大量投入资金，这影响了其盈利能力。

3）模式易于复制：拼多多的成功吸引了大量模仿者，使得市场竞争加剧。

（3）机遇。

1）社交电商的兴起：随着移动互联网的普及和社交网络的兴起，拼多多可以利用这些优势进一步扩大市场份额。

2）政策支持和市场增长：中国电子商务市场正处于快速发展阶段，拼多多可以利用这一机遇实现更大的增长。

3）二、三、四线城市和农村市场规模庞大，拼多多的低价策略具有吸引力。

4）海外市场的开拓，为其发展带来更多机遇。

（4）挑战。

1）竞争激烈：拼多多需要与其他电商平台如淘宝、京东等竞争，争夺用户和市场份额。

2）法律和诚信问题：电子商务的法律尚不健全，诚信制度尚未完善，这可能会对拼多多的运营带来挑战。

任务实施

1．行业分析的内容有哪些？

（1）行业基本状况分析。

（2）行业一般特征分析。

（3）行业结构分析。

（4）行业影响因素分析。

2．行业分析常用的模型有哪些？

（1）PEST 模型。

（2）波特五力分析模型。

（3）SWOT 模型。

能力检测

用 PEST 模型对我国农产品电商进行分析。

任务三 客户分析

任务导入

京东 ×× 品牌旗舰店，自 2022 年 1 月以来销售额不断下降，客户流失严重，店长决定重新对客户进行分析，以便针对性采取相应措施，留住老客户、吸引新客户，提高经营效益。

任务描述

1．客户分析内容有哪些？

2．客户分析指标有哪些？

3．客户分析模型有哪些？

相关知识

一、客户分析的概念

客户是企业生存和发展的基石。只有充分了解客户，企业才能制定相应的营销策略，提高转化率并达到客户满意度。

客户分析就是根据各种关于客户的信息和数据来了解客户需要，分析客户特征，评估客户价值，从而为客户制订相应的营销策略与资源配置计划。客户分析有利于帮助企业更好地认识现实客户，挖掘潜在客户。

二、客户分析内容

客户分析主要包括客户需求分析、客户特征分析、客户行为分析、客户价值评估与客户营销分析。

1. 客户需求分析

需求是指人们在某一特定的时期内在各种可能的价格下愿意并且能够购买某个具体商品的需要。

随着卖方市场向买方市场转化，企业经营理念发生转变，“以客户为中心”的经营理念逐渐被商家接受和重视，客户个性化的需求越来越受到商家的关注。企业通过对客户个性化需求进行分析，精准洞悉客户的不同需求，从而采取针对性的营销策略，提高经济效益。

2. 客户特征分析

由于消费者所处环境不同，受文化、个性、性格、能力、年龄、地域、兴趣、购买力等因素影响，具有不同的特征。德国心理学家斯普兰格（E. Spranger，1928）依据人类社会文化生活的六种形态，将人划分为六种性格类型（见表 7-1）。客户特征分析就是商家通过客户的历史消费数据来了解客户的购买行为习惯、客户对产品的反应、客户的反馈意见等。商家通过对客户特征分析，进行市场细分，针对不同特征类型的客户采取不同的营销策略。

表 7-1 斯普兰格性格分类

性格类型	主要特征
经济型	一切以经济观点为中心，以追求财富、获取利益为个人生活目的
理论型	以探求事物本质为人的最大价值，但解决实际问题时常无能为力
审美型	以感受事物美为人生最高价值，他们的生活目的是追求自我实现和自我满足，不大关心现实生活
宗教型	把信仰宗教作为生活的最高价值，相信一些超自然的力量，坚信生命永存，以爱人、爱物为行为标准
权力型	以获得权力为生活的目的，并有强烈的权力意识与控制欲望，以能够掌握权力为最高价值
社会型	重视自身的社会价值，以回馈社会和关心他人为自我实现的目标，并有志于从事社会公益事务

3. 客户行为分析

利用客户数据信息，商家可以了解客户的购买行为，通过对客户行为的分析可以了解客户的真正需求。客户行为分析主要对客户购买行为、购买动机、购买趋势、购买喜好、产品喜好、购买渠道、购买评价等方面进行分析。

4. 客户价值评估

客户价值即客户对企业的价值贡献。由于不同的客户对企业的价值贡献不同，鉴于企业资源的有限性，企业有必要区分客户价值并提供相匹配的差异化营销策略。

客户价值评估是近年来在营销领域和客户关系管理领域的一个热点，企业对客户价值进行分析，并采取措施促使其转变成对公司有价值的客户。一方面，客户价值是客户分类管理的依据，通过客户价值分析，企业能够真正理解客户价值的内涵，从而做好客户分类管理，使企业和客户真正实现“双赢”；另一方面，通过价值分析，企业可以对来自客户的信息保持高度敏感，全面捕捉客户对企业的感受、需求和心理预期，从而建立起更完善的客户关系管理系统。

一般而言，企业会从以下维度对客户进行价值分析：显性的经济效益（销售额，毛利或利润等）、社会效益（如品牌、市场影响力等）、隐性的潜在效益（如渠道扩张、行业扩张、领域扩张、新品推广）等。因此，企业需要根据其所关注的维度来评价客户的价值。

5. 客户营销分析

分析客户对产品、价格、促销、分销等营销要素的反应，了解客户的购买需求和购买动机，针对性采取相应的营销策略，提高营销效果，有助于企业制订更为合理的营销策略。

三、客户分析指标

客户分析指标有利于商家进一步了解客户的得失率和客户的动态信息。主要包括以下几个指标：有价值的客户数、活跃客户数、客户活跃率、客户回购率、客户留存率、平均购买次数、客户流失率。

1. 有价值的客户数

客户包括忠诚客户、潜在客户、边缘客户和流失客户。忠诚客户是最重要的客户资源，具有消费金额高、消费频率高，信用度以及忠诚度高，对质量问题承受力强等特点。对他们进行长期维持是客户关系管理工作中的重中之重。这类客户对企业的信任度是非常关键的，他们会因为长期的信任而建立与价格因素无关的心理特征，也就是价格敏感度低。

2. 活跃客户数

客户的活跃度对企业是非常重要的，一旦客户的活跃度下降，就意味着客户的离开或流失。活跃客户数是指在一定时期（30天、60天等）内，有消费行为或登录行为的客户数量。

3. 客户活跃率

客户活跃率是某一时间段内活跃用户占总客户数量的比重，根据时间可分为日活跃率（DAU）、周活跃率（WAU）、月活跃率（MAU）等。

$$客户活跃率=\frac{活跃客户数}{客户总数}\times 100\%$$

4. 客户回购率

客户回购率即复购率或重复购买率，是指客户对该品牌产品或服务的重复购买次数。客户回购率越高，反映出客户对品牌的忠诚度越高；反之则越低。

$$客户回购率=\frac{老客户下单数}{所有客户下单数}\times 100\%$$

5. 客户留存率

客户留存率是指在某一特定时间周期内，那些在某一时间节点上作为全体客户的群体中，实际进行了消费活动的客户所占的比例。换句话说，它反映了在一段时间内回访并进行消费的客户数量占新增客户总数的比率。

$$客户留存率=\frac{回访客户数}{新增客户数}\times 100\%$$

客户留存率实质上体现了一个转化的过程，即从最初的不稳定用户逐步发展为活跃用户、稳定用户，最终成为忠诚用户。通常而言，客户的留存率越高，意味着产品与用户需求的契合度越高。因此，通过观察和分析客户的留存率，我们可以有效地判断产品是否能够满足用户的真实需求，并据此制定后续的改进和优化方案。

6. 平均购买次数

平均购买次数是指在某个时期内每个客户平均购买的次数。

$$平均购买次数=\frac{订单总数}{购买客户总数}$$

7. 客户流失率

客户流失率是指客户的流失数量与全部消费产品或服务客户的数量的比例。它是客户流失定量的表述，是判断客户流失的主要指标，直接反映了企业经营与管理的现状。

$$客户流失率=\frac{一段时间内没有消费的客户数}{客户总数}\times 100\%$$

四、客户分析模型

市场竞争日趋激烈，客户对企业的重要性不言而喻。我们需要以客户为中心，对客户进行精细化管理，围绕客户构建价值链和运营体系，驱动企业持续增长。

客户分析最重要的内容是进行市场细分，即企业根据一定的分类指标将客户划分到不同的客户群，针对不同特征的客户采取针对性的营销策略，提高客户的满意度和忠诚度。

（一）RFM 模型

1. RFM 模型理论

RFM 模型是常用的一种客户细分方法。企业通过客户购买行为中的最近一次消费时间间隔（R）、消费频率（F）、消费金额（M）三个数据了解客户的层次和结构、客户的质量和价值及客户流失的原因，从而为制定营销策略提供支持。

（1）R（Recency）。最近一次消费时间间隔，即客户最近一次与企业产生交易的时间间隔，一般以天为单位。R 值越大，表明客户与企业产生交易行为的周期越长，客户活跃度越低，客户越容易流失。反之，表明客户与企业产生交易行为的周期越短，客户处于活跃状态。

（2）F（Frequency）。消费频率，即客户在一定时期范围内产生交易的累计频次。F 值越大，即客户与企业交易越频繁，客户与企业合作黏性强，忠诚度高。反之，客户与企业合作黏性差，忠诚度低。

（3）M（Monetary）。消费金额，即客户在一定时期范围内产生交易的总累计金额。

M 值越大，即客户与企业的交易金额越大，表示用户价值越高；反之，则表示用户价值越低。

RFM 模型（见图 7-9）是衡量客户价值和客户创造利益能力的重要工具。

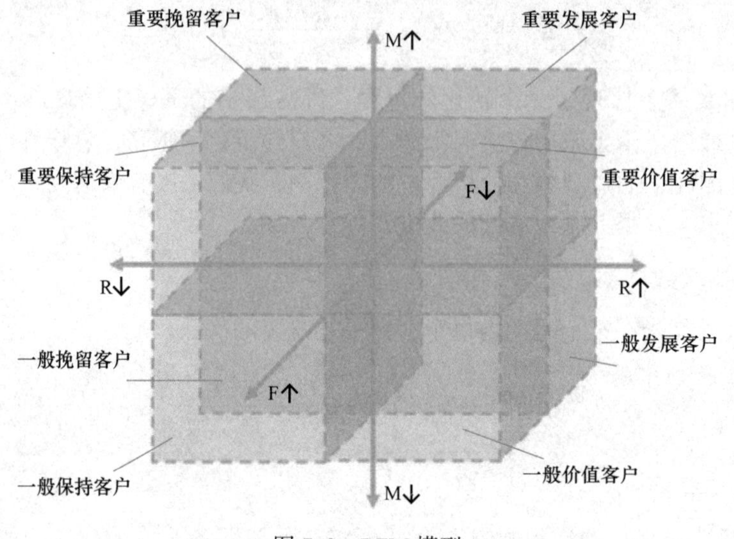

图 7-9 RFM 模型

在 R、F、M 三个制约条件下，将 M 值大，也就是贡献金额大的客户作为“重要客户”，其余则为“一般客户”和“流失客户”。基于此，可将客户分为 8 种不同的类型（见表 7-2）。

表 7-2 RFM 模型客户类型

序号	客户分类	最近一次消费时间间隔（R）	消费频率（F）	消费金额（M）
1	重要价值客户	短	高	高
2	重要发展客户	短	低	高
3	重要保持客户	长	高	高
4	重要挽留客户	长	低	高
5	一般价值客户	短	高	低
6	一般发展客户	短	低	低
7	一般保持客户	长	高	低
8	一般挽留客户	长	低	低

（1）重要价值客户。最近一次消费时间间隔短，消费频率高，消费金额高。这类客户的活跃度高，购买频率高，订单平均单价高。这类客户是企业的优质客户，他们是最具忠诚度、最有购买能力、最活跃的购买者，是企业利润的主要来源。

（2）重要发展客户。最近一次消费时间间隔短，消费频率低，消费金额高。这类客户活跃度较高，购买能力较强，但是购买频率较低。购买能力强决定了他们可以为企业贡献较大的交易额，是企业盈利的保障。但他们的购买频率较低，即该类客户在最终购买时易与其他企业商品进行对比或是购买意愿不强。

（3）重要保持客户。最近一次消费时间间隔长，消费频率高，消费金额高。这类客户活跃度较低，但购物频率高，并且购买能力强，他们的存在往往是企业持续发展的保证。企业应加强客户关系管理，重视他们的需求，给予其特定的优惠，逐步增强忠诚度。

（4）重要挽留客户。最近一次消费时间间隔长，消费频率低，消费金额高。这类客户的活跃度较低，但是购买能力相对较强，这类客户对企业的利润贡献也不能忽视。

（5）一般价值客户。最近一次消费时间间隔短，消费频率高，消费金额低。客户活跃度和购买频率都比较高，但是消费金额低。

（6）一般发展客户。最近一次消费时间间隔短，消费频率低，消费金额低。此类客户为新用户，可利用促销活动促使客户交易，提高客户活跃度。

（7）一般保持客户。最近一次消费时间间隔长，消费频率高，消费金额低。客户活跃度和消费金额都比较低，但是购买频率高，仍然能为企业带来一定的利益，因此也需要一定的关注。

（8）一般挽留客户。最近一次消费时间间隔长，消费频率低，消费金额低。此类客户为流失类的客户。

2. RFM 模型运用

某电商需要转型进行数据化运营，需要帮助业务部门进行精准营销，为不同的客户定制不同的营销策略，使用客户分析模型（RFM）对客户的价值情况进行划分。

要得到 R、F、M 这 3 个指标，一般需要数据的 3 个字段：客户 ID 或者客户名称、消费时间、消费金额，从这 3 个字段可以计算出 R、F、M 这 3 个指标。以如下原始数据（见表 7-3）为例，假设现在是 2023 年 4 月 30 日，分析最近 30 天客户的 R、F、M 值。

表 7-3 客户原始数据

客户 ID	客户名称	消费时间	消费金额 / 元
1	李 ×	2023/4/1	2 000
1	李 ×	2023/4/26	3 000
2	刘 ××	2023/4/2	100
2	刘 ××	2023/4/6	80
2	刘 ××	2023/4/9	110
2	刘 ××	2023/4/12	100
2	刘 ××	2023/4/14	90
2	刘 ××	2023/4/16	150
2	刘 ××	2023/4/17	170
2	刘 ××	2023/4/21	200
2	刘 ××	2023/4/24	60
2	刘 ××	2023/4/28	140

第一步：计算出 RFM 值（见表 7-4）。

表 7-4 客户 RFM 值数据

客户 ID	客户名称	最近 1 次消费时间间隔（R）/ 天	消费频率（F）/ 次	消费金额（M）/ 元
1	李 ×	4	2	5 000
2	刘 ××	2	10	1 200

第二步：给 R、F、M 值按价值打分。在表中添加 3 列，用于对后面计算出的 R、F、M 这 3 个值打分（见表 7-5）。

表 7-5 客户 RFM 打分表

客户 ID	客 户 名 称	最近 1 次消费时间间隔（R）/ 天	消费频率（F）/ 次	消费金额（M）/ 元	R 值打分	F 值打分	M 值打分
1	李 ×	4	2	5 000			
2	刘 ××	2	10	1 200			

注意：按指标的价值打分，不是按指标数值大小打分。

举例：对于最近 1 次消费时间间隔（R），上一次消费离得越近，也就是 R 的值越大，客户价值就越高（见表 7-6）。

表 7-6 客户 R 值

天数	>20	10 ～ 20	5 ～ 10	3 ～ 5	<3
R 值	1	2	3	4	5

实际业务中，如何定义打分范围，要根据具体的业务来灵活掌握，没有统一的标准。该电商客户 RFM 标准见表 7-7。

表 7-7 客户 RFM 值标准

（价值）分数	最近 1 次消费时间间隔（R）	消费频率（F）	消费金额（M）
1	21 天以上	1 ～ 2	0 ～ 1 000 元
2	11 ～ 20 天	3 ～ 6 次	1 001 ～ 2 000 元
3	6 ～ 10 天	7 ～ 10 次	2 001 ～ 3 000 元
4	3 ～ 5 天	11 ～ 20 次	3 001 ～ 5 000 元
5	1 ～ 2 天	21 次以上	5 001 元以上

根据该电商客户 RFM 标准，在最后 3 列填上对应的分值（见表 7-8）。

表 7-8 客户 RFM 值

客户 ID	客 户 名 称	最近 1 次消费时间间隔（R）/ 天	消费频率（F）/ 次	消费金额（M）/ 元	R 值打分	F 值打分	M 值打分
1	李 ×	4	2	5 000	4	1	4
2	刘 ××	2	10	1 200	5	3	2

第三步：计算价值平均值。分别计算出 R 值打分、F 值打分、M 值打分这 3 列的平均值（见表 7-9）。

表 7-9 客户 RFM 平均值

客户 ID	客 户 名 称	最近 1 次消费时间间隔（R）/ 天	消费频率（F）/ 次	消费金额（M）/ 元	R 值打分	F 值打分	M 值打分
1	李 ×	4	2	5 000	4	1	4
2	刘 ××	2	10	1 200	5	3	2
平均值					4.5	2	3

第四步：客户分类。在表格里增加 3 列，分别用于记录 R、F、M 这 3 个值是高于平均值还是低于平均值。如果某个指标的得分比价值的平均值低，则标记为“低”；如果某个指标的得分比价值的平均值高，则标记为“高”（见表 7-10）。

表 7-10 客户 RFM 值确定

客户 ID	R 值打分	F 值打分	M 值打分	R 值高低	F 值高低	M 值高低
1	4	1	4	低	低	高
2	5	3	2	高	高	低

然后和表 7-2 进行比较，就可以得出客户属于哪种类别（见表 7-11）。

表 7-11 客户类型

客户 ID	R 值打分	F 值打分	M 值打分	R 值高低	F 值高低	M 值高低	客 户 类 型
1	4	1	4	低	低	高	重要挽留客户
2	5	3	2	高	高	低	一般价值客户

RFM 分析方法注意事项：

1）R、F、M 指标在不同业务下定义不同，要根据具体业务灵活应用。

2）R、F、M 按价值确定打分规则一般分为 1 ～ 5 分，也可以根据具体业务灵活调整，每个分值的范围要根据具体业务来定。

3）R、F、M 这三个指标可以和其他分析方法结合使用。

3. 营销策略

不同的客户类型，有其自身的 RFM 特征，企业人员可以根据对应的特征制定有针对性的营销策略（见表 7-12）。

表 7-12 不同 RFM 特征对应的营销策略

客 户 类 型	用户 RFM 特征	营 销 策 略
重要价值客户	三者都高	延长客户忠诚时间 如 VIP 服务、永久打折策略
重要发展客户	近期有发生购买行为、消费金额高于多数客户、购买频率较低	刺激客户重购，增加对品牌的忠诚度 可以通过短信、微信等定期发送新品、爆款、折扣等信息，吸引客户增加购买频率
重要保持客户	最近一次消费时间较远，但消费频次和总金额较高	即将流失的忠实客户，需要主动联系进行挽回 可以通过沟通，唤起客户对品牌的认知，根据客户反馈制定个性化营销策略，如发送大额优惠券
重要挽留客户	历史消费金额较高，但购买频率较低，近期没有发生购买行为	已经趋于流失，最核心的需求是刺激用户重购，增加对产品及品牌的印象，针对这部分客户可以较大的让利，比如推出零元试用、买一送一等服务
一般价值客户	近期购买，购买频率高，但是总消费金额低	这部分客户的客单价较低，有薅羊毛的可能性，可以尝试通过站内及站外精准种草，如抖音等平台信息流投放等推送店铺爆款产品，增加品牌曝光度，提高客单价
一般发展客户	近期有发生购买行为，购买频率和消费金额较低	从客户生命周期上看，处于引入期和成长期 需要通过主动联系，进行顾客关怀，提供良好的售后服务，增加客户对品牌的信赖，提升重购率和消费金额
一般保持客户	最近一次消费时间较远，消费金额较低，但消费频率高	仍能为企业带来一定的利益，因此也需要一定的关注
一般挽留客户	三者都低	客户已经处于流失阶段，可以不做营销，或者花费较低成本进行尝试

（二）ABC 客户价值模型

1. ABC 客户价值模型理论

二八法则（又称“帕累托法则”）根据事物在技术或经济方面的主要特征进行分类排队，分清重点和一般，从而有区别地确定管理方式。企业 80% 的收入来自 20% 的客户。所以，当企业的用户积累到一定程度后，需要进一步了解哪些是重要客户，对客户进行重要度分组。

ABC 客户价值模型分类标准见表 7-13。

表 7-13　ABC 客户价值模型分类标准

客　户	数 量 比	价 值 比
A 类	5% ～ 15%	60% ～ 80%
B 类	15% ～ 25%	15% ～ 25%
C 类	60% ～ 80%	5% ～ 15%

（1）A 类客户。这类客户位于金字塔顶端，数量占比小，价值占比大，是企业的重点客户，是主要的收入来源。对于这类客户，需要投入更多的营销资源、保持经常性联系、提供优质的服务。

（2）B 类客户。B 类客户也是很重要的客户，但是他们的消费水平可能略低于 A 类客户，企业需要把这类客户作为管理的重点，想方设法将其转化成 A 类客户。

（3）C 类客户。这类客户往往数量大但贡献的价值较低，因此需视情况而定，要么尽可能减少拜访次数、降低投入成本，要么看是否能通过管理和营销刺激转化为 B 类客户。

2. ABC 客户价值模型运用

ABC 客户价值模型对客户分类的步骤如下。

步骤一：确定客户的衡量指标（可以是销售额、利润等）。

步骤二：确定指标的统计时长（一般至少为一年）。

步骤三：统计每个客户的指标量。

步骤四：按指标量对客户进行排序（从高到低排序）。

步骤五：计算总销售额。

步骤六：计算客户的消费金额百分比和消费金额累计百分比。

步骤七：确定分类标准（分成 ABC 三类，一般包括 A 类客户占 75%、B 类客户占 20%、C 类客户占 5%，或者 A 类客户占 70%、B 类客户占 20%、C 类客户占 10% 两种选择）。

步骤八：分出 A B C 三类客户。

例：A 企业客户 2023 年资料见表 7-14。

表 7-14　2023 年 A 企业客户资料表　（单位：万元）

客　户	消费金额	客　户	消费金额
A01	198	A19	78
A02	430	A20	172
A03	151	A21	232
A04	190	A22	134
A05	702	A23	96
A06	70	A24	364
A07	90	A25	56
A08	80	A26	258
A09	210	A27	215
A10	716	A28	54
A11	504	A29	154
A12	402	A30	44
A13	550	A31	262
A14	320	A32	342
A15	140	A33	252
A16	170	A34	180
A17	180	A35	82
A18	122		

步骤一：确定客户的衡量指标“消费金额”。

步骤二：确定指标的统计时长“2023 年”。

步骤三：统计每个客户的指标量，见表 7-15 中的“消费金额”。

步骤四：按指标量对客户进行排序（从高到低排序），结果见表 7-15。

表 7-15　企业客户排序表　（单位：万元）

客　户	消费金额	客　户	消费金额
A10	716	A34	180
A05	702	A20	172
A13	550	A16	170
A11	504	A29	154
A02	430	A03	151
A12	402	A15	140
A24	364	A22	134
A32	342	A18	122
A14	320	A23	96
A31	262	A07	90
A26	258	A35	82
A33	252	A08	80
A21	232	A19	78
A27	215	A06	70
A09	210	A25	56
A01	198	A28	54
A04	190	A30	44
A17	180		

步骤五：计算总消费金额，见表 7-16。

表 7-16　总消费金额表　（单位：万元）

客　户	消费金额
A10	716
A05	702
A13	550
A11	504
A02	430
A12	402
A24	364
A32	342
A14	320
A31	262
A26	258
A33	252
A21	232
A27	215
A09	210
A01	198
A04	190
A17	180
A34	180
A20	172
A16	170
A29	154
A03	151
A15	140
A22	134
A18	122
A23	96
A07	90
A35	82
A08	80
A19	78
A06	70
A25	56
A28	54
A30	44
合　计	8 200

步骤六：计算客户的消费金额百分比和消费金额累计百分比（见表 7-17）。

表 7-17　企业客户消费金额百分比和消费金额累计百分比表

客　户	消费金额 / 万元	消费金额百分比（%）	消费金额累计百分比（%）
A10	716	8.73	8.73
A05	702	8.56	17.29
A13	550	6.71	24.00
A11	504	6.15	30.14
A02	430	5.24	35.39
A12	402	4.90	40.29
A24	364	4.44	44.73
A32	342	4.17	48.90
A14	320	3.90	52.80
A31	262	3.20	56.00
A26	258	3.15	59.14
A33	252	3.07	62.22
A21	232	2.82	65.05
A27	215	2.62	67.67
A09	210	2.56	70.23
A01	198	2.41	72.64
A04	190	2.32	74.96
A17	180	2.20	77.16
A34	180	2.20	79.35
A20	172	2.10	81.45
A16	170	2.07	83.52
A29	154	1.88	85.40
A03	151	1.84	87.24
A15	140	1.71	88.95
A22	134	1.63	90.58
A18	122	1.49	92.07
A23	96	1.17	93.24
A07	90	1.10	94.34
A35	82	1.00	95.34
A08	80	0.98	96.32
A19	78	0.95	97.27
A06	70	0.85	98.12
A25	56	0.68	98.80
A28	54	0.66	99.46
A30	44	0.54	100.00
合　计	8 200	100	

步骤七：确定分类标准（A 类占 70%、B 类占 20%、C 类占 10%）。

（1）A 类客户累计消费金占 70%，但不超过 70%。

（2）B 类客户占 20%，累计消费金达 90%（70%+20%），但不超过 90%。

（3）剩下的就是 C 类客户。

步骤八：分出 A B C 三类客户。

（1）A 类客户。A10、A05、A13、A11、A02、A12、A24、A32、A14、A31、A26、A33、A21、A27。

（2）B 类客户。A09、A01、A04、A17、A34、A20、A16、A29、A03、A15。

（3）C 类客户。A22、A18、A23、A07、A35、A08、A19、A06、A25、A28、A30。

任务实施

1. 客户分析内容有哪些？

客户分析主要包括客户需求分析、客户特征分析、客户行为分析、客户价值评估与客户营销分析。

2. 客户分析指标有哪些？

客户分析指标主要包括有价值的客户数、活跃客户数、客户活跃率、客户回购率、客户留存率、平均购买次数、客户流失率。

3. 客户分析模型有哪些？

客户分析模型包括 RFM 模型和 ABC 客户价值模型。

能力检测

分析 2023 年我国网络消费者的特征，分别从性别比例、收入结构、学历层次、上网时段、购买动机、平台选择、年龄结构、网购产品品类分布等方面进行分析，并配合适当的图表呈现。

任务四　产 品 分 析

任务导入

小张大学毕业后，进入其父亲创办的电风扇企业进行工作，企业生产的电风扇在款式、价格、质量方面差别并不大，但销售状况不尽如人意，小张决定对电风扇产品进行分析，并提出改进措施，提高产品竞争力。

任务描述

1. 产品分析内容有哪些？
2. 产品分析模型有哪些？
3. 如何选择产品分析模型？

相关知识

一、产品分析

产品分析是企业对产品在经营中的各项指标（如销售额、毛利率、周转率等）进行统计和分析，并对竞争对手产品进行相关分析，比较自身产品的优劣势，调整产品策略的过程。产品分析一般包括销售分析、价格分析、产品生命周期分析、产品毛利分析、产品库存分析、竞争对手产品分析等。

（1）销售分析。销售分析是指对各类产品的销售额、销售数量、平均销售额及其构成情况等进行分析，使运营者能了解营运现状，确定重点产品，为调整产品结构提供依据。

（2）价格分析。价格是企业进行竞争的有力利器，价格不是一成不变的，企业应根据自身目标、市场需求、竞争对手价格变化不断进行价格调整。价格分析是指对重点产品及价格敏感产品的平均售价、进价、毛利与竞争者同种（或类似）产品进行比较，或对它们的变动趋势等进行分析，使经营者了解产品的价位情况，对比其他数据调整价格策略和实施策略。

（3）产品生命周期分析。产品生命周期是指产品从投放市场到退出市场的全部时间历程，产品生命周期分为介绍期、成长期、成熟期和衰退期。产品生命周期分析就是通过密切监控产品销售数据的变化及波动，了解产品所处的生命周期。企业应根据产品所处不同的生命周期阶段采取相应的营销策略，以满足客户需求，赢得长期利润。

（4）产品毛利分析。产品毛利是产品销售利润的主体。其增减变动直接影响利润总额，产品毛利 = 产品销售额 − 产品进价，通常称“商品进销差价”。

产品毛利分析是对各类产品的毛利额、毛利率及其分布情况等进行分析，使企业可以对各类产品利润进行比较分析，掌握各类产品的获利情况，为调整产品结构提供依据。

（5）产品库存分析。库存过量会导致库存周转率较低，加大资金和仓储成本，带来风险；库存较少可能导致缺货，给客户带来不好的产品体验，并且会使客户流向竞争对手，导致客户流失。

产品库存分析是指对各类产品的库存量、存销比、周转率、毛利率等进行分析，使经营者全面了解产品库存动态情况，及时调整各类产品库存系数，合理调整产品库存比例，及时制定相应的经营政策。

（6）竞争对手产品分析。竞争对手产品分析就是通过对竞争对手产品、价格、分销、促销等方面进行调研，了解竞争对手的营销策略，比较竞争对手产品与自身产品的优劣势，优化产品设计，制定产品战略。

二、产品分析常用模型

产品分析的主要目的是提高产品销售量和销售额，企业通过分析产品各项运营数据，可以了解产品市场需求状况和销售情况，为产品制定相应的营销策略。常用的产品分析模型有 KANO 模型和波士顿矩阵模型。

（一）KANO 模型

1. KANO 模型理论

KANO 模型（又称“卡诺模型”）是日本东京理工大学教授、世界知名质量管理大师狩野纪昭于 1984 年提出的，其设计灵感来自赫茨伯格的双因素理论，主要用于客户需求分类和优先排序，展示产品或服务与客户满意度之间的关系。KANO 模型体现了产品性能和客户满意度之间的非线性关系。在 KANO 模型中，将客户需求分为五种类型：①必备型需求；②期望型需求；③魅力型需求；④无差异型需求；⑤反向型需求。

（1）必备型需求（M），又称为基本型需求，是指那些必须得到保障的基本需求。当此类需求得到满足时，使用者满意度并不会明显提升，但如果不提供此类需求，客户满意度会大幅降低。例如，高星级酒店提供的客房和餐饮服务，以及必须具备的基础功能等；又如，手机产品的通话功能、安全性能等。

（2）期望型需求（O），又称为一元型需求。当此类需求得到满足时，客户满意度会提升，反之则降低。该类需求应被优先考虑提升和改进。例如，手机的待机时间长、信号强，客户就会很满意；反之就会不满意。又如，酒店提供的服务符合客户预期，客户就会满意；反之就有失望感。

（3）魅力型需求（A），又称为兴奋型需求。在实践中，若此类需求得不到满足，客户满意度不会降低，但当此类需求得到满足时，客户满意度会极大提升，有时甚至成为产品或服务具有竞争力的保证。例如，手机除了通话功能外，增加了智能共享功能，则淘汰了传统功能的手机。

（4）无差异型需求（I），无论此类需求是否能够得到满足，客户满意度并不会有明显变化。在条件有限的情况下，可以不优先提供此类需求。例如，航空公司或酒店为客户提供的没有实用价值的赠品。

（5）反向型需求（R）。客户没有此需求，若提供反而会导致客户满意度下降。例如，过度服务会引起客户的反感。

KANO 模型如图 7-10 所示。

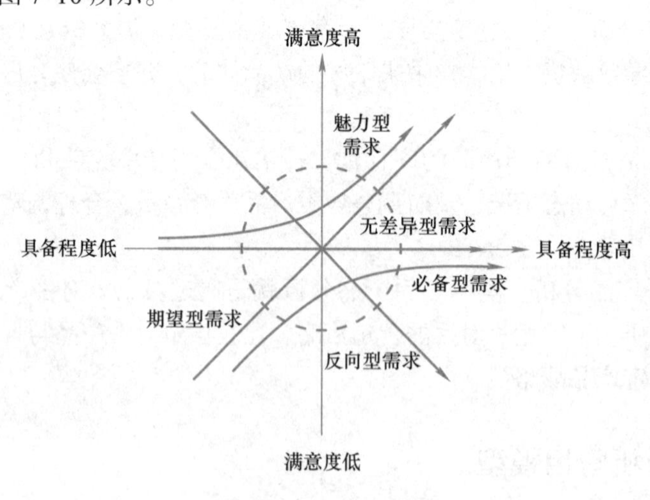

图 7-10　KANO 模型

2. KANO 模型运用

应用 KANO 模型的目的是准确识别客户需求，帮助企业了解客户的不同层次需求，从而确定使客户满意的关键需求。

KANO 模型运用的基本步骤如图 7-11 所示。

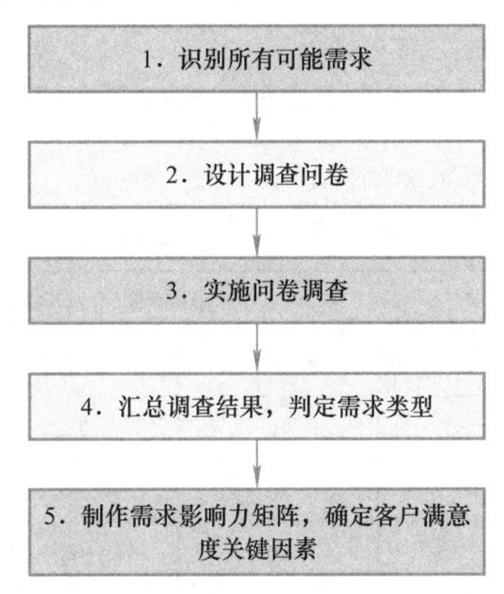

图 7-11　KANO 模型运用基本步骤

步骤一：识别所有可能需求。

例如，为了解客户需求层次，确定改进方向，某空调企业针对所生产的空调选取了手机遥控、节能、除湿、童锁功能、除甲醛、自动清洗、智能化霜等功能设计 KANO 问卷并进行调查。

步骤二：设计调查问卷

为了判别需求是必备型需求、期望型需求、魅力型需求、无差异型需求还是反向型需求，需要针对每个需求（即每个功能或服务）分别设计正向和反向两个问题，调查客户在面对具备或者不具备这个功能 / 服务时所做的反应。

每个问题（即每个功能或服务）的答案为五级选项，分别是“喜欢”“理应如此”“无所谓”“能忍受”“不喜欢”。

表 7-18 为正向和反向问题设计表。

表 7-18　正向和反向问题设计表

正向问题	A. 具有 ×× 质量特征，您如何评价？ □喜欢　□理应如此　□无所谓　□能忍受　□不喜欢
反向问题	A. 不具有 ×× 质量特征，您如何评价？ □喜欢　□理应如此　□无所谓　□能忍受　□不喜欢

注：1. 强调区别：KANO 问卷中与每个功能点相关的题目都有正向和反向两个问题，正向和反向问题之间的区别需注意强调，防止客户看错题意。

2. 功能解释：简单描述该功能点，确保客户理解。

3. 选项说明：由于客户对“喜欢”“理应如此”“无所谓”“能忍受”“不喜欢”的理解不尽相同，因此需要在填写问卷前给出统一的解释说明，让客户有一个相对一致的标准，方便填答。

- 喜欢：让你感到满意、开心、惊喜。
- 理应如此：你觉得是应该的、必备的功能 / 服务。
- 无所谓：你不会特别在意。
- 能忍受：你不喜欢，但是可以接受。
- 不喜欢：让你感到不满意。

步骤三：实施问卷调查

根据调查问卷实施调查。

步骤四：汇总调查结果，判定需求类型。

根据有效问卷，按照受访者对每个需求的正向问题和反向问题的回答，对需求属性进行统计（见表 7-19）。

表 7-19　调查汇总表

手机遥控		反向问题（无手机遥控）				
正向问题（有手机遥控）	量表	喜欢	理应如此	无所谓	能忍受	不喜欢
	喜欢	5	10	75	60	45
	理应如此	10	20	220	378	78
	无所谓	5	10	198	16	—
	能忍受	6	—	11	14	7
	不喜欢	4	—	—	6	4
合　计	1 182	30	40	504	474	134

具体分类对照 KANO 评价结果分类对照表（见表 7-20）。当客户对正向问题的回答是“喜欢”，对反向问题的回答是“不喜欢”，那么在 KANO 评价结果分类对照表中，这项质量特性就分类为 O，即期望型需求。如果客户对某项质量特性正向和反向问题的回答结合后，分类是 M 或 A，那么该因素就是必备型需求或魅力型需求。

表 7-20　KANO 评价结果分类对照表

产品 / 服务需求		反向问题（没有 ××）				
正向问题（有 ××）	量表	喜欢	理应如此	无所谓	能忍受	不喜欢
	喜欢	Q	A	A	A	O
	理应如此	R	I	I	I	M
	无所谓	R	I	I	I	M
	能忍受	R	I	I	I	M
	不喜欢	R	R	R	R	Q

注：A 表示魅力型需求；O 表示期望型需求；M 表示必备型需求；R 表示反向型需求，客户不需要这种功能，甚至对该功能有反感；I 表示无差异型需求，客户对这一功能无所谓；Q 表示有疑问的结果，客户的回答一般不会出现这个结果，除非这个问题的问法不合理，或者是客户没有很好地理解问题，或者是客户在填写问题答案时出现错误。

参照 KANO 评价结果分类对照表，空调的手机遥控：必备型需求（M）85，占 7.2%；期望型需求（O）45，占 3.8%；魅力型需求（A）145，占 12.3%；无差异型需求（I）867，占 73.4%；反向型需求（R）31，占 2.6%；可疑数 9，占 0.7%。无差异型需求 867，占 73.4%，比例最大，所以手机遥控功能属于无差异需求。

（二）波士顿矩阵模型

1. 波士顿矩阵模型理论

波士顿矩阵（BCG Matrix），又称市场增长率－相对市场份额矩阵、波士顿咨询集团法、四象限分析法、产品系列结构管理法等，由美国著名的管理学家、波士顿咨询公司创始人布鲁斯·亨德森于1970年提出。

波士顿矩阵认为决定产品结构的基本因素有两个：市场引力与企业实力。

市场引力包括整个市场的销售量（额）增长率、竞争对手强弱及利润高低等。其中最主要的是反映市场引力的综合指标——销售增长率，这是决定企业产品结构是否合理的外在因素。

企业实力包括市场占有率、技术、设备、资金利用能力等，其中市场占有率是决定企业产品结构的内在要素，它直接显示出企业的竞争实力。

销售增长率与市场占有率既相互影响，又互为条件。市场引力大，市场占有率高，表明产品发展前景良好，企业也具备相应的适应能力，实力较强；如果市场引力大，而没有相应的高市场占有率，则说明企业尚无足够实力，产品也无法顺利发展。相反，企业实力强，市场引力小，也预示了产品的市场前景不佳。

通过以上两个因素相互作用，会出现四种不同性质的产品类型，形成不同的产品发展前景。波士顿矩阵模型如图7-12所示。

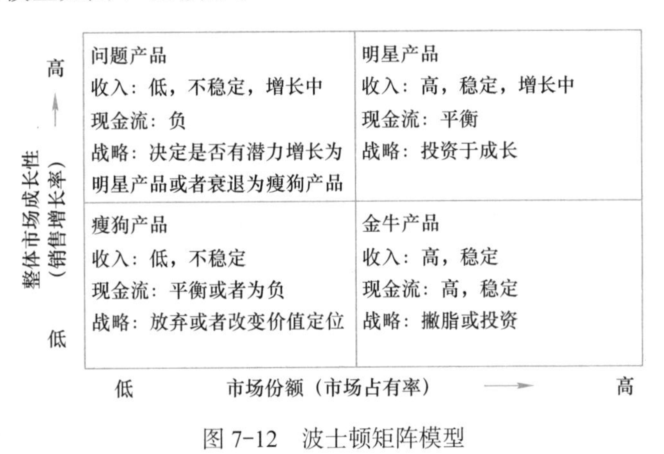

图7-12 波士顿矩阵模型

（1）明星产品。明星产品是指处于高销售增长率、高市场占有率的产品群，这类产品可能成为企业的现金流产品，需要加大投资以支持其迅速发展。

宜采用的发展战略：积极扩大经济规模和市场机会，以长远利益为目标，提高市场占有率，加强竞争地位。

（2）金牛产品。金牛产品是指处于低销售增长率、高市场占有率的产品群，已进入产品生命周期成熟期。其特点是销售量大、产品利润率高、负债比率低，可以为企业提供大量利润，而且由于销售增长率低，也无须增大投资，因而成为企业回收资金，支持其他产品，尤其明星产品投资的后盾。

宜采用的发展战略：①尽量压缩设备投资和其他投资；②采用榨油式方法，争取在短时间内获取更多利润，为其他产品提供资金。

（3）问题产品。问题产品是指处于高销售增长率、低市场占有率的产品群。高销售增长率说明市场机会大，前景好，而低市场占有率则说明在市场营销上存在问题。其特点是利润率较低，所需资金不足，负债比率高。

宜采用的发展战略：对问题产品应采取选择性投资战略。对于发展潜力较大的产品，企业应进行必要的投资，使之向明星产品转化；若产品发展潜力较小，则采取放弃战略。

（4）瘦狗产品。瘦狗产品是指处在低销售增长率、低市场占有率的产品群。其特点是利润率低，处于保本或亏损状态，负债比率高，无法为企业带来收益。

宜采用的发展战略：由于该类产品没有发展前途，可采取收缩战略，如出售、清算等。

2. 波士顿矩阵模型运用

（1）确定销售增长率和市场占有率标准。波士顿矩阵模型将企业所有产品从销售增长率和市场占有率角度进行再组合。在坐标图上，以纵轴表示企业销售增长率，横轴表示市场占有率，各以 10% 和 20% 作为区分高、低的中点；波士顿矩阵模型分为四个象限，依次为“问题产品”“明星产品”“金牛产品”“瘦狗产品”。其目的在于通过产品所处不同象限的划分，使企业采取不同决策，以保证其不断地淘汰无发展前景的产品，保持“问题”“明星”“金牛”产品的合理组合，实现产品及资源分配结构的良性循环。

（2）核算企业各种产品的销售增长率和市场占有率。销售增长率可以采用企业的产品销售量增长率，时间可以是一年或是三年以至更长时间。

市场占有率可以采用相对市场占有率或绝对市场占有率。基本计算公式为

企业某种产品绝对市场占有率 = 该产品企业销售量 / 该产品市场销售总量

企业某种产品相对市场占有率 = 该产品企业市场占有率 / 该产品市场占有份额最大者（或特定的竞争对手）的市场占有率

（3）绘制四象限图。以 10% 的销售增长率和 20% 的市场占有率作为高低标准分界线，将坐标图划分为四个象限。然后把企业全部产品按其销售增长率和市场占有率的大小，在坐标图上标出相应位置（圆心）。定位后，按每种产品当年销售额的多少，绘成面积不等的圆圈，顺序标上不同的数字代号以示区别，定位的结果即将产品划分为四种类型。

任务实施

1. 产品分析内容有哪些？

产品分析一般包括销售分析、价格分析、产品生命周期分析、产品毛利分析、产品库存分析、竞争对手产品分析等。

2. 产品分析模型有哪些？

常用的产品分析模型有 KANO 模型和波士顿矩阵模型。

3. 如何选择产品分析模型?

KANO 模型是有关产品设计和客户满意度评估的一个理论模型，主要用途是了解需求实现与客户满意度之间的关系，可以作为产品需求分析与优先级排序的参考依据。

波士顿矩阵模型可以帮助企业选择更有前景的产品市场。

能力检测

A 公司是一家生产豆浆机的民营企业，成立于 2009 年，其企业愿景是将物美价廉的豆浆机摆进普通居民的厨房，让普通居民足不出户喝上新鲜香浓的豆浆。

由于渣浆分离操作不便和内桶豆渣难以清理，豆浆机上市初期在市场上认同度较低，市场总体需求量不大，总体增长率偏低。

豆浆机上市初期，A 公司的唯一竞争对手是 B 公司。B 公司是一家生产多类型小家电的企业，其所生产的豆浆机性能虽与 A 公司生产的豆浆机相当，但因其拥有知名品牌，其豆浆机市场占有率远远高于 A 公司。A 公司一直依赖促销手段赚取微薄的利润。市场上其他著名小家电生产企业尚未涉足豆浆机的研发和生产。

2014 年 3 月，经过持续的革新和改造，A 公司生产的新型豆浆机实现了渣浆的轻松分离和内桶豆渣的便捷清理，获得了中老年客户群的广泛认可。随着健康饮食观念的推广，豆浆逐渐成为时尚的健康饮料，A 公司新型豆浆机销售量快速增长，出现了供不应求的局面，但市场占有率远低于竞争对手 B 公司。

要求：

根据资料，运用波士顿矩阵模型，指出 A 公司的豆浆机在革新和改造前后所属的业务类型，并说明理由。

任务五 运 营 分 析

任务导入

小张在京东 ×× 品牌旗舰店工作，近期网店销售额明显下滑，店主要求小张对 2024 年第一季度网店运营情况进行分析，以便针对性采取措施，扭转不利局面。

任务描述

1. 运营分析有什么作用?
2. 运营分析内容指标有哪些?
3. 运营分析常用模型有哪些?

相关知识

一、运营分析的含义与作用

1. 运营分析的含义

企业运营分析是指通过对反映企业资产营运效率与效益的指标进行计算与分析，评价企业的营运能力，为企业提高经济效益指明方向。

2. 运营分析的作用

（1）运营分析可评价企业资产营运的效率。

（2）运营分析可发现企业在资产营运中存在的问题。

（3）运营分析是盈利能力分析和偿债能力分析的基础与补充。

二、运营分析内容指标

1. 销售额

销售额计算公式为

销售额 = 访客数 × 转化率 × 客单价

对于网店运营人员来说，提升销售额要做好这三项工作：提高访客数、提高转化率、提高客单价。

2. 利润

利润计算公式为

利润 = 访客数 × 转化率 × 客单价 × 购买频率 × 毛利润率 − 成本

对于网店运营人员来说，网店利润的增加不仅要增加访客数、提升转化率、提高客单价、提升购买率、增加毛利润率，还要降低成本。

3. 投资回报率

投资回报率是指投资所得的收益与成本的百分比。投资回报率计算公式为

投资回报率 = 利润 / 投资总额 ×100%

对于网店运营来说，需要时刻关注每一块钱的广告费用可以产生多少利润，即投入产出比。通过投资回报率数值能够直接地判断营销活动是否盈利，如投资回报率等于 1，那么可以判断本次营销活动的收益与花费是持平的。

4. 毛利润率

毛利润率是毛利润占销售收入的百分比，其中毛利润是销售收入与销售成本的差额。毛利润率计算公式为

毛利润率 =（销售收入 − 销售成本）/ 销售收入 ×100%

假如某网店商品售价为 180 元，已销商品的进价为 150 元，则毛利润为 30 元，而毛利润率 =（30/180）×100%=16.7%。

5. 成本

成本是商品经济的价值范畴，是商品价值的组成部分，也称费用。在进行网店经营活动过程中，需要耗费一定的资源（人力、物力和财力），所费资源的货币表现及其对象化称为成本。

网店运营成本是指网店运营过程中的总花费，其构成包括推广成本、经营成本、IT 建维成本、管理成本、人员成本、商品折损成本、退换货成本、物流成本、库存成本等。

6. 访客数

访客数是指网店各页面的访问人数，一般以“天”为单位来统计 24 小时内的访客总数，一天之内重复访问的只计算一次。淘宝对访客数的定义略有不同，它是以卖家所选时间段（可能是一小时、一天、一周等）为统计标准，同一访客多次访问会进行去重计算。

访客数又分为新访客数和回访客数。

（1）新访客数。新访客数指客户端首次访问网页的用户数，而不是最新访问网页的用户数。

新访客占比 = 新访客数 / 访客数 ×100%

（2）回访客数。回访客数指再次访问的用户数。

回访客占比 = 回访客数 / 访客数 ×100%

7. 跳失率

跳失率又称跳出率，指只浏览了一个页面就离开的访问次数除以该页面的全部访问次数，分为首页跳失率、关键页面跳失率、具体商品页面跳失率等。这些指标用来反映页面内容受欢迎的程度。跳失率越大，页面内容越需要进行调整。

跳失率 = 只浏览了一个页面就离开的访问次数 / 该页面的全部访问次数 ×100%

8. 转化率

网店转化率是影响网店销售额和利润的关键因素之一，而影响网店转化率的因素主要有商品分类导航、店铺装修、产品类别、主图设计、商品展示、商品性价比、客服质量、用户评价、售后服务质量、库存量和促销活动等。

转化率 = 产生购买行为的客户人数 / 所有到达店铺的访客人数 ×100%

9. 客单价

客单价是指在一定时期内，网店每一个客户平均购买商品的金额，即平均交易金额。

客单价计算公式为

客单价 = 成交金额 / 成交用户数

或者

客单价 = 成交金额 / 成交总笔数

一般采用前一个公式，即按成交用户数计算客单价。

单日“客单价”是指单日成交用户产生的成交金额。

客单价均值是指所选择的某个时间段，客单价日数据的平均值。例如，按月计算客单价均值的公式为

客单价均值 = 该月多天客单价之和 / 该月天数

10. 购买频率

购买频率是指消费者或用户在一定时期内购买某种或某类商品的次数。一般说来，消费者的购买行为在一定的时限内是有规律可循的。购买频率是度量购买行为的一项指标，它一般取决于使用频率的高低。购买频率是企业选择目标市场、确定经营方式、制定营销策略的重要依据。

三、运营分析常用模型

1. 数据分析六步法

数据分析六步法如图 7-13 所示。

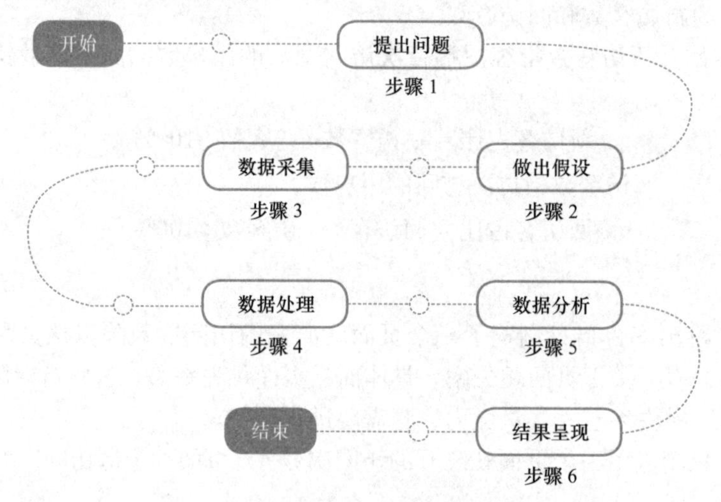

图 7-13　数据分析六步法

（1）提出问题。首先应清晰我们解决的问题是什么。

（2）做出假设。在此问题基础上明确我们预先的假设是什么。

（3）数据采集。根据这个假设，开始采集数据。

（4）数据处理。对收集到的原始数据进行加工，包括数据的清洗、分组、检索、抽取等处理方法。

（5）数据分析。数据整理完之后，需要对数据进行综合、交叉分析。

（6）结果呈现。可视化数据，得出具体的结论性资料。

2. 逻辑树分析模型

逻辑树又称为问题树、演绎树或者分解树，是麦肯锡公司提出的分析问题、解决问题的重要方法。逻辑树分析模型的形态像一棵树，把已知的问题比作树干，然后考虑哪些问题与已知问题有关，将这些问题比作逻辑树的树枝，一个大的树枝还可以继续延伸出更小的树枝，逐步列出所有与已知问题相关联的问题。

（1）逻辑树的原理。先将一个已知问题当成树干，然后开始思考这个问题与哪些相关问题有关，每想到一点就给这个问题（也就是树干）加一个“树枝”，并标明这个“树枝”代表什么问题，大的“树枝”上还可以有小的“树枝”，依此类推，直到找出所有相关的问题（见图 7-14）。

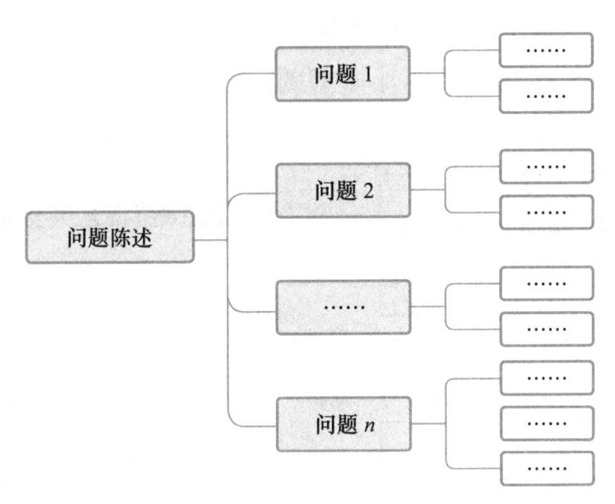

图 7-14　逻辑树分析模型

（2）逻辑树的使用步骤。麦肯锡逻辑树的使用一共分为七个步骤。

第一步：确认要解决什么问题。

第二步：分解问题，运用树枝的逻辑层层展开。

第三步：剔除次要问题。

第四步：制订详细的工作计划，并将计划分成可执行的步骤，并为每个步骤设定明确的完成日期。

第五步：进行关键分析，对于关键驱动点要通过头脑风暴进行分析并找到解决方案。

第六步：综合分析调查结果，构建有力论证。

第七步：陈述工作过程，进行交流沟通。

（3）逻辑树的使用原则。

1）要素化原则。把相同问题总结归纳成要素，以便更好地进行分类和处理。

2）框架化原则。把各个要素组织成框架，遵守不重不漏的原则。

3）关联化原则。框架内的各要素保持必要的相互关系，简单而不孤立。

当然，逻辑树分析法并不是没有缺点。它的缺点就是可能会遗漏涉及的相关问题，虽然可以用头脑风暴法把涉及的问题总结归纳出来，但还是难以避免存在考虑不周全的地方。所以，在使用逻辑树分析法搭建数据分析框架时，要尽量把涉及的问题和要素考虑周全。

3. 漏斗模型

漏斗模型这一称呼颇为形象，它描绘的是业务流程中客户流失的现象。当业务流程逐渐拉长，每一步骤都可能导致部分客户流失，从而使得整个流程的客户数量逐渐递减，形似一个“漏斗”。通过收集和分析每一步骤的客户数据，我们便能描绘出这一模型，更直观地了解客户在不同业务环节中的留存情况，进而优化流程，提升客户体验和转化率。

例如，A 用户电商登录 App 首页后会看到广告，点击广告后会看到产品详情，如果用户想购买，就要将产品放进购物车，再进入支付页面，完成支付。

这个流程一共 6 步：进入首页→点击广告→点击产品详情页→放进购物车→点击支付→完成支付。图 7-15 为此流程的漏斗模型图。

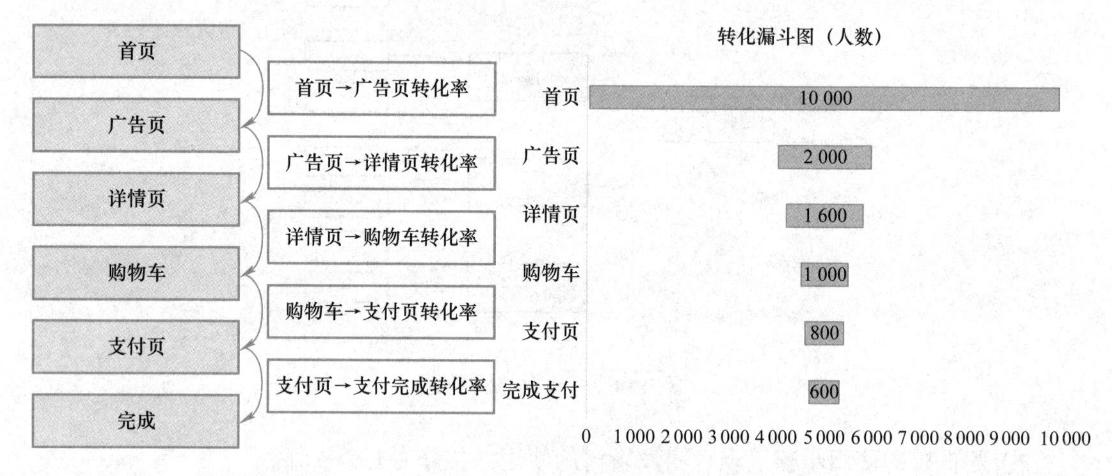

图 7-15　漏斗模型图

每一步的转化率是通过计算“下一步的人数”与“上一步的人数”之比得出的。以“首页→广告页”这一步骤为例，转化率即为“广告页的人数”除以“首页的人数”，即 2 000/10 000，结果为 20%。这意味着，从首页进入广告页的用户占比是 20%。

此外，我们还可以计算整体转化率，即整个业务流程中，从第一步到最后一步的转化率。以图 7-15 所示为例，整体转化率就是“最后一步的人数”除以“第一步的人数”，即 600/10 000，结果为 6%。这意味着，从业务流程的起点到终点，只有 6% 的用户完成了整个流程。

通过计算和分析这些转化率，企业可以了解用户在业务流程中的流失情况，找出可能的问题环节，进而优化流程，提升用户体验和转化率。

注意：

（1）漏斗是针对单个流程的。不同的流程，需要用不同的漏斗来描述。比如上例中，客户登录 App 首页后，可能不点击广告，而是从搜索栏搜索商品名称，然后再进商品列表。这时候就是另一个转化漏斗了，需要做另一个漏斗来分析。

（2）必须完成全部流程才能纳入漏斗统计。因为客户的实际行为很分散，统计漏斗的时候，应把完成了全部流程的客户纳入统计。这样统计出的漏斗数据可解读性强，不会出现下层比上层数据还多的问题。

图 7-16 虽然有跳出，但仍然完成了全流程，因此纳入漏斗统计；图 7-17 未完成漏斗（少了广告页，半途加入），因此不纳入漏斗统计。

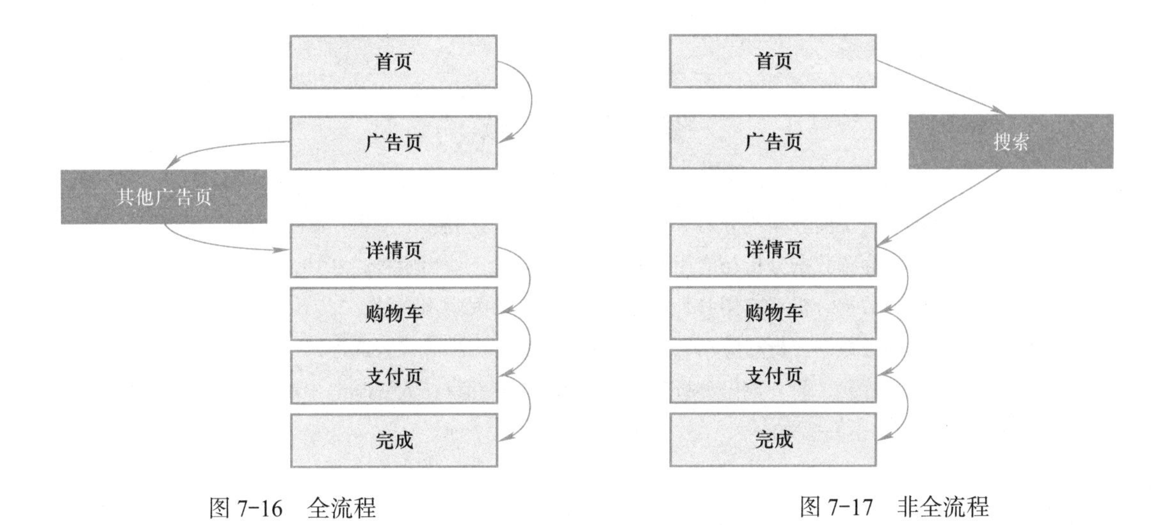

图 7-16 全流程　　　　图 7-17 非全流程

任务实施

1. 运营分析有什么作用?

（1）运营分析可评价企业资产营运的效率。

（2）运营分析可发现企业在资产营运中存在的问题。

（3）运营分析是盈利能力分析和偿债能力分析的基础与补充。

2. 运营分析内容指标有哪些?

（1）销售额；（2）利润；（3）投资回报率；（4）毛利润率；（5）成本；（6）访客数；（7）跳失率；（8）转化率；（9）客单价；（10）购买频率。

3. 运营分析常用模型有哪些?

（1）数据分析六步法。

（2）逻辑树分析模型。

（3）漏斗模型。

能力检测

某网店 2 月份的销售总额是 40 万元，进店的访客人数是 12 000 人，下单购买的访客有 5 000 人，计算该月的客单价。

参 考 文 献

[1] 李洪心，刘继山．电子商务案例分析 [M]．3 版．大连：东北财经大学出版社，2020.

[2] 胡华江，杨甜甜．商务数据分析与应用 [M]．北京：电子工业出版社，2018.

[3] 伍丹，姚跃．商务数据分析与应用 [M]．北京：北京理工大学出版社，2021.

[4] 吴敏，萧涵月．商务数据分析与应用 [M]．北京：人民邮电出版社，2021.

[5] 王华新，居岩岩，陈凯．商务数据分析基础与应用 [M]．北京：人民邮电出版社，2020.